智能制造类产教融合人才培养系列教材

增材制造技术实训

主编　边培莹
参编　郭鹏伟　赵　楠　王　毓
　　　谢燕翔　刘新宇
主审　黄　进　赵亚辉

机械工业出版社

本书作为增材制造技术专业核心课程系列教材之一，采用理论和实践相结合的方式，首先介绍了增材制造技术的原理、发展历程、技术特点和实践要求，然后从产品基础建模、高级建模、产品增材有限元分析进行了增材制造工艺设计内容的讲解，最后对常用增材制造工艺按照熔融挤压成形、光固化成形、复合材料成形、选区激光熔化成形、定向能量沉积成形的顺序，分别从工艺原理、操作软件、设备操作流程等多方面进行各工艺实训内容讲解。通过学习，使学生了解增材制造主要工艺原理、增材制造主要工艺实训操作，掌握增材制造建模方法及模型分析技术，了解常用的塑料、金属及复合材料增材制造技术，能够准确理解增材制造模型设计及分析方法，能够具备基本的塑料、金属材料增材制造成形方法操作常识，了解基本的复合材料成形过程，能够运用增材制造基本知识解决增材制造中的技术问题。

本书适应增材制造技术实际发展需求，形成了基本原理、设计过程、实践操作的有机结合，并引用典型的实训案例，增加了该技术的可操作性与趣味性。

本书可作为普通高等工科学校和高等职业院校机械类或近机械类专业用书，也可作为职业培训教材或供相关工程技术人员参考。

为便于教学，本书配套有电子课件、微课视频等教学资源，凡选用本书作为授课教材的教师可登录 www. cmpedu. com 注册后免费下载。

图书在版编目（CIP）数据

增材制造技术实训/边培莹主编. —北京：机械工业出版社，2022. 6
智能制造类产教融合人才培养系列教材
ISBN 978-7-111-71011-0

Ⅰ. ①增… Ⅱ. ①边… Ⅲ. ①快速成型技术-高等学校-教材 Ⅳ. ①TB4

中国版本图书馆 CIP 数据核字（2022）第 101524 号

机械工业出版社（北京市百万庄大街 22 号 邮政编码 100037）
策划编辑：黎 艳 责任编辑：黎 艳 赵文婕
责任校对：郑 婕 张 薇 封面设计：张 静
责任印制：郜 敏
三河市国英印务有限公司印刷
2022 年 9 月第 1 版第 1 次印刷
184mm×260mm · 11. 75 印张 · 289 千字
标准书号：ISBN 978-7-111-71011-0
定价：42. 00 元

电话服务	网络服务
客服电话：010-88361066	机 工 官 网：www. cmpbook. com
010-88379833	机 工 官 博：weibo. com/cmp1952
010-68326294	金 书 网：www. golden-book. com
封底无防伪标均为盗版	机工教育服务网：www. cmpedu. com

前言

随着现代设计与制造的发展，使用计算机作为辅助工具进行产品的设计、分析、工艺规划、加工制造大大提高了产品的质量、效率与可靠性。尤其在智能制造技术兴起后，增材制造方式已经具有举足轻重的作用。它直接关系到企业是否适应面向用户、单件小批量的复杂产品从设计到制造的全过程。所以，增材制造技术实训是工科类学生应了解、学习和掌握的一门实训课程。本书针对工科学校增材制造技术专业人才培养要求及对增材制造感兴趣的工程技术人员而编写。本书按照常用增材制造工艺模块划分，内容布置既考虑工艺原理的完整性，也具备实践操作的参考性，做到增材制造理论原理与实践应用相结合。

本书的理论部分借鉴了目前行业前沿关于增材制造技术的研究及相关论文的技术成果；实践分析及案例多数都是来自高校实训或企业生产的实际案例，具有很好的针对性与实用性。

通过本课程的学习，学生了解增材制造主要工艺原理、增材制造主要工艺实训操作，掌握增材制造建模方法及模型分析技术，了解常用的塑料增材制造技术、金属材料增材制造技术及复合材料增材成形方法，具备以下能力：

1. 能够准确理解增材制造模型设计及分析方法。
2. 能够掌握基本的塑料增材制造成形方法操作常识：熔融挤压成形、光固化成形。
3. 能够具备基本的金属材料增材制造成形方法操作常识：选区激光熔化成形、定向能量沉积成形。
4. 能够了解基本的其他材料增材制造成形方法操作常识：复合材料成形过程。
5. 能够运用增材制造基本知识，解决增材制造中的技术应用问题。

本书共分为八个项目，包括基本建模技术、高级建模技术、增材制造过程仿真分析、熔融挤压成形（FDM）工艺实训、光固化成形（SLA）工艺实训、复合材料成形工艺实训、选区激光熔化成形（SLM）工艺实训和定向能量沉积成形（DED）工艺实训。

本书由边培莹任主编，郭鹏伟、赵楠、王毓、谢燕翔、刘新宇参与编写。具体分工如下：项目1、项目2、项目5由边培莹编写；项目3由郭鹏伟编写；项目4由赵楠编写；项目6由边培莹、王毓编写；项目7由边培莹、谢燕翔编写；项目8由郭鹏伟、刘新宇编写。本书由西安电子科技大学黄进、安世亚太科技股份有限公司赵亚辉主审。

由于编者水平有限，书中难免有不足及疏漏之处，敬请广大读者批评、指正。

编　者

目　录

前言

绪论 …… 1

项目 1　基本建模技术 …… 5

1.1　草绘基础 …… 5
1.2　零件建模 …… 10
1.3　工程实例：设计笔筒 …… 29

项目 2　高级建模技术 …… 33

2.1　曲面建模 …… 33
2.2　装配设计 …… 35
2.3　工程实例：线缆夹装配 …… 43

项目 3　增材制造过程仿真分析 …… 48

3.1　ANSYS Additive Suite 简介 …… 48
3.2　ANSYS Additive Suite 增材工艺仿真操作流程 …… 50
3.2.1　Additive Print 操作流程 …… 50
3.2.2　Additive Science 操作流程 …… 60
3.3　AMProSim 增材工艺仿真分析系统操作流程 …… 69

项目 4　熔融挤压成形（FDM）工艺实训 …… 75

4.1　FDM 工艺概述 …… 75
4.2　FDM 材料简介 …… 77
4.3　FDM 设备及附件 …… 80
4.3.1　设备结构 …… 80
4.3.2　设备附件 …… 80
4.4　FDM 设备操作软件 …… 81
4.5　FDM 设备操作过程 …… 86
4.5.1　打印模型流程 …… 86

4.5.2 准备打印 …… 86
4.6 FDM 工艺工程实例 …… 87

项目5 光固化成形（SLA）工艺实训 …… 92

5.1 SLA 工艺概述 …… 92
5.1.1 SLA 工艺原理 …… 92
5.1.2 SLA 工艺流程 …… 93
5.2 SLA 材料简介 …… 93
5.3 SLA 设备及附件 …… 94
5.3.1 定义相关坐标系 …… 94
5.3.2 定义轴运动方向 …… 95
5.3.3 定义报警灯、蜂鸣器等附件 …… 96
5.4 SLA 设备操作软件 …… 96
5.4.1 一键开机 …… 96
5.4.2 模型加载 …… 97
5.4.3 工艺参数设置 …… 98
5.4.4 模型制作 …… 99
5.4.5 关机 …… 99
5.5 SLA 设备操作 …… 99
5.5.1 文件处理 …… 100
5.5.2 工艺菜单 …… 100
5.5.3 制件菜单 …… 102
5.5.4 机器菜单 …… 103
5.5.5 设置菜单 …… 108
5.6 SLA 工艺工程实例 …… 108
5.6.1 模型操作 …… 108
5.6.2 模型布局 …… 110
5.6.3 参数库管理 …… 110
5.6.4 模型参数设置 …… 112

项目6 复合材料成形工艺实训 …… 113

6.1 工艺概述 …… 113
6.2 复合材料 …… 114
6.2.1 复合材料分类 …… 114
6.2.2 复合材料性能 …… 115
6.2.3 复合材料成形方法 …… 116
6.2.4 复合材料应用领域 …… 117
6.3 分层软件 …… 117
6.4 设备操作 …… 124

6.4.1 通过第三方软件成形 …… 124
6.4.2 切片软件成形 …… 127
6.5 复合材料成形工程实例 …… 129
6.5.1 打开软件导入模型 …… 129
6.5.2 切片分层 …… 130
6.5.3 零件成形 …… 133

项目7 选区激光熔化成形（SLM）工艺实训 …… 137

7.1 SLM 工艺概述 …… 137
7.1.1 SLM 工艺原理 …… 137
7.1.2 SLM 工艺优势 …… 137
7.2 SLM 材料简介 …… 139
7.3 SLM 设备及附件 …… 140
7.4 分层软件 …… 141
7.5 SLM 工艺工程实例 …… 151

项目8 定向能量沉积成形（DED）工艺实训 …… 163

8.1 DED 工艺概述 …… 163
8.1.1 工艺原理 …… 163
8.1.2 LDM 工艺的优势 …… 164
8.1.3 LDM 工艺的应用 …… 164
8.1.4 LDM 工艺材料 …… 165
8.2 LDM 设备操作及维护 …… 165
8.2.1 LDM 设备软件操作流程 …… 165
8.2.2 LDM 设备控制系统介绍 …… 170
8.2.3 LDM 设备维护与保养 …… 170

附录 实训工作页 …… 173

参考文献 …… 181

绪论

增材制造，俗称3D打印技术，是以计算机三维模型为蓝本，通过软件分层离散和数控成形系统，利用激光束、热熔喷嘴等方式，将金属粉末、陶瓷粉末、塑料等材料逐层堆积、黏结，最终叠加成形，制造出实体产品。与传统制造业通过模具、车削和铣削等机械加工方式对原材料进行定型、切削生产成品不同，3D打印技术是将三维实体转化为若干个二维平面图形，通过对材料的处理并进行逐层叠加进行生产，大大简化了加工过程。这种数字化制造模式不需要复杂的工艺、不需要庞大的机床、不需要众多的人力，直接从计算机图形数据中便可生成任何形状的零件，使生产制造得以向更广的生产人群范围延伸。

3D打印技术诞生于20世纪80年代的美国，随后很快涌现出多家3D打印公司。1984年，Charles Hull开始研发3D打印技术，1986年，他创办了世界上第一家3D打印技术公司3D Systems公司，也是目前3D市场领军者之一，同年发布了第一款商用3D打印机。

1988年，Scott Crump发明了FDM（熔融挤压成形）工艺，并于1989年成立了3D打印上市公司Stratasys，该公司在1992年售出了第一台商用3D打印机。

到了21世纪初，3D打印技术热度下降，许多人开始质疑这种技术的可靠性，当时主要利用3D打印技术制作塑料模型，其强度和精度都不高。直到2008年，开源3D打印项目RepRap发布代号为Darwin（达尔文）的可自我复制的3D打印机，从此3D打印机制造进入新纪元；同年，Objet推出Connex500，让多材料3D打印成为可能。

欧美等国家的公司在选区激光熔化（Selective Laser Melting，SLM）成形工艺的设备开发、粉末材料、软件及工艺设计等方面都处于领先地位，如EOS GmbH公司新研发的SLM设备EOSINT M280采用Yb光纤激光器，其成形零件的性能与锻件相当。SLM公司的SLM设备能成形的零件最大尺寸可达350mm×350mm×300mm，其控制系统精度较高，其产品致密度达99%以上。Concept Laser公司的设备其激光器采用的不是振镜控制方式，而是采用X/Y轴两个方向精密伺服传动带动激光头曝光，避免了振镜偏转角度的限制，理论上可以较大地扩展成形件的工作范围。

我国从1991年开始研究3D打印技术，已有30多年发展历史，但是早期的发展大部分都停留在理论研究阶段。近年来，随着国外3D打印技术的突破以及在某些领域的应用，理论研究才开始向着实用的方向发展。2000 年以后，清华大学、华中科技大学、西安交通大学、西北工业大学等高校持续投入对增材制造技术项目的研究，目前各具发展特色。西安交通大学侧重于光固化（SLA）工艺成形设备及金属钛合金生物骨骼的 3D 打印；华中科技大学开发了不同类型的复合增材制造设备；清华大学把快速成形技术转移到企业，把研究重点放在了生物制造领域；西北工业大学主要致力于金属粉末激光立体成形设备的研发及其在航空、航天领域关键零部件的制作。

随着《增材制造产业发展行动计划（2017—2020 年）》的逐步落实，国家进一步明确了增材制造产业的发展方向，并在政策上给予更多的支持，将成为推动增材制造产业发展的重要力量，进一步激发中国的 3D 打印市场。但目前技术的不完备之处尚需加大投入，百花齐放、百家争鸣，不断完善，最终形成该产业实践应用的优势。

增材制造在各行业的应用探索近十几年在国内飞速进入人们的视线，其广泛应用令人对其未来的市场空间产生无限联想。随着“个人制造”的兴起，在个人消费领域，增材制造行业仍会保持相对较高的增速，有助于带动个人使用的桌面 3D 打印设备的需求；同时也会促进上游打印材料（主要以光敏树脂和塑料为主）的消费。在工业制造领域，由于金属增材制造材料的不断发展，以及金属本身在工业制造中的广泛应用，以激光金属熔化为主要成形技术的快速成形设备将会在未来工业领域的应用中获得相对较快的发展。中短期内，这一领域的应用仍会集中在产品设计和工具制造环节，长期发展目标仍然是增材制造工艺优化、成套设备开发及金属粉末材料制备等方面，只有这样，才能使该工艺趋于成熟稳定，使增材制造有望转化为一个真正意义上的制造技术。

根据增材制造材料类型和热源方式的不同，可将其成形工艺分为以下几类：

1）熔融挤压成形。熔融挤压成形（Fused Deposition Modeling，FDM）工艺主要用于聚合材料的成形制造，是利用热塑性材料的热熔性、黏结性，在计算机控制下通过送丝机构将塑料丝材送进喷头，丝材在喷头内被加热熔化，喷头沿零件截面轮廓按照成形轨迹运动，同时将熔化的材料挤出，材料迅速固化，并与周围的材料黏结，层层堆积使零件成形。

2）光固化成形。光固化成形（Stereo Lithography Apparatus，SLA）工艺主要用于光敏聚合材料的成形制造，又称光敏液相固化法、立体印刷和立体光刻。在成形机的储液槽内盛有液态的光敏树脂，其在激光束的照射下发生聚合反应而固化，工作台位于液面之下。成形时，聚焦后的激光束在液面上按计算机指令由点到线、由线到面地逐点扫描，扫描到的地方光敏树脂液被固化，一个层面扫描完成后工作台下降，在新的液态光敏树脂层再次进行第二层扫描，使材料逐层牢固地黏结在一起，如此重复直至三维零件逐层完全成形。

3）复合材料成形。复合材料一般是由两种或两种以上不同性质的物质组合在一起的新材料。一类物质作为基体材料形成几何形状并起黏结作用，另一类物质作为增强材料主要用来承受载荷，起提高强度或增强韧性等作用。复合材料成形通常是在熔融挤压成形设备的基础上，增加了玻璃纤维、碳纤维、金属丝材、陶瓷粉末等增强材料送料机构，使增强材料掺杂于基体材料中一体成形，以达到高性能复合材料成形的目的。

4）选区激光熔化成形。选区激光熔化（Selective Laser Melting，SLM）是对金属或合金粉末进行铺设、熔化成形的工艺，又称铺粉式激光制造。根据计算机辅助设计（如 Auto CAD）软件设计的三维零件模型，按照一定的厚度对模型进行分层切片处理，再在成形设备上设置激光加工工艺参数，由设备刮刀在基板平台上逐层铺粉，激光按照成形轨迹照射熔化粉末，使金属粉末与前期材料逐层熔融微焊接固化，直到加工出与 CAD 模型相一致的成形零件。

5）定向能量沉积成形。定向能量沉积（Directed Energy Deposition，DED）是对金属或合金粉末同步熔化成形的工艺，又称送粉式激光制造、激光近净成形（Laser Engineered Net Shape，LENS）等，主要用于零件的制造或零部件修复。在粉末输送装置中预装一定量粉末，将金属粉末通过小型喷嘴或孔口“吹”入由激光产生的熔池中来沉积被熔化的材料，按照分层软件轨迹逐层成形。近年来，定向能量沉积工艺也可以用来进行金属或合金丝材的成形，其原理近似。

在这些基础增材制造成形工艺的基础上，通过改变材料成分、热源方式和设备控制方式等，一些新的增材制造工艺不断涌现，如选择性激光烧结（Selective Laser Sintering，SLS）、电子束熔化成形（Electron Beam Mehing，EBM）、电弧增材制造（Wire and Arc Additive Manufacturing，WAAM）等，其成形原理与前述工艺相似，此处不再赘述。总体来说，增材制造工艺运用精确控制技术，可使成形件表面质量好、尺寸精确高、材料利用率高，理论上可以成形任何结构，而且工件结构越复杂，其制造优势越明显。目前增材制造技术已经在航空航天、智能制造、生物医疗、建筑工程、电子元器件等领域得到了快速的发展和应用。

目前增材制造技术存在的问题主要有如下几点：

1）设备的问题。理论上 3D 打印机可以打印各种产品，但实际使用中有很多问题没有解决。增材制造设备朝着两个方向发展，一是大型的产品级设备，这种设备用于生产体积较大的产品；二是精密的产品级设备，主要用于生产精密器件等产品。其中最主要的问题是设备的适应性与可靠性，包括设备的成形稳定性、成形范围、产品质量等。这对技术的要求非常高，因此在短期内还得不到快速发展。

2）材料的问题。目前国内金属增材制造领域所使用的粉末材料多数都是从国外进口的，价格昂贵，制造成本高。另外能进行打印的材料也很有限，仅有钛合金、铝合金、少量高温合金、镁合金等。因此，需要增加材料品种与质量，包括粉末粒度、球形度、流行度等。

3）软件的问题。软件的问题与设备问题是相同的，因为不同工艺的设备构造是不同的，这就需要重新开发软件，即便大部分功能类似，在设备的某些特定功能上的实现还需要进行软件的更新，目前尚不能实现设备软件的标准化。

4）工艺数据匮乏。不同的工艺参数与零件结构对产品的性能影响差异很大。使用不同材料的增材制造设备配套工艺参数匮乏是造成该技术最终应用的瓶颈，急需行业专业人才的补充以提高设备的智能化应用。

另外，对于增材制造制件的残余应力、耐高温、耐蚀性、耐磨损等一系列力学指标积累的性能数据有限，且所研究的材料牌号也较少，需要建立综合力学性能的数据库为实践指导，以减少大量的制件报废造成的资源浪费。

从工艺方面而言，增材制造整个成形过程首先由工程师预先在专业的计算机软件上进行零部件的预建模与三维设计，随后进行逐层成形模拟和可行性分析，包括材料的种类、设备移动方式、成形冷却方式等，最后在 3D 打印设备工作台上进行逐层扫描成形。虽然过程复杂，但经济效益显著，在满足打印速率的情况下可进行自动化、批量化生产，目前常被用于精密零部件的制造和高端受损件的局部修复。

从设备结构上看，典型的 3D 打印设备主要由壳体、设备控制电路、驱动电路、数据处理转换模块、信号输入输出模块、供料模块、工件输出台、同步带、喷头等部分组成。

增材制造应用软件种类多样，其中，入门级 3D 建模软件有 3ds Max、Maya、Zbrush、AutoCAD 等；机械设计软件如 NX、Creo、CATIA、SolidWorks 等，可以设计具体的精密零件，并能建立零件间的装配关系，注重功能设计；工业设计软件有 Rhino、Alias 等，更加注重造型设计及外观渲染效果。

本课程是机械制造、增材制造技术、智能制造类专业必修的专业实训课程，是学生的重要实践性环节之一，实践性及应用性较强，因此在理论教学的同时应安排 36 学时的实训时间，以培养学生严谨的科学态度、对增材制造技术的感性认识、动手及实践能力，更牢固地掌握增材制造知识。

通过本课程的学习，使学生获得增材制造基本理论、基本知识和基本技能，了解增材制造技术的应用，为从事增材制造方面的工作及学习后续课程，打下一定的基础。

本课程的基本要求是：

1）能够准确理解增材制造的建模、分析及设计原则。

2）能够具备基本的增材制造分层或路径规划基本实验操作能力。

3）能够独立完成 FDM、SLM 等主要加工工艺与性能分析。

项目1

基本建模技术

教学目的：

1. 了解 Creo3.0 软件基本建模方法。
2. 掌握简单零件增材制造模型的创建方法。

教学重点与难点：基本三维建模的思想、构图和方法。

教学方法：采用多媒体课件与软件教程相结合的方式，以启发式教育为主。

学生练习：常用的基本三维建模方法；典型的简单三维模型的创建。

零部件的增材制造首先需要使用计算机辅助图形设计（CAD）软件进行模型创建，本项目以 Creo 3.0 软件为例，讲解使用 CAD 技术进行三维基本建模的操作方法。基本建模操作应用主要包括草绘平面图、创建实体模型、导出模型文件等。

1.1 草绘基础

草绘平面图属于二维图形设计，主要是通过点和线的组合绘制几何图形，形成草绘截面，为后面的实体特征建模打下基础。

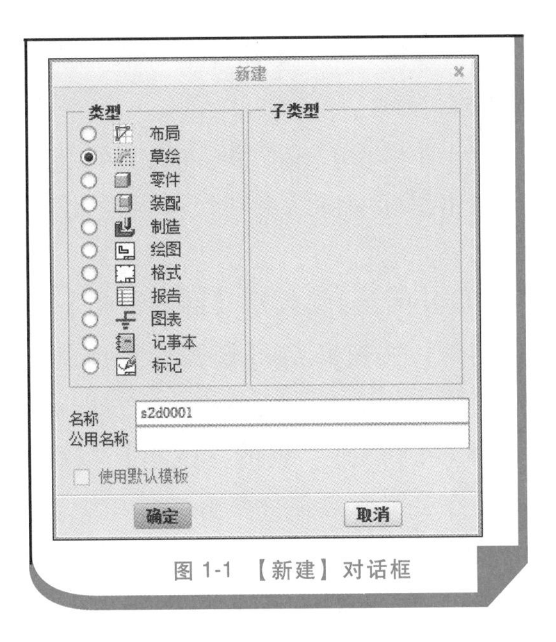

图 1-1 【新建】对话框

进入草绘环境有三种方法：第一种方法是通过选择【文件】→【新建】命令（或单击工具栏的【新建】按钮亦或按<Ctrl+N>组合键），打开图 1-1 所示的【新建】对话框。在【新建】对话框下，设置文件“类型”为“草绘”，并在【名称】文本框输入英文字符作为文件名，通过【使用默认模板】

复选框设置是否使用模板，单击【确定】按钮进入草绘环境。第二种方法是打开任意的一个 * .SEC 格式文件，进入草绘环境。第三种方法是在进行特征建模时，直接进入草绘环境。

进入草绘环境后的【草绘】工具栏如图 1-2 所示，用户可以通过【草绘】工具栏中的各工具按钮绘制图形。一般情况下，对初始的草绘图形的绘制精度不做过高要求，在满足基本一致轮廓的基础上，通过对基本图形进行编辑修改、添加约束、定义尺寸等操作获得符合要求的草绘图形。

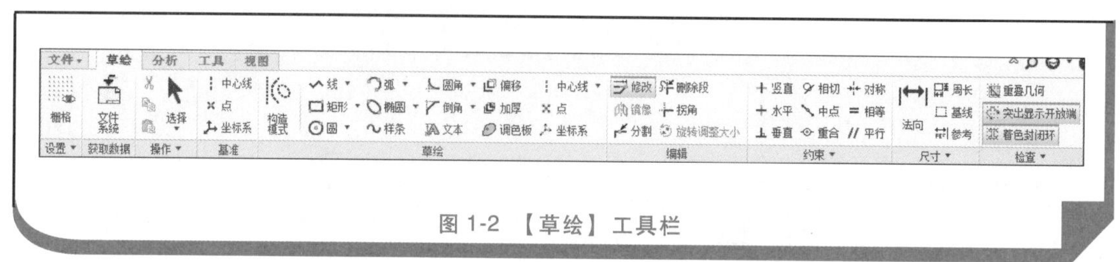

图 1-2 【草绘】工具栏

1. 基本草绘

（1）【线】 包括单击两点绘制的【线链直线】按钮和通过选中两图元绘制的【相切直线】按钮。

（2）【矩形】 包括【拐角矩形】按钮、【斜角矩形】按钮、【中心矩形】按钮和【平行四边形】按钮。

（3）【圆】 包括【圆心和半径作圆】按钮、【同心圆】按钮、【三点作圆】按钮和【相切圆】按钮。

（4）【弧】 包括【三点圆弧】按钮、【圆心和起终点圆弧】按钮、【图元相切圆弧】按钮、【同心圆弧】按钮和【圆锥弧】按钮。

（5）【椭圆】 包括【长短轴端点作椭圆】按钮和【中心与轴端点作椭圆】按钮。

（6）【样条】按钮 依次单击绘图区多个点后，由样条算法拟合出连续曲线，单击鼠标中键结束离散点的绘制，在选择状态下，单击并拖动离散点可改变曲线曲率。

（7）【圆角】 包括【圆形圆角】按钮、【圆形带修剪圆角】按钮、【椭圆形圆角】按钮和【椭圆形修剪圆角】按钮。选择好圆角类型后，在绘图区选择待修剪圆角的两条相交边线即可实现相应圆角操作。

（8）【倒角】 包括【倒角】按钮和【倒角修剪】按钮。选择好倒角类型后，在绘图区选择待修剪的两相交边线即可实现倒角操作。

（9）【文本】按钮 单击【文本】按钮，在绘图区单击两点，起点作为文本位置，两点的垂直距离作为文本高度，在弹出的对话框中输入文本内容，并选择字体类型即可。

（10）【偏移】按钮　单击【偏移】按钮，在弹出的偏移类型子菜单中选择偏移边类型 单一(S) 链(H) 环(L)，然后在绘图区选择被偏移的图元，并根据箭头提示指定偏移方向，在弹出的对话框中输入偏移值完成后单击【确定】按钮。

（11）【加厚】按钮　单击【偏移】按钮，在弹出的类型子菜单中选择加厚边类型 单一(S) 链(H) 环(L)，并选择端封闭类型 开放(O) 平整(F) 圆形(C)，然后选择被加厚图元，在弹出的对话框中输入单边厚度，单击【确定】按钮后，在箭头方向输入另一个方向的加厚值，完成后单击【确定】按钮。

（12）【调色板】按钮　单击该按钮后，弹出调色板子菜单，选择 多边形 轮廓 形状 星形 其中的一个选项卡，对应地列出其下的一些调色板图形轮廓，单击并拖动即可把该图形整体拽到绘图区，在打开的【旋转调整大小】对话框下可输入旋转角度 0.000000 、放大倍率 1.186024 等，可旋转或缩放图元，其中单击鼠标右键并拖动参考点图标可改变参考点的位置，完成后单击【确定】按钮。

（13）图形基准　包括两点构造【中心线】按钮、两图元相切构造【中心线】按钮、创建一个构造【点】和创建一个构造【坐标系】。构造点、构造中心线、构造坐标系对在绘图区图形准确绘制起到参考作用。

2. 图形编辑

（1）【修改】按钮　可修改样条图元、文本与尺寸。

（2）【镜像】按钮　对被选中的图元以构造中心线为基准进行镜像操作。

（3）【分割】按钮　对被选中的图元以单击确定分界点的位置进行图元的打断分割。

（4）【删除】按钮　快速删除被选中的图元。

（5）【拐角】按钮　对被选中的两相交图元进行拐角修剪，选中的图元段将被保留。

（6）【旋转调整大小】按钮　对被选中的图元通过弹出的操控面板进行旋转角度与缩放大小的调整。

3. 常见约束

（1）【竖直】约束按钮　单击该按钮后在绘图区单击图线，图线以起点为基准变为竖直方向，并在直线旁增加竖直约束符号 V。

（2）【水平】约束按钮　单击该按钮后在绘图区单击图线，图线以起点为基准变为水平方向，并在直线旁增加水平约束符号 H。

（3）【垂直】约束按钮　单击该按钮后在绘图区单击两条相交图线，以第一点为基准，两图线相互垂直，并在图线垂直位置出现垂直约束符号。

（4）【相切】约束按钮 单击该按钮后在绘图区单击曲线与直线或曲线与曲线，以第一点为基准，两图线相切，并在图线相切位置出现相切约束符号。

（5）【中点】约束按钮 单击该按钮后在绘图区单击直线段与直线上一点，该点将移至直线段的中间位置，并在中点位置出现中点约束符号。

（6）【重合】约束按钮 单击该按钮后在绘图区单击两点与两直线端点，两点将合并为一点，并在合并位置出现重合约束符号。

（7）【对称】约束按钮 该约束需要以构造中心线为基准进行点的对称。单击该按钮后在绘图区单击两点与构造中心线，两点以中心线两侧对称，并在对称位置出现对称约束符号。

（8）【相等】约束按钮＝ 单击该按钮后在绘图区单击两直线，两直线以第一条为基准长度相等，并在两直线的旁边出现相等约束符号 L_1。此约束符号随着相等约束的增多而顺序编号。

（9）【平行】约束按钮∥ 单击该按钮后在绘图区单击两直线，将两直线调整为平行方向，并在两直线的旁边出现平行约束符号 $//_1$。此约束符号随着平行约束的增多而顺序编号。

约束在使用时需注意以下几点：

1）当多个约束一起作用在同一点或直线时，会出现约束冲突，将弹出【解决草绘】对话框，如图 1-3 所示。此时需选择其中的一个约束，单击【删除】按钮，或者重新定义其中的一个约束类型以解决冲突。

2）当将鼠标指针指向约束符号时，约束符号被高亮显示，此时单击鼠标右键，在弹出的快捷菜单选择相关命令删除该约束。

4. 尺寸标注

对于参数化绘图软件，其图形控制主要通过尺寸进行定义，尺寸单位根据绘图模板确定，可以为寸制或米制单位。图 1-4 所示图形截面中的尺寸有三类：强尺寸、弱尺寸和参照尺寸。强尺寸是标注过的尺寸，如图中尺寸“15.00”“6.00”；弱尺寸是绘图后软件自动标注的尺寸，如图中尺寸“5.24”“4.46”，弱尺寸颜色较浅，且随着强尺寸的标注更新或消失；参照尺寸是当尺寸存在冲突时定义的仅为显示尺寸数字的参考尺寸，如图中左上角的尺寸“6.00 参考”，因为在 L_2 约束下，两段直线长度尺寸“6.00”相等，再次标注该尺寸时产生尺寸冲突，该尺寸转为参照尺寸。

（1）【法向】按钮 属于智能尺寸标注。单击该按钮后在绘图区单击两点或一条直线，按中键后标注尺寸，在尺寸数字为修改状态下可以输入新的尺寸值。

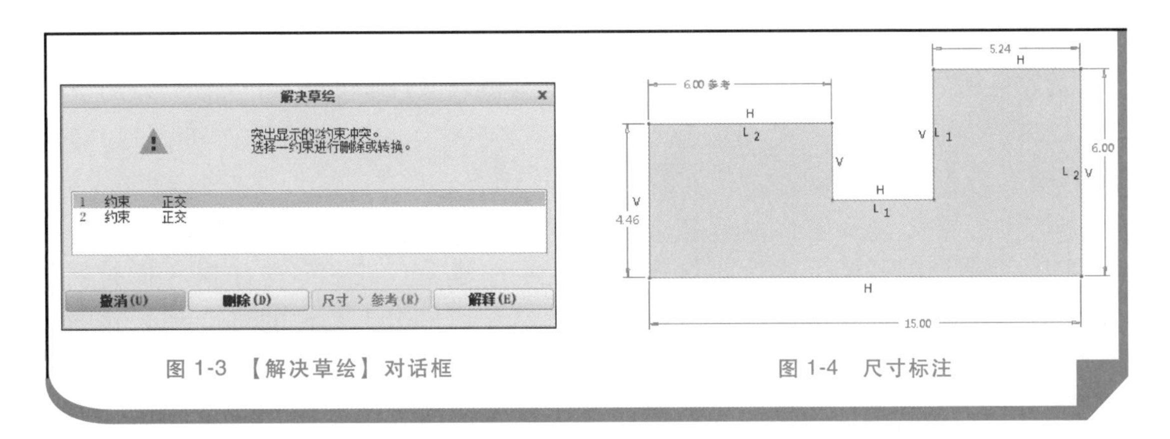

图 1-3 【解决草绘】对话框

图 1-4 尺寸标注

（2）【周长】按钮 对多边形图形标注周长。单击该按钮后在绘图区选择多边形的任一条边的尺寸（或者圆的直径尺寸），系统自动将其提取为变量，计算该多边形的周长并自动标注于多边形边缘。

（3）【基线】按钮 基线标注是针对连续尺寸标注时以基线为基准进行的标注。单击该按钮后在绘图区选择其中一条边线作为基准，其余直线段自动标记为相对基线的增量标注方式。

5. 几何基准

几何基准包括基准点、基准线、基准面。

（1）【基准点】按钮 单击该按钮后在绘图区单击一点创建一个基本几何点。

（2）【基准线】按钮 单击该按钮后在绘图区单击两点创建一个几何中心线。

（3）【基准面】按钮 单击该按钮后在绘图区单击一点创建一个几何坐标系。

需要注意的是，几何基准主要是为实体特征服务的，例如在草绘中创建的几何中心线在旋转特征中可提取为旋转特征的旋转轴，在实体建造完后即为实体的轴线。而构造基准主要是为草图服务的，例如在创建对称约束时，构造中心线即为对称操作的对称中心线。

6. 草图检查

目前软件为创建完成的草图提供了三种检查方式，对草图的各种情况进行着色显示。

（1）【重叠几何】按钮 该按钮的功能是对重叠的几何图形进行着色显示。

（2）【突出显示开放端】按钮 该按钮的功能是对开放草图的首尾端进行着色标记。

（3）【着色封闭环】按钮 该按钮的功能是对封闭的草图进行检查，在图形封闭区着色显示。

完成草绘后，可将草绘文件保存为*.SEC格式文件。

1.2 零件建模

在草绘图形的基础上进行零件设计称为零件建模。进入零件建模环境有两种方法，一种是通过选择【文件】→【新建】命令（或单击工具栏的【新建】按钮或按<Ctrl+N>组合键），打开图1-5所示的【新建】对话框。在该对话框下，选择文件【类型】为【零件】，并在【名称】文本框中输入英文字符作为文件名，通过【使用默认模板】复选框设置是否使用模板，单击【确定】按钮进入零件建模环境。第二种方法是打开任意的一个*.PRT格式文件进入零件环境。

如果不勾选【使用默认模板】复选框，则进入图1-6所示的【新文件选项】对话框，选择模板类型，一般情况下【mmns_part_solid】模板。进入零件环境后，【模型】菜单工具栏如图1-7所示，可以通过【模型】工具栏中各按钮进行零件特征建模与编辑。

1. 形状特征

（1）【拉伸】特征 在草绘截面的基础上，沿一定方向，以一定深度平直拉伸截面形成实体的方法。单击【拉伸】按钮后，打开【拉伸】操控面板，如图1-8所示。

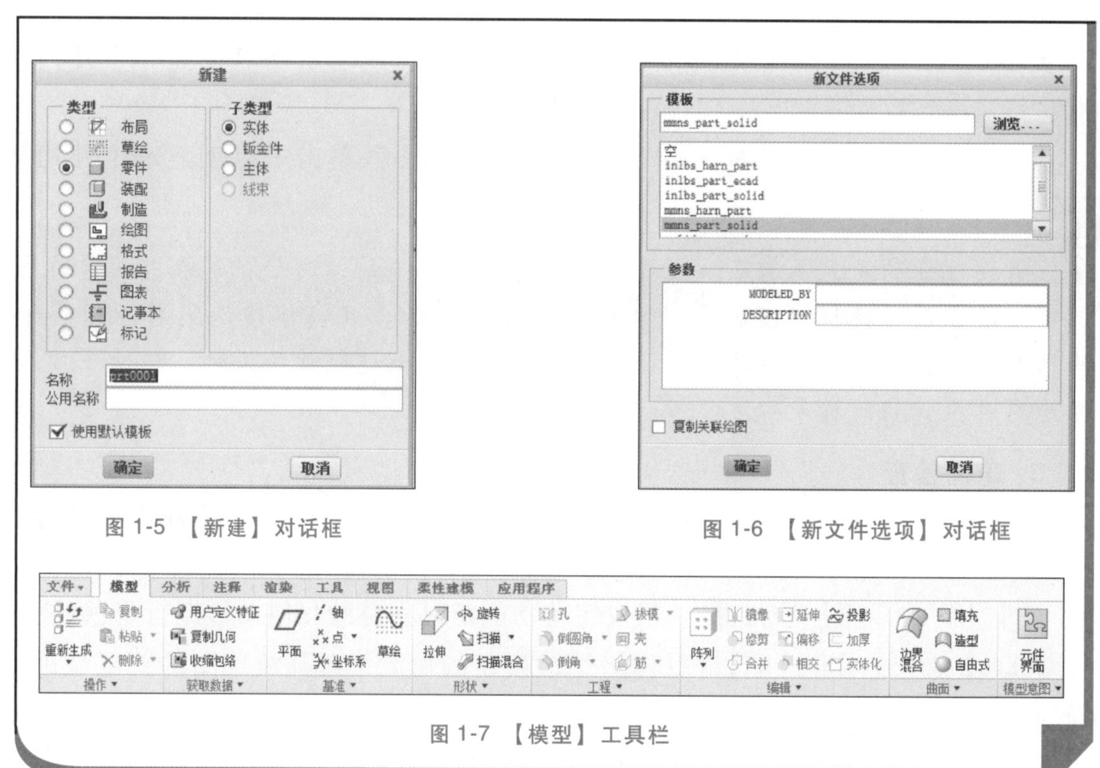

图1-5 【新建】对话框

图1-6 【新文件选项】对话框

图1-7 【模型】工具栏

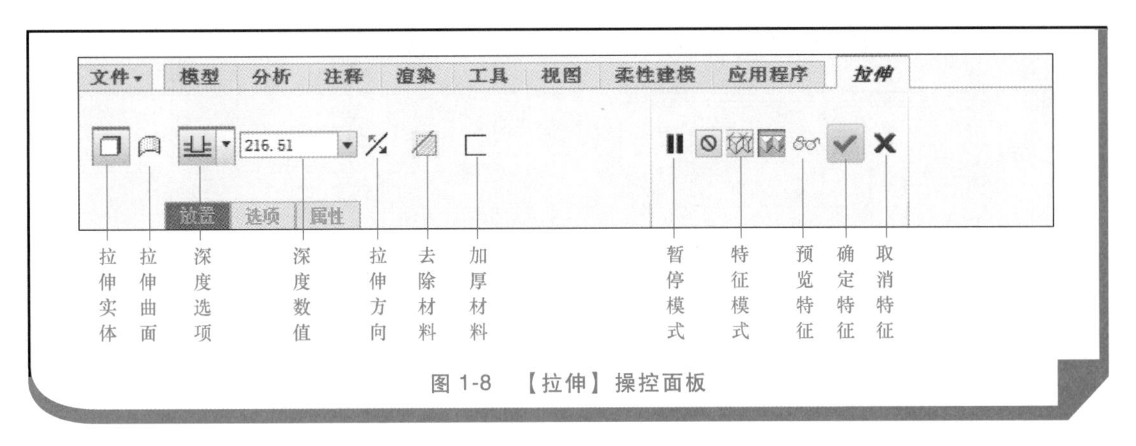

图 1-8　【拉伸】操控面板

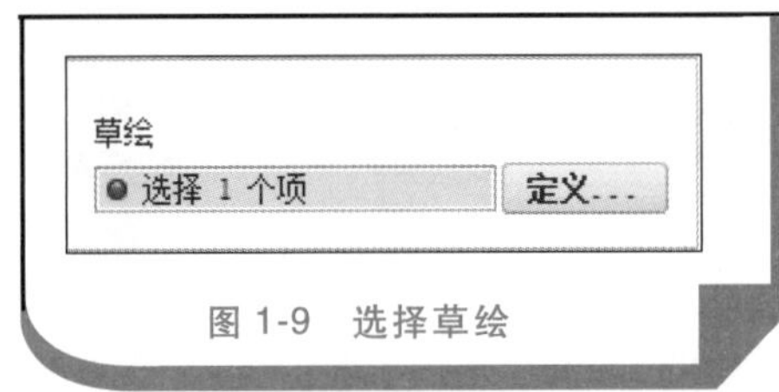

图 1-9　选择草绘

【拉伸】操控面板对应的三个选项卡为【放置】【选项】【属性】，如图 1-8 所示。

1）【放置】选项卡：单击【放置】选项卡，打开选择草绘对话框如图 1-9 所示，如果绘图区已有外部草绘的拉伸截面，可选中【选择 1 个项】单选按钮即可，如果绘图区没有外部草绘的拉伸截面，则单击【定义】按钮，打开【草绘】对话框，如图 1-10 所示，分别选择当前坐标系下的 TOP、FRONT、RIGHT 中的一个平面作为草绘平面，并指定其中一个面作为参考方向，以此决定草绘的平面方位。选择完成后，单击【草绘】按钮进入草绘界面。

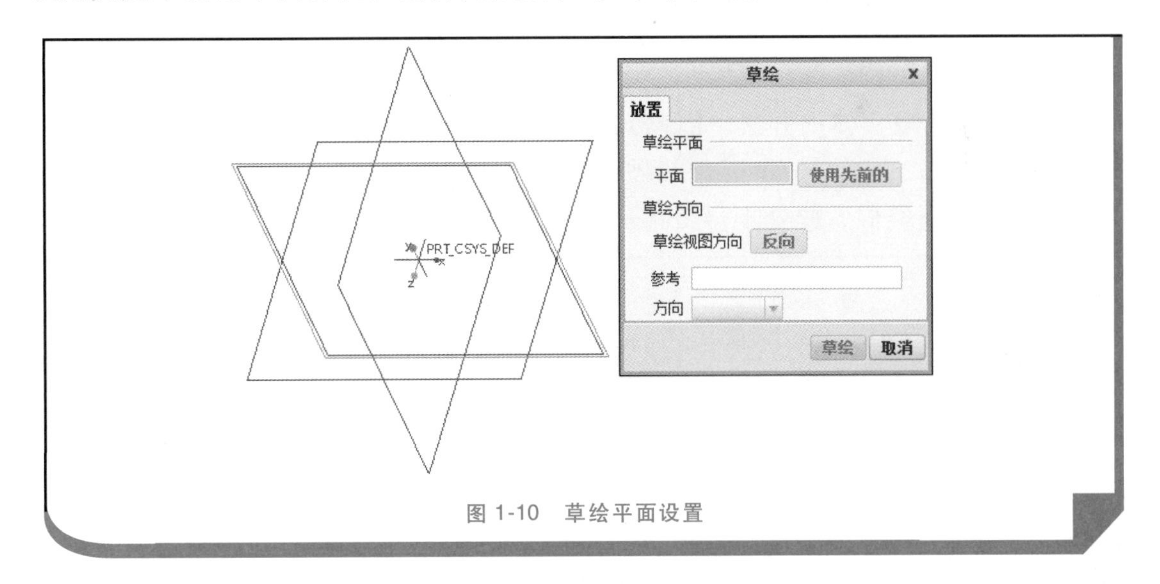

图 1-10　草绘平面设置

2）【选项】选项卡：如图 1-11 所示，指定拉伸的深度方式，可以选择单侧拉伸，此时指定【侧 1】的深度方式，分为【盲孔】、两侧【对称】、【到指定的面】等深度方式，并在旁边的文本框中输入指定深度值。【侧 2】的深度方式可以同侧 1 方式指定，也可以选择【无】，此时为单向拉伸。

3）【属性】选项卡：如图 1-12，用来对特征进行重命名，单击按钮🛈，可在浏览器中查看当前特征的有关信息。

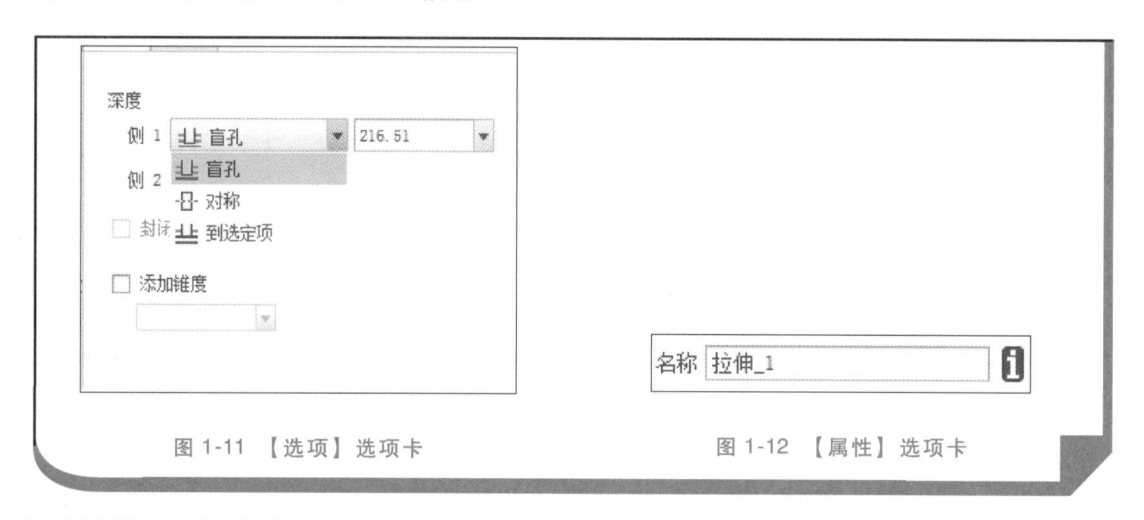

图 1-11 【选项】选项卡　　图 1-12 【属性】选项卡

拉伸操作步骤： 首先选择【模型】→【拉伸】命令或单击【拉伸】按钮，在【拉伸】操控面板下，选择拉伸类型（实体或曲面），指定拉伸深度，选择拉伸方向，并指定去除材料方式。然后在【放置】选项卡新建内部草绘或选择已有草绘，完成后单击【确定】按钮。再次核对或输入拉伸深度，单击【特征预览】按钮，观察生成的特征，无误后单击【拉伸】操控面板的【确认】按钮，完成拉伸特征的创建。

（2）【旋转】特征　旋转特征是在草绘旋转截面的基础上，绕几何中心线旋转一定角度生成实体的方法。【旋转】操控面板，如图 1-13 所示。

【旋转】操控面板对应的三个选项卡为【放置】【选项】【属性】，其设置方法与【拉伸】特征类似，此处不再赘述。

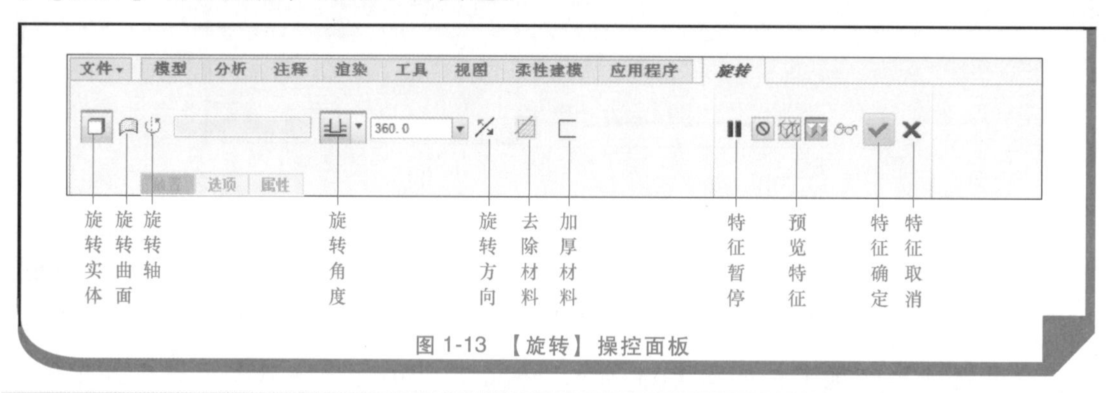

图 1-13 【旋转】操控面板

旋转操作步骤： 首先选择【模型】→【旋转】命令或单击【旋转】按钮，在【旋转】操控面板下，选择旋转类型（实体或曲面），指定旋转轴，设置旋转角度（0°~360°），选择旋转方向，并指定去除材料方式。然后在【放置】选项卡新建内部草绘或选择已有草绘作为旋转截面，草绘完成后单击【确定】按钮

✓。单击【特征预览】按钮，观察生成的特征，无误后单击【旋转】操控面板的【确认】按钮✓，完成旋转特征的创建。

（3）【扫描】特征　不变的截面或可变的截面沿着扫描轨迹，扫描生成实体的方法。扫描分为不变截面扫描和可变截面扫描两种方式。【扫描】操控面板如图 1-14 所示。

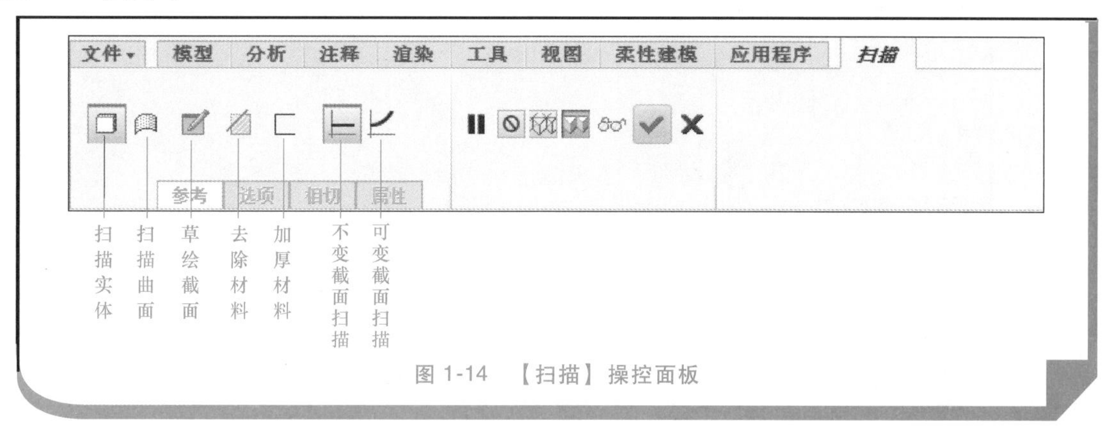

图 1-14　【扫描】操控面板

【扫描】操控面板对应的四个选项卡为【参考】【选项】【相切】【属性】，如图 1-14 中所示。

1）【参考】选项卡：如图 1-15 所示，在【轨迹】选择项部分选择一个已有草图作为扫描轨迹。需要注意的是，扫描轨迹必须在选择特征前已经做好，可单击【模型】工具栏的【草绘】按钮创建；不变截面的扫描只需选择一条轨迹线，可变截面的扫描需要选择两条及以上的轨迹线。在【截面控制】列表框中有【垂直于轨迹】【垂直于投影】【恒定法向】等方式。在【水平/竖直控制】列表框中选择【自动】方式。

2）【选项】选项卡：如图 1-16 所示，包括【封闭端】【合并端】，【草绘放置点】等参数，在轨迹线上单击起始点箭头，可调整放置草绘点的位置。

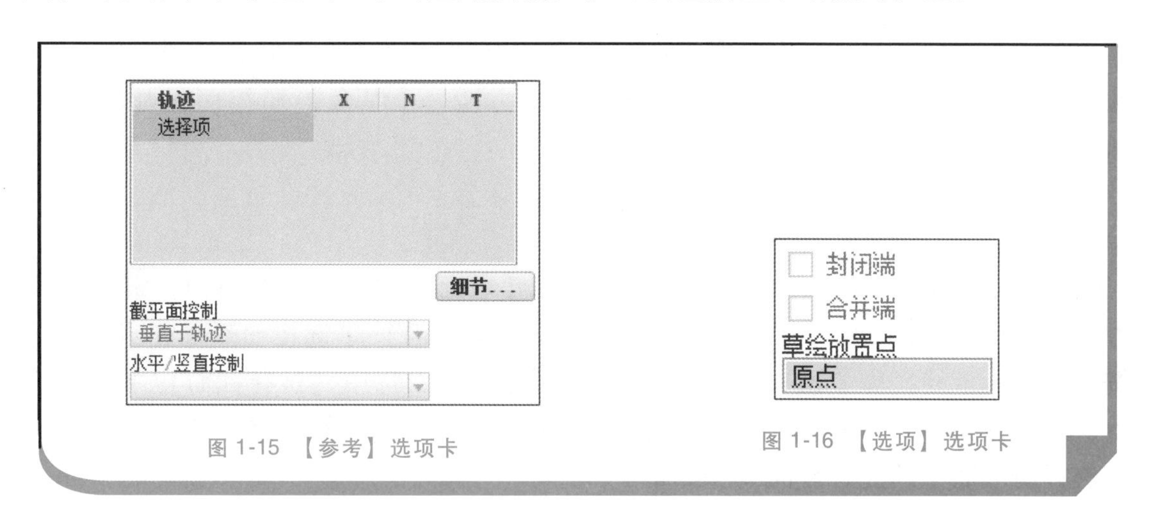

图 1-15　【参考】选项卡　　图 1-16　【选项】选项卡

3）【相切】选项卡：如图 1-17 所示，指定轨迹与图元相切的方式及参考设置。

4）【属性】选项卡：在图 1-18 所示的【属性】选项卡中，可以修改扫描特征的名称，显示特征信息等。

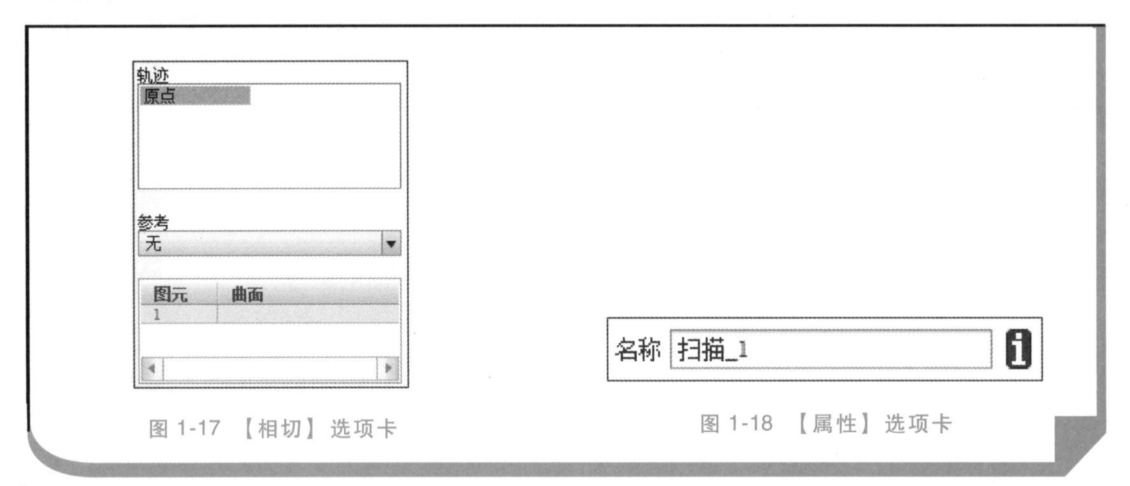

图 1-17 【相切】选项卡

图 1-18 【属性】选项卡

扫描操作步骤：选择【模型】→【扫描】命令或单击【扫描】按钮，在【扫描】操控面板下，选择扫描类型（实体或曲面），在【参考】选项卡下选择扫描轨迹，单击【草绘】按钮定义扫描截面，完成后单击【确定】按钮，并指定去除材料方式。在【选项】选项卡下定义截面控制方式，在【相切】选项卡下定义原点位置等，单击【特征预览】按钮，观察生成的特征，无误后单击【扫描】操控面板的【确认】按钮，完成扫描特征的创建。

注：【螺旋扫描】与普通扫描方式类似。首先将扫描轨迹改为【螺旋扫描轮廓】，并在轨迹草绘中绘制一条与【螺旋扫描轮廓】有一定距离（其距离即为螺旋件的公称半径）的几何中心线作为旋转轴。然后指定螺距（可分段变螺距）和螺旋方式（左旋或右旋）。

（4）【混合】特征　通过一个截面按照顶点及其顺序混合到另一个相同数量和顶点顺序相同的截面形成实体的建模方法。【混合】操控面板如图 1-19 所示。

【混合】操控面板有【截面】【选项】【相切】【属性】四个选项卡，如图 1-19 所示。

1）【截面】选项卡：如图 1-20 所示，在【截面】选项卡下有两种指定截面的方法，【草绘截面】和【选定截面】。选中【草绘截面】单选按钮后单击【定义】按钮，进入草绘操作步骤，草绘完成后加载为截面 1；选中【选择截面】单选按钮后，单击【选择项】按钮选取外部草绘作为混合截面。依次进行，可以依次草绘或选择两个以上的混合截面 2、截面 3 等。

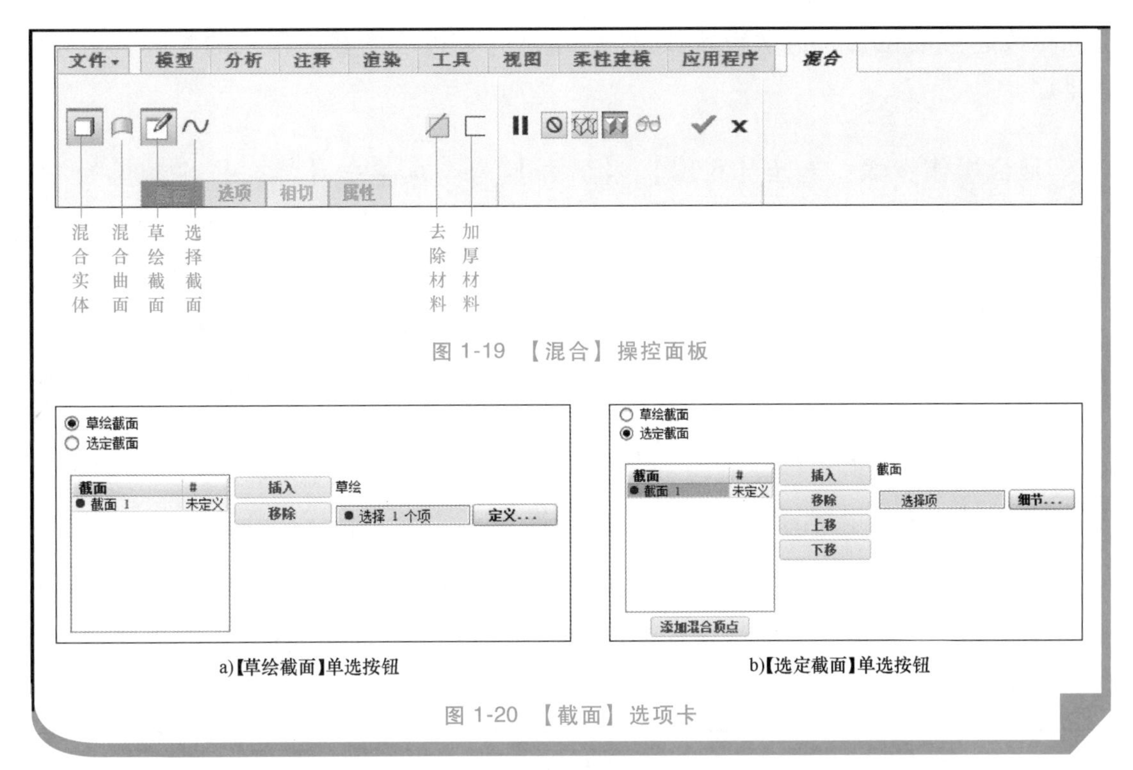

图 1-19 【混合】操控面板

a)【草绘截面】单选按钮　　b)【选定截面】单选按钮

图 1-20 【截面】选项卡

2）【选项】选项卡：如图 1-21 所示，主要对【混合曲面】的过渡方式予以指定，可选择直线式平直过渡或相切式光滑过渡，并指定起始截面和终止截面是否封闭。

3）【相切】选项卡：如图 1-22 所示，主要对【开始截面】与【终止截面】的过渡方式进行指定，包括【自由】【相切】【垂直】三种选择方式。

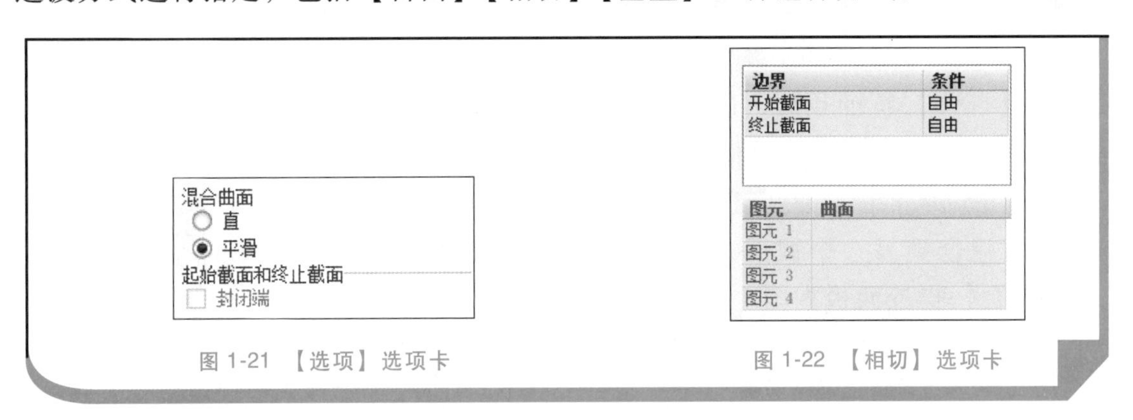

图 1-21 【选项】选项卡　　图 1-22 【相切】选项卡

4）【属性】选项卡：主要是对特征进行重命名或显示特征属性。

使用【混合】特征时应注意以下几点：

① 混合的截面顶点个数必须一致，若不一致，可以在草绘中单击【分割】按钮增加顶点个数。

② 顶点的顺序影响混合后实体的形式，若要改变顶点的顺序，可在截面草绘图中单击顶点，高亮显示后单击鼠标右键在弹出的快捷菜单中选择【起点】命令，

从而更改起点的位置，再次设置该点为【起点】，可改变截面顶点的顺时针或逆时针排序。

混合操作步骤：选择【模型】→【混合】命令或单击【混合】按钮，在【混合】操控面板下，选择混合类型（实体或曲面），在【参考】选项卡下选择混合截面方式（草绘截面或选定截面），若为【草绘截面】，进入【截面】选项卡，然后单击【草绘】按钮定义混合截面1，截面完成后单击【确定】按钮；指定截面距离，再次进入草绘截面2，可以继续创建截面3等，并指定去除材料方式。在【选项】选项卡下选择混合控制方式，在【相切】选项卡下选择开始截面与终止截面过渡方式，单击【特征预览】按钮，观察生成的特征，无误后单击【混合】操控面板的【确定】按钮，完成混合特征的创建。

（5）【旋转混合】 在外部草绘旋转轴的基础上，从一个截面旋转的同时混合到另一个截面，可以继续增加截面数混合到多个截面而成形的方法。【旋转混合】操控面板如图1-23所示。相比于基本混合特征仅增加了【旋转轴】按钮。

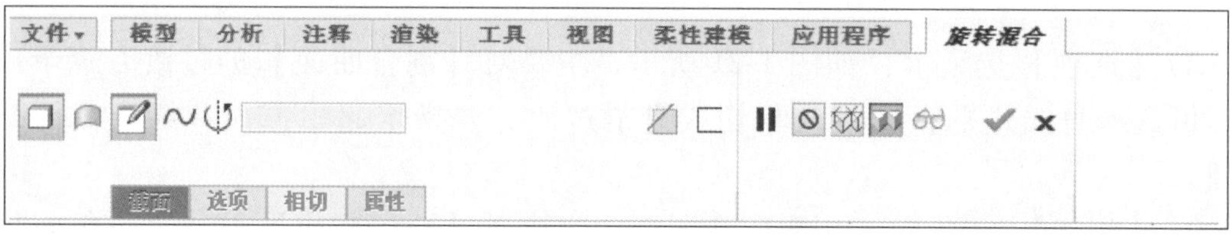

图1-23 【旋转混合】操控面板

【旋转混合】操控面板有【截面】【选项】【相切】【属性】四个选项卡，各功能与【混合】特征相近，此处仅需在【截面】选项卡中指定【旋转轴】，可以选择外部草绘创建的【几何轴】或【基准轴】创建旋转轴。

（6）【扫描混合】 在外部草绘扫描轨迹的基础上，从一个截面沿轨迹扫描的同时混合到另一个截面，可以继续增加截面数混合到多个截面成形的方法。【扫描混合】操控面板如图1-24所示。

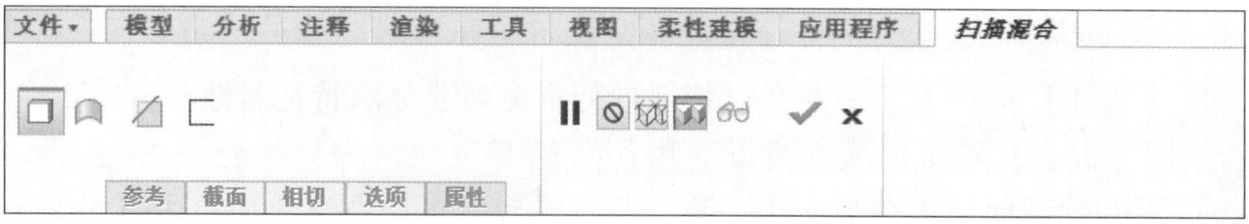

图1-24 【扫描混合】操控面板

【扫描混合】操控面板有【参考】【截面】【选项】【相切】【属性】五个选项

卡，其中【参考】选项卡与【扫描】操控面板中的【参考】选项卡功能相同，用来指定轨迹及轨迹的控制方式。其余四个选项卡各功能与【混合】特征相同，在此不再赘述。

2. 工程特征

当有基本实体的零件建模后，可对基本实体进行相关工程特征操作。

（1）【孔】特征 在基本实体上创建各种孔的特征操作。单击【孔】按钮后，打开【孔】操控面板如图 1-25 所示。

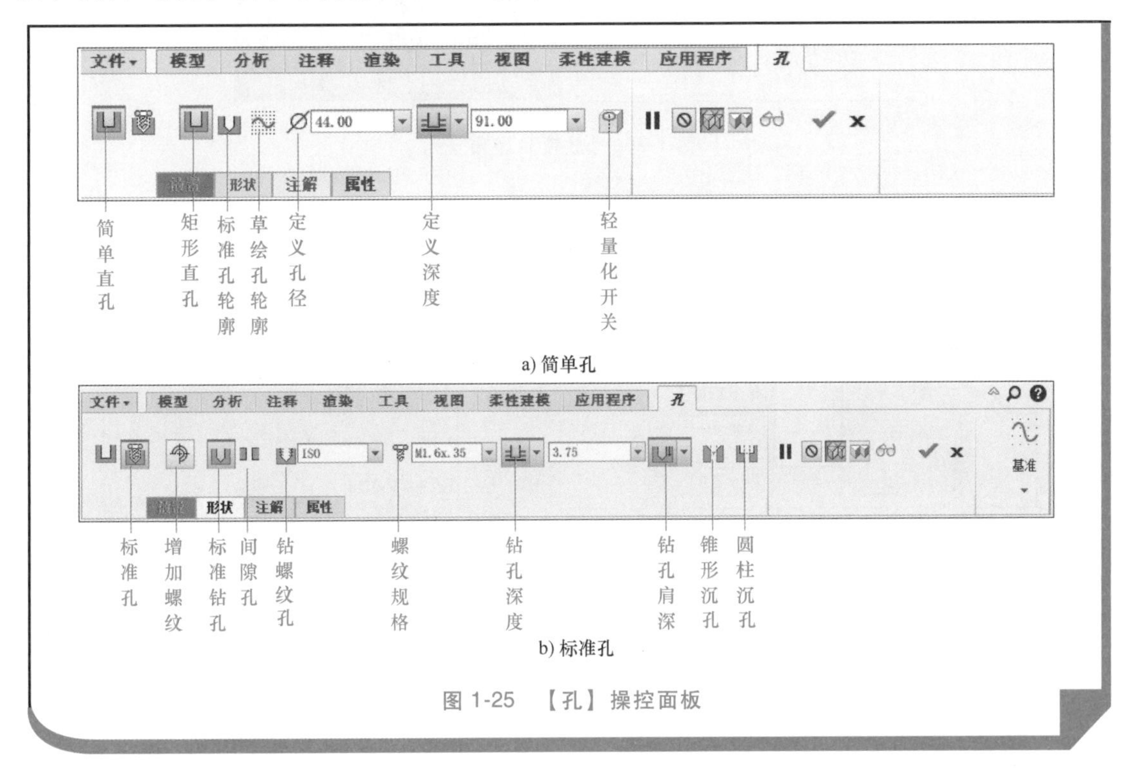

a) 简单孔

b) 标准孔

图 1-25　【孔】操控面板

在【孔】操控面板下，有简单直孔——预定义矩形直孔、标准孔轮廓、草绘孔轮廓等几种简单孔的模式；标准孔——创建钻孔、创建间隙孔、钻螺纹孔（增加沉头）等几种标准孔模式。【孔】操控面板对应有【放置】【形状】【注解】【属性】四个选项卡。

1）【放置】选项卡：如图 1-26 所示，主要是对选择的【类型】孔在基本实体上进行【放置】设置，可以直接在基本实体上单击放置。其中的【偏移参考】可以在绘图区单击并拖动两个绿色的定位框进行【线性】类型放置。

2）【形状】选项卡：【简单直孔】模式下的【形状】选项卡如图 1-27a 所示，参数包括孔的直径、深度、深度模式等；【标准孔】模式下的【形状】选项卡如图 1-27b 所示。

3）【注释】选项卡：如图 1-28 所示，主要是对当前实体创建的各个孔添加信息注释。

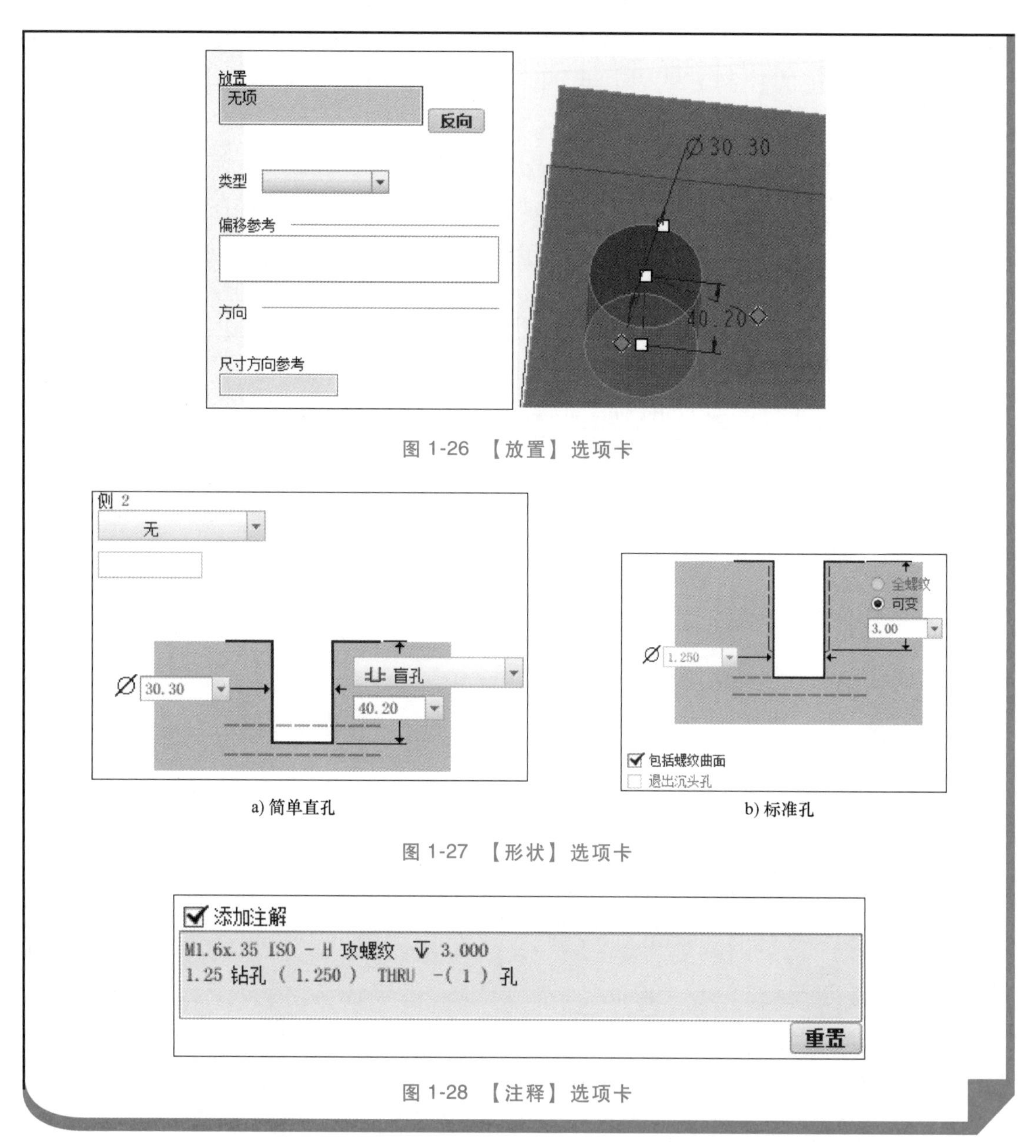

图 1-26 【放置】选项卡

a) 简单直孔　　b) 标准孔

图 1-27 【形状】选项卡

图 1-28 【注释】选项卡

4）【属性】选项卡：如图 1-29 所示，可以对孔的名称进行重命名，并且显示孔的参数列表。

需要注意的是，【孔】特征中有多种孔的创建模式，根据设计要求选择基本孔的类型及其相匹配的孔模式的辅助特征，如沉头方式等。

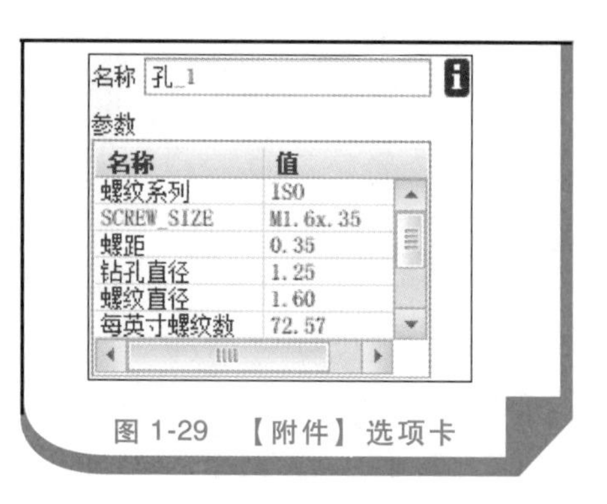

图 1-29 【附件】选项卡

（2）【倒圆角】特征 圆角特征是在基本实体的边线或面与面的交线上倒圆角。单击【倒圆角】按钮后，打开【倒圆角】操控面板，如图 1-30 所示。【倒圆角】操控面板有【集】【过渡】【段】【选项】【属性】五个选项卡。

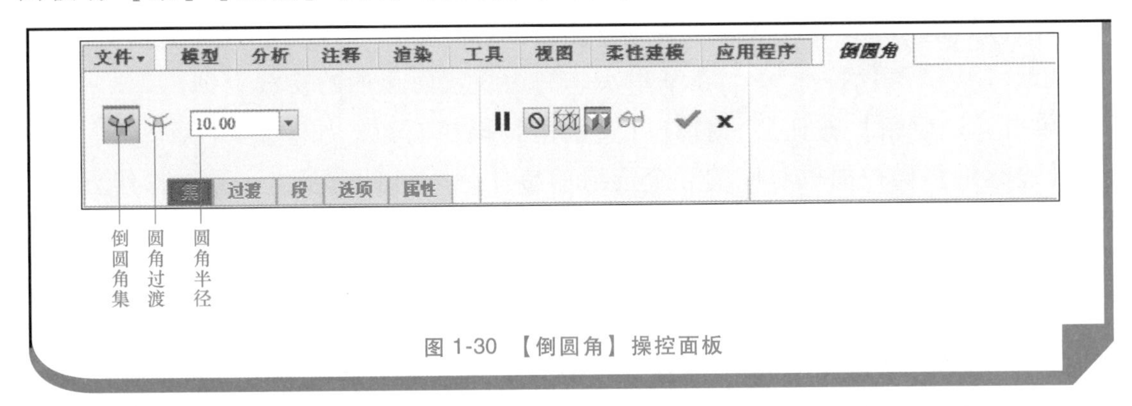

图 1-30　【倒圆角】操控面板

1)【集】选项卡：如图 1-31 所示，主要是对圆角的参考边或面与面的交线进行选择，并指定圆角半径，也可以新建圆角集合，将相同圆角半径的边线定义为一个集合。在【半径】文本框中增加设置半径值，成为多圆角参数并倒圆角。

2)【过渡】选项卡：如图 1-32 所示，可以实现在一条边线上倒圆角，且只在边线中间某一段进行倒圆角，而两端不倒圆角。该选项卡只有切换至【过渡】模式下，才被激活。

3)【段】选项卡：如图 1-33 所示，主要是对集合进行分类管理。

4)【附件】选项卡：如图 1-34 所示，主要是对圆角的连接属性进行选择，有

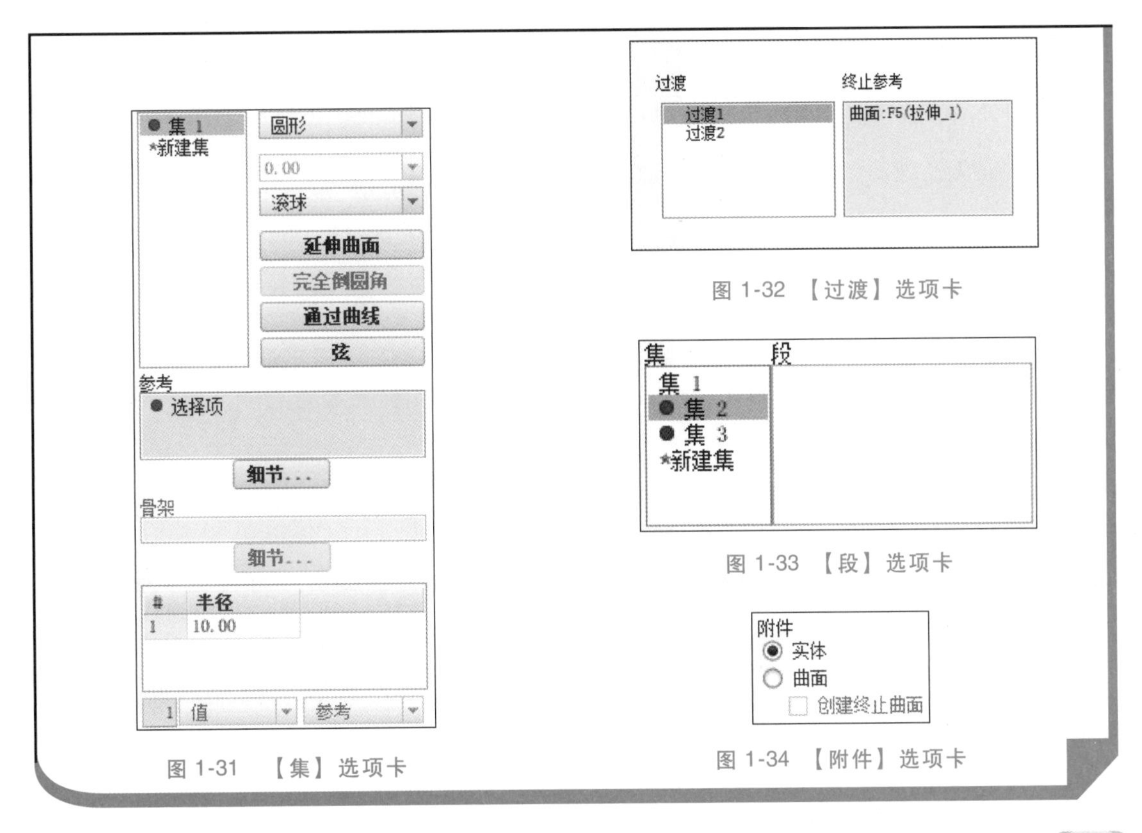

图 1-31　【集】选项卡

图 1-32　【过渡】选项卡

图 1-33　【段】选项卡

图 1-34　【附件】选项卡

实体连接和曲面连接两种方式。

5）【属性】选项卡：该选项卡可以为特征进行重命名及显示特征信息属性。

（3）【边倒角】特征 在基本实体的边线或面与面的交线上倒角。

单击【边倒角】按钮后，打开【边倒角】操控面板，如图 1-35 所示。

【边倒角】操控面板对应的五个选项卡与【倒圆角】选项卡一致，操作方法相似，此处不再赘述。只是【边倒角】是对边线或交线进行倒平角，且平角类型可定义为【D×D】【D1×D2】【角度×D】等形式。

（4）【拔模】特征 创建拔模特征实际上就是向单独曲面或一系列曲面中添加一个-30°~30°的拔模角度。需要注意的是，当曲面是由列表圆柱面或平面形成时，可以进行拔模操作；当曲面的边界周围有圆角时，不能进行拔模操作，但可以先进行拔模设计，再对边进行圆角过渡。【拔模】特征是为了满足铸造脱模等工艺性需求，在基本实体的外沿增加起模斜度，以利于成形件的脱模。【拔模】操控面板如图 1-36 所示。

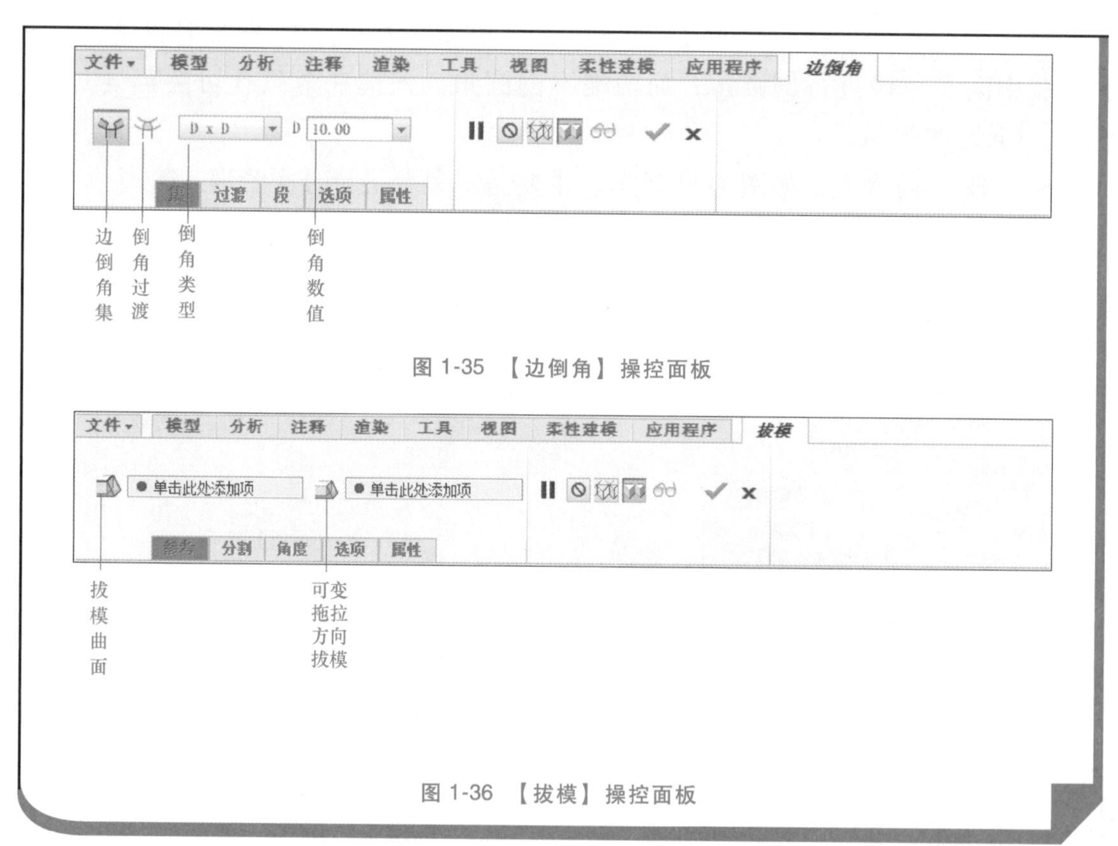

图 1-35 【边倒角】操控面板

图 1-36 【拔模】操控面板

【拔模】操控面板有【参考】【分割】【角度】【选项】【属性】五个选项卡。

1）【参考】选项卡：如图 1-37 所示，对拔模的主要参数【拔模曲面】【拔模枢轴】【拖拉方向】进行定义。

2）【分割】选项卡：如图 1-38 所示，按照拔模曲面上的拔模枢轴或不同的曲

①拔模曲面。被拔模的平面，可以是一个面也可以是多个面集。

②拔模枢轴：指曲面围绕其旋转的拔模曲面上的线或曲线（又称中立曲线）。可以通过选取平面（在此情况下拔模曲面围绕它们与此平面相交旋转）或选取拔模曲面上的单独曲线链来定义拔模枢轴。

③拖拉方向：又称拔模方向，用来测量拔模角度的方向，通常为模具开模的方向。可以通过选取平面（在此情况下拖动方向箭头垂直于此平面）、直角边、基准轴或坐标系轴来定义它。

④拔模角度：指拔模方向与生成的拔模曲面之间的角度。如果拔模曲面被分割，那么可以为拔模曲面的每侧定义两个独立的角度。拔模角度的范围为-30°~30°。

线来对拔模曲面进行分割，将不同的拔模角度应用于曲面的不同部分。

3）【角度】选项卡：如图 1-39 所示，用于指定拔模角度。

4）【选项】选项卡：如图 1-40 所示，对【排除环】进行选择定义。

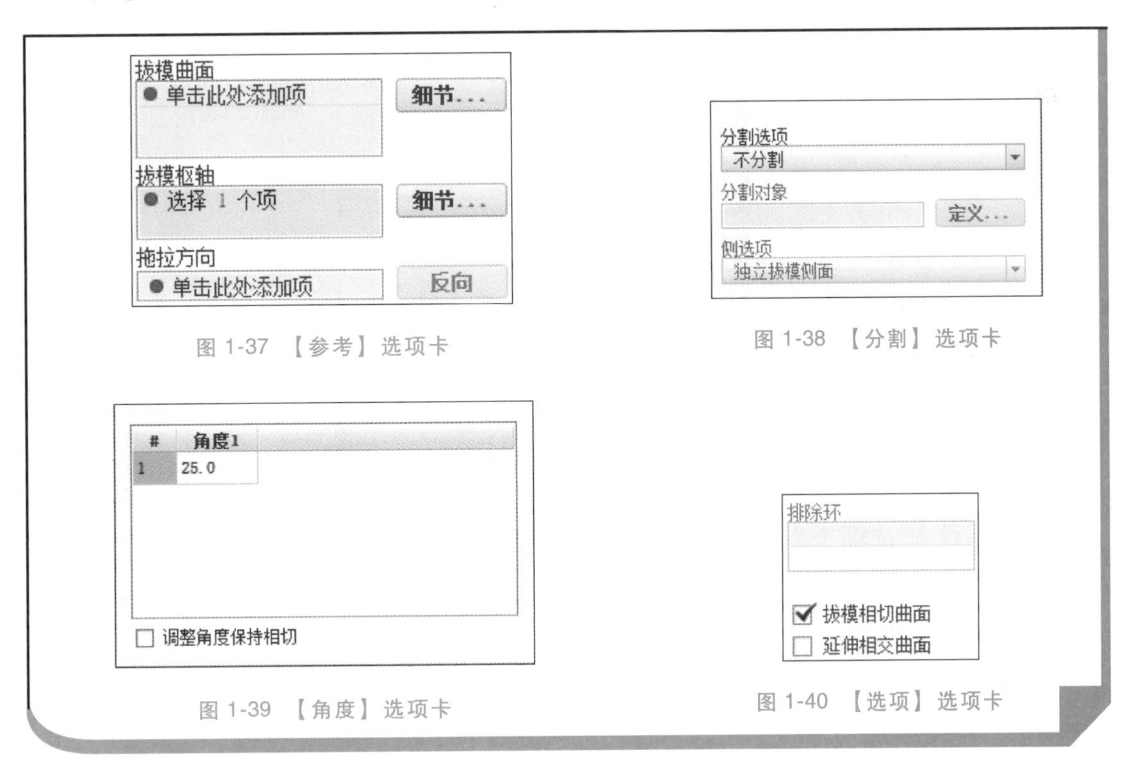

图 1-37 【参考】选项卡

图 1-38 【分割】选项卡

图 1-39 【角度】选项卡

图 1-40 【选项】选项卡

5）【属性】选项卡：为特征进行重命名及显示特征信息属性。

可变拖拉方向拔模：通过指定拔模枢轴上的控制点，拖动圆形控制滑块可以改变拔模的角度。如果需要精确控制拔模角度，则在【参考】选项卡中设置拔模角度，这样可创建各种锥形拔模几何体。与基本拔模不同的是，可变拖拉方向拔模的拔模曲面不仅是平面，还包括曲面；可变拖拉方向拔模不用选择拔模曲面，而是定义其边，即拔模枢轴，拔模枢轴是拔模曲面的固定边。

（5）【壳】特征 抽壳特征是对实体中间抽出材料形成具有一定壁厚的零件的成形方法。【壳】操控面板如图 1-41 所示。

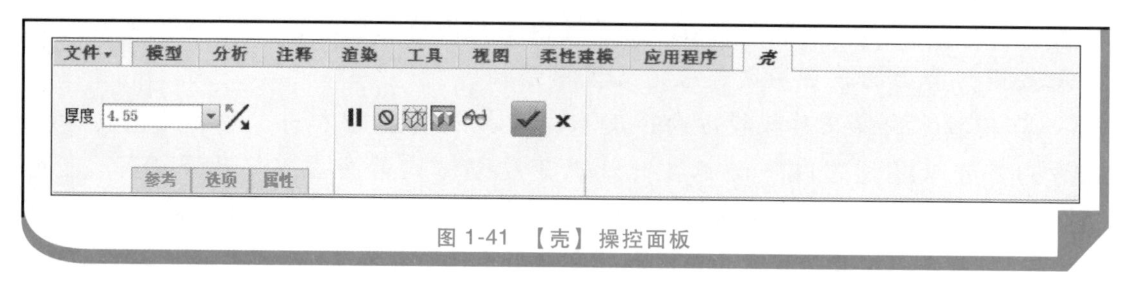

图 1-41 【壳】操控面板

【壳】操控面板有【参考】【选项】【属性】三个选项卡。

1）【参考】选项卡：如图 1-42 所示，用于选择需要移除的面，并且可以指定各保留面的厚度。

2）【选项】选项卡：如图 1-43 所示，对排除的面及面的延伸方式、拐角处的穿透性进行选择定义。

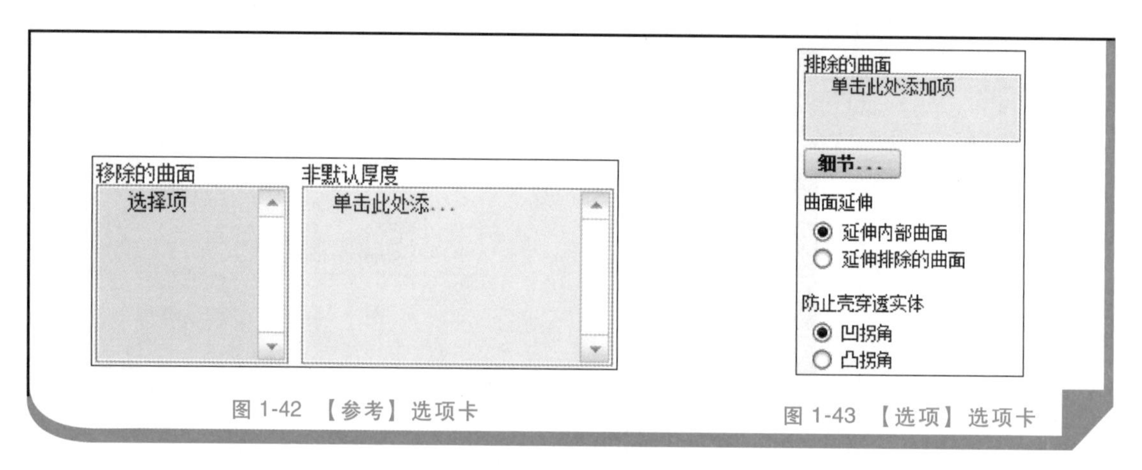

图 1-42 【参考】选项卡　　图 1-43 【选项】选项卡

3）【属性】选项卡：为特征进行重命名及显示特征信息属性。

（6）【轨迹筋】特征 对薄壁实体添加具有一定轨迹线的壁厚的支撑，以增强薄壁零件强度的方法。【轨迹筋】操控面板如图 1-44 所示。

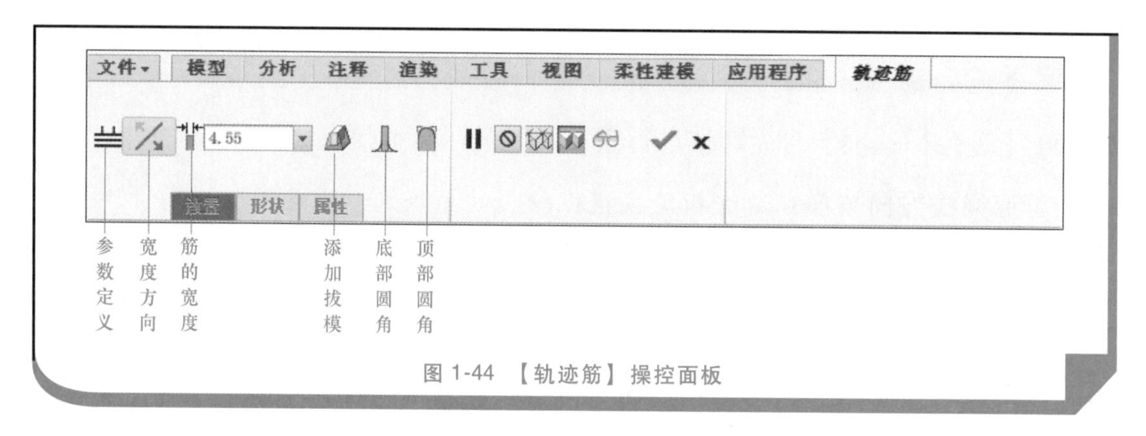

图 1-44 【轨迹筋】操控面板

【轨迹筋】操控面板有【放置】【形状】【属性】三个选项卡。

1）【放置】选项卡：如图 1-45 所示，对轨迹筋的轨迹线进行草绘定义。轨迹线一般位于零件的开口面上，沿着底部封闭的方向生成筋的特征。

2）【形状】选项卡：如图 1-46 所示，对轨迹筋的截面尺寸进行定义，与操控面板上的【筋的宽度】按钮相同，还可以设置拔模角度。

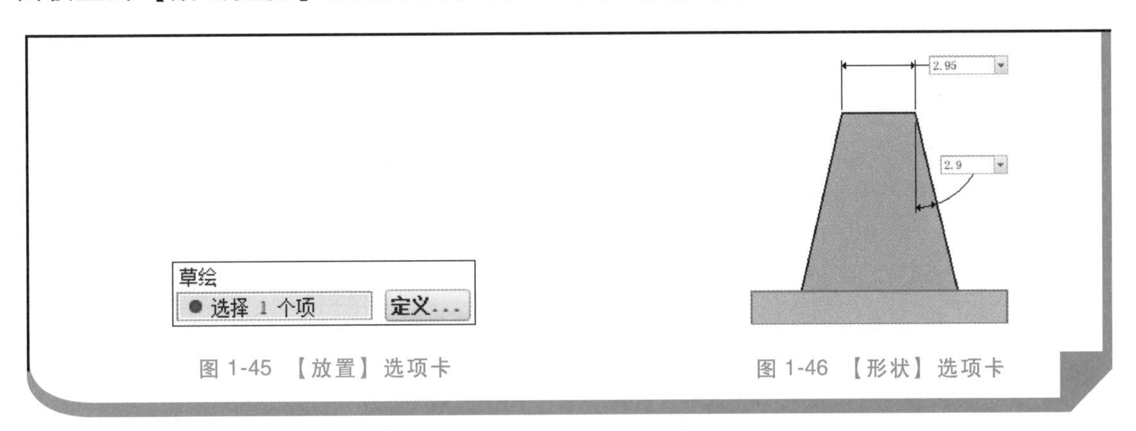

图 1-45 【放置】选项卡　　图 1-46 【形状】选项卡

3）【属性】选项卡：为特征进行重命名及显示特征信息属性。

（7）【轮廓筋】特征　在受力实体轮廓外添加具有一定壁厚的支撑筋以增强零件强度的方法。【轮廓筋】操控面板如图 1-47 所示。

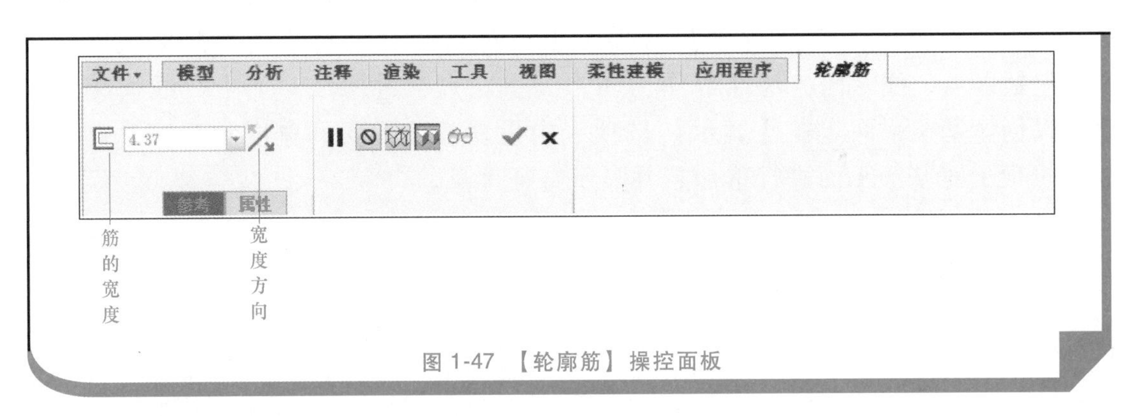

图 1-47 【轮廓筋】操控面板

【轮廓筋】操控面板有【参考】【属性】两个选项卡。

1）【参考】选项卡：如图 1-48 所示，对轨迹筋的轨迹线进行草绘定义。

2）【属性】选项卡：为特征进行重命名及显示特征信息属性。

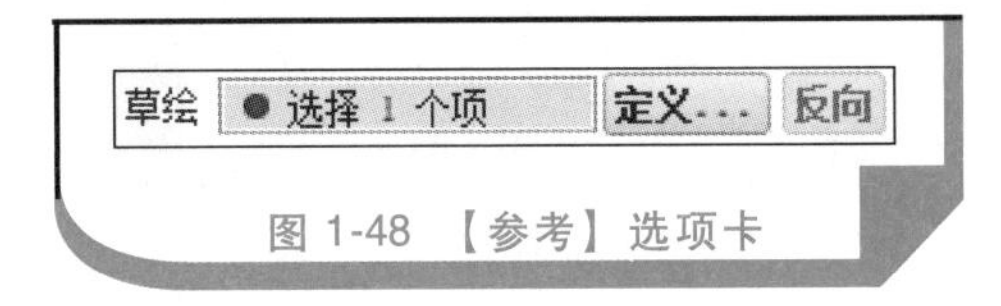

图 1-48 【参考】选项卡

3. 特征基准

（1）【基准点】按钮　单击【基准点】按钮，弹出【基准点】对话框，如图 1-49 所示，在【放置】选项卡中可对基准点的【放置】选项进行设置，以点、线、面、基准等作为参考，在中心位置、相交处、偏距点等都可以创建基准点。在【属性】选项卡中为基准点进行重命名并显示特征信息。

（2）【基准轴】按钮 单击【基准轴】按钮，弹出【基准轴】对话框，如图 1-50 所示，在【放置】选项卡中可对基准轴的【放置】选项进行设置，以点、线、面、基准等作为参考，在两点、线上、相交处及偏距处都可以创建基准轴。在【显示】选项卡中可设置基准轴的长度，在【属性】选项卡可为基准轴进行重命名并显示特征信息。

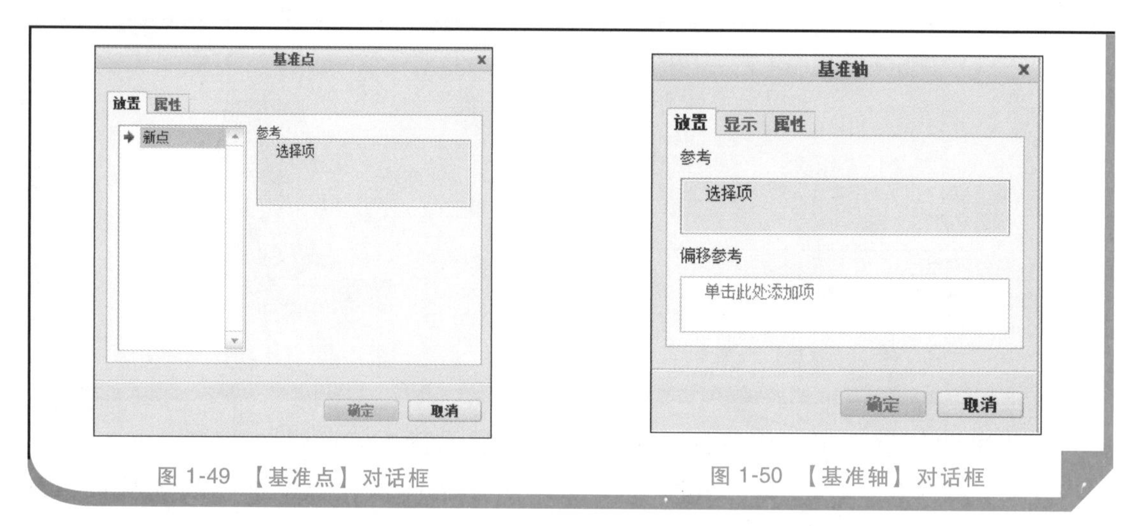

图 1-49 【基准点】对话框　　图 1-50 【基准轴】对话框

（3）【基准平面】按钮 单击【基准平面】按钮，弹出【基准平面】对话框，如图 1-51 所示，在【放置】选项卡中可对基准平面的【放置】选项进行设置，包括以点、线、面、基准等作为参考，在三点、过两线、面上、线面偏距处都可以创建基准平面。在【显示】选项卡中设置基准平面的宽度和高度，在【属性】选项卡对基准平面进行重命名并显示特征信息。

（4）【坐标系】按钮 单击【坐标系】按钮，弹出【坐标系】对话框，如

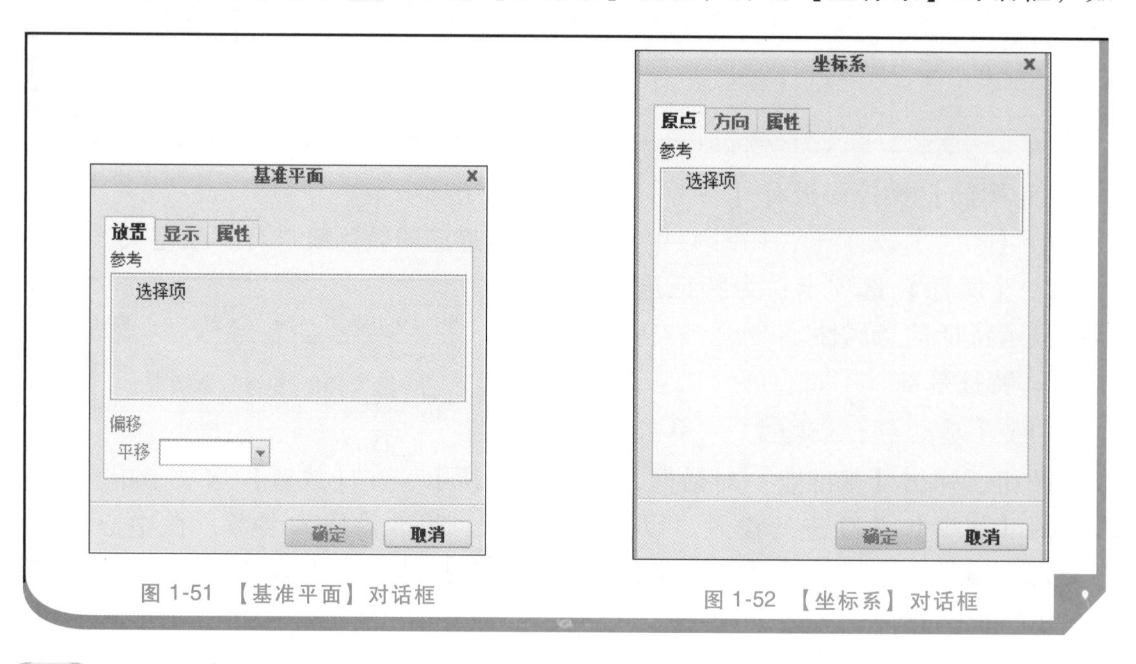

图 1-51 【基准平面】对话框　　图 1-52 【坐标系】对话框

图 1-52 所示，对基准坐标系的【原点】选项进行设置，包括以点、线、面、基准等作为参考，在顶点、中点、线面交点、偏距点处都可以创建基准坐标系。在【方向】选项卡中可设置基准坐标系的方向设置，在【属性】选项卡中对基准坐标系进行重命名并显示特征信息。

4. 编辑特征

（1）【阵列】按钮 对特征沿某种规律复制出多个该特征。选择【模型】→【编辑】→【阵列】命令，打开【阵列】操控面板，如图 1-53 所示。有四种阵列方式，分别为【尺寸】【方向】【轴】【填充】。

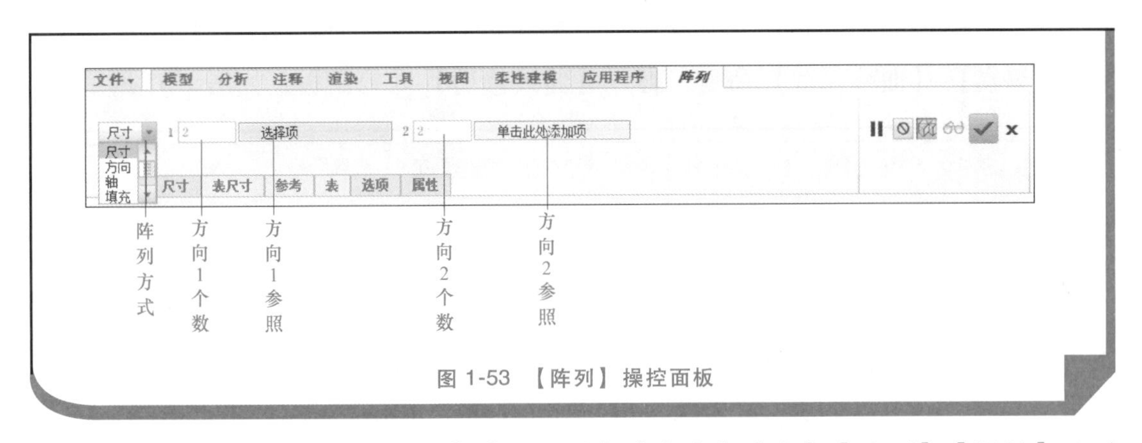

图 1-53 【阵列】操控面板

【阵列】操控面板有【尺寸】【表尺寸】【参考】【表】【选项】【属性】六个选项卡。

1）【尺寸】选项卡：在【尺寸】和【方向】阵列方式下该选项卡被激活，对【方向 1】和【方向 2】的尺寸进行选择，沿阵列方向单击尺寸即可，尺寸一般为特征中的定位尺寸。

2）【表尺寸】选项卡：在【表】阵列方式下该选项卡被激活，单击选取阵列特征中的定位尺寸。

3）【参考】选项卡：在【填充】阵列方式下该选项卡被激活，可对填充区域进行草绘定义。

4）【表】选项卡：在【表】阵列方式下该选项卡被激活，使用表格参数设定阵列特征的空间尺寸和本体尺寸。

5）【选项】选项卡：对重新生成的特征进行选项定义，包括【跟随引线位置】或【跟随曲面形状】等。

6）【属性】选项卡：为特征进行重命名及编辑信息属性。

（2）【镜像】按钮 对某特征进行以基准面为参考的对称复制。选择【模型】→【编辑】→【镜像】命令，打开【镜像】操控面板，如图 1-54 所示。

【镜像】操控面板有【参考】【选项】【属性】三个选项卡。

1）【参考】选项卡：对镜像平面进行选择。

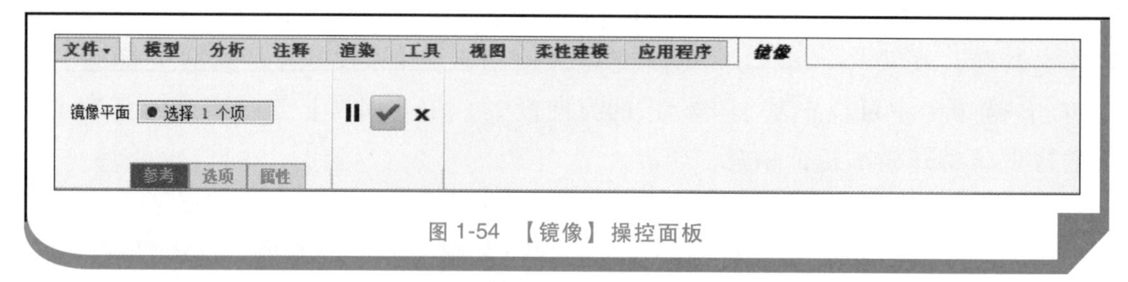

图 1-54 【镜像】操控面板

2）【选项】选项卡：对镜像特征从属关系进行指定。

3）【属性】选项卡：为特征进行重命名及编辑信息属性。

（3）【曲线修剪】 用来切削或分割面组，或者从面组移除材料。选择【模型】→【编辑】→【曲线修剪】命令，打开【曲线修剪】操控面板，如图 1-55 所示。

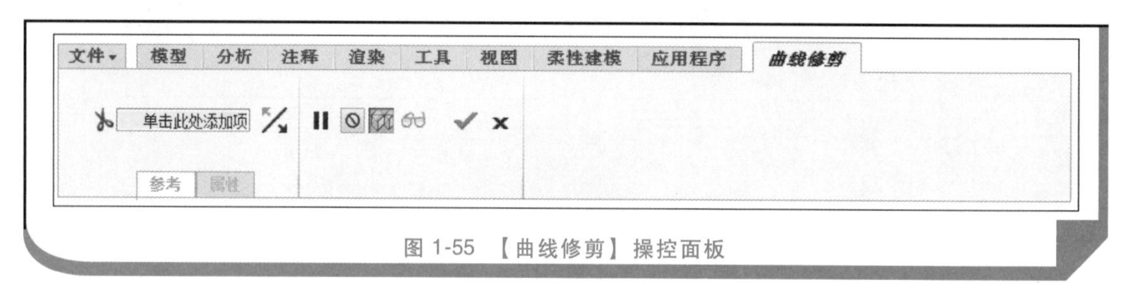

图 1-55 【曲线修剪】操控面板

【曲线修剪】操控面板有【参考】【属性】两个选项卡。

1）【参考】选项卡：选择修剪的曲线和修剪对象。

2）【属性】选项卡：为特征进行重命名及编辑信息属性。

（4）【合并】按钮 用来将两个面组或两条曲线合并在一起。选择【模型】→【编辑】→【合并】命令，打开【合并】操控面板，如图 1-56 所示。

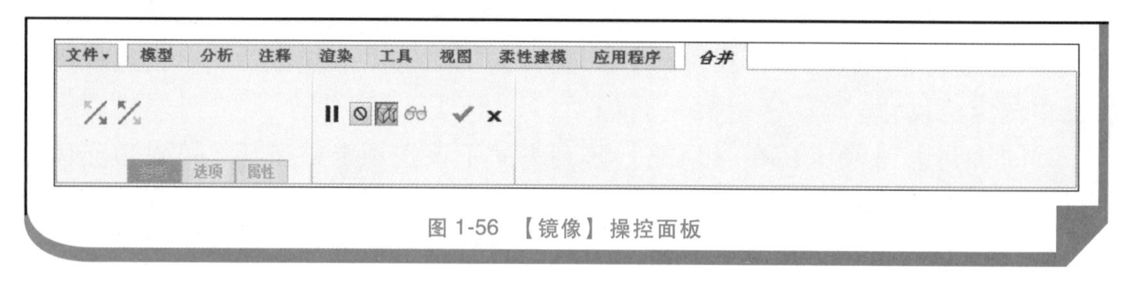

图 1-56 【镜像】操控面板

【镜像】操控面板有【参考】【选项】【属性】三个选项卡。

1）【参考】选项卡：用来收集要合并的面组或曲线。

2）【选项】选项卡：指定面组或曲线的合并方式，有【相交】或【连接】两种方式。

3）【属性】选项卡：为特征进行重命名及编辑信息属性。

（5）【延伸】按钮 用来延伸面组的邻接单侧边到指定的距离或延伸到指定平面。选择【模型】→【编辑】→【延伸】命令，打开【延伸】操控面板，如图 1-57 所示。

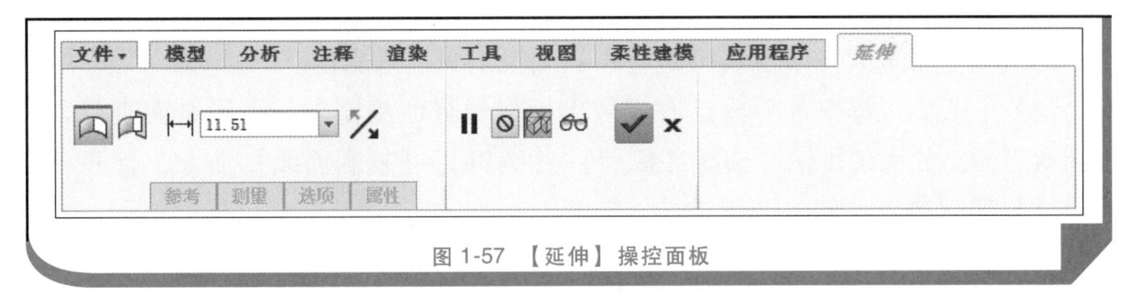

图 1-57 【延伸】操控面板

【延伸】操控面板有【参考】【测量】【选项】【属性】四个选项卡。

1)【参考】选项卡：用来指定延伸的边界边。

2)【测量】选项卡：在选中【沿原始曲面延伸】按钮时该选项卡被激活，用来测量参考曲面或选定平面中的延伸距离。

3)【选项】选项卡：在选中【沿原始曲面延伸】按钮时该选项卡被激活，用于指定边沿原始曲面延伸的方式。

4)【属性】选项卡：为特征进行重命名及编辑信息属性。

(6)【偏移】按钮 使用恒定或可变距离偏移曲线或曲面。选择【模型】→【编辑】→【偏移】命令，打开【偏移】操控面板，如图 1-58 所示。

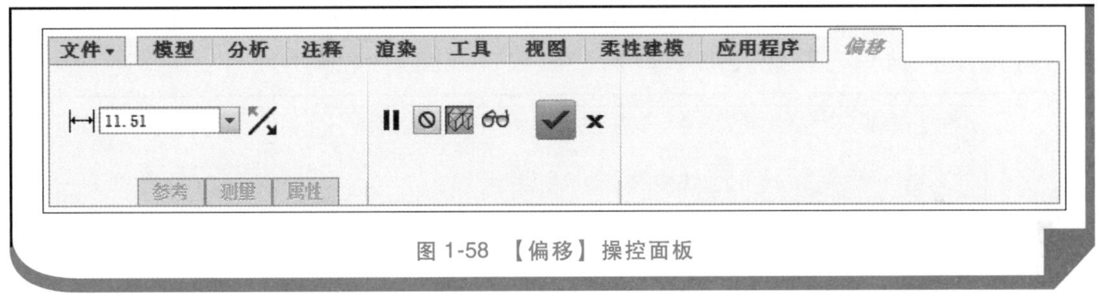

图 1-58 【偏移】操控面板

【偏移】操控面板有【参考】【测量】【属性】三个选项卡。

1)【参考】选项卡：用来指定偏移的边界。

2)【测量】选项卡：用来指定偏移距离的方式。

3)【属性】选项卡：为特征进行重命名及编辑信息属性。

(7)【曲面相交】按钮 通过两个相交平面创建构造线。选择【模型】→【编辑】→【曲面相交】命令，打开【曲面相交】操控面板，如图 1-59 所示。

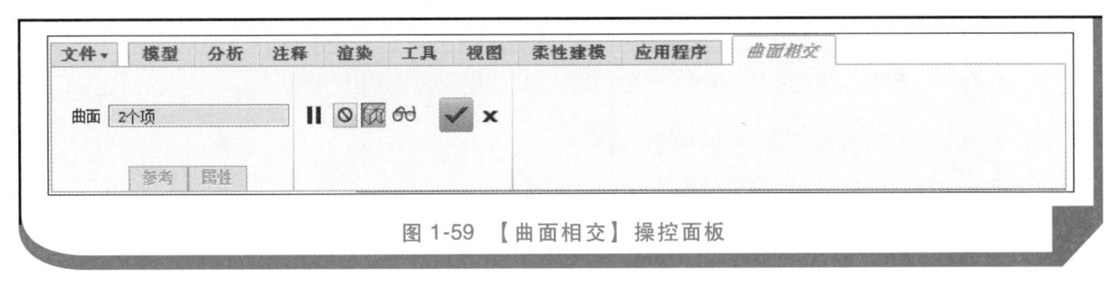

图 1-59 【曲面相交】操控面板

【曲面相交】操控面板有【参考】和【属性】两个选项卡。

1）【参考】选项卡：用来指定创建构造线的两个平面。

2）【属性】选项卡：为特征进行重命名及编辑信息属性。

（8）【投影】按钮 将已有实体表面曲线或曲线链向一个指定面进行投射得到指定面上轮廓的方法。选择【模型】→【编辑】→【投影曲线】命令，打开【投影曲线】操控面板，如图 1-60 所示。

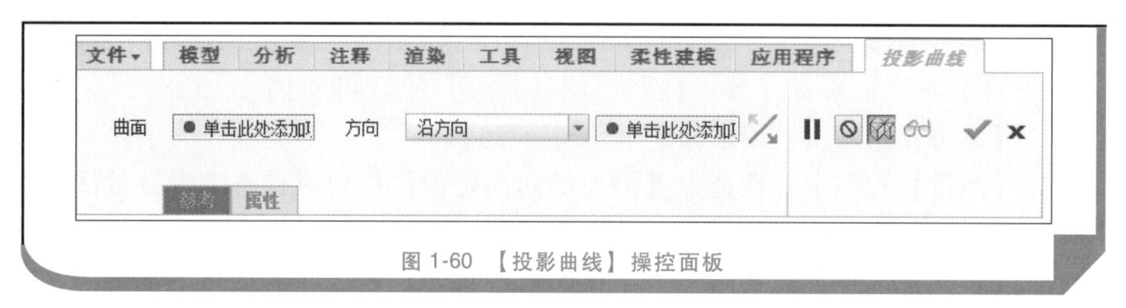

图 1-60 【投影曲线】操控面板

【投影曲线】操控面板有【参考】和【属性】两个选项卡。

1）【参考】选项卡：用于定义操控面板上投射到指定面，被投射的曲线链（包括直线、可以多条），以及投射方向。

2）【属性】选项卡：为特征进行重命名及编辑信息属性。

（9）【加厚】按钮 用来给曲面或平面添加材料厚度。选择【模型】→【编辑】→【加厚】命令，打开【加厚】操控面板，如图 1-61 所示。

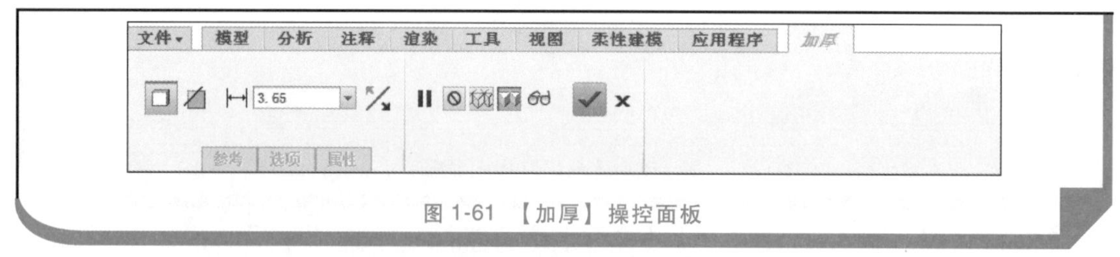

图 1-61 【加厚】操控面板

【加厚】操控面板有【参考】【选项】【属性】三个选项卡。

1）【参考】选项卡：用来指定需要加厚的曲面或平面。

2）【选项】选项卡：用来指定材料加厚的方向。

3）【属性】选项卡：为特征进行重命名及编辑信息属性。

（10）【实体化】按钮 将曲面特征或几何面组转化成实体。选择【模型】→【编辑】→【实体化】命令，打开【实体化】操控面板，如图 1-62 所示。

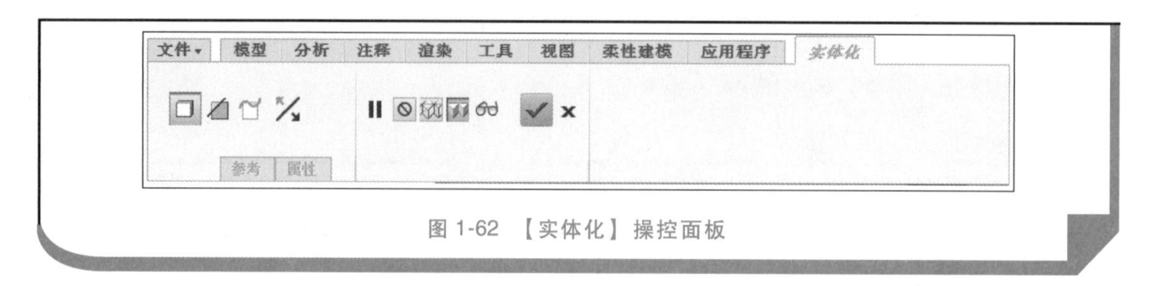

图 1-62 【实体化】操控面板

【实体化】操控面板有【参考】和【属性】两个选项卡。

1）【参考】选项卡：用来指定实体化的曲面特征或几何面组。

2）【属性】选项卡：为特征进行重命名及编辑信息属性。

1.3 工程实例：设计笔筒

要求：创建图1-63所示的FDM模型，单位为mm。

具体操作步骤如下：

1. 创建新文件

1）单击工具栏中的【新建】按钮，或者从菜单中选择【文件】→【新建】命令。

2）在弹出的【新建】对话框中设置类型为【零件】，子类型为【实体】。

3）在【名称】文本框中输入零件名称，勾选【默认模板】复选框，单击【确定】按钮确定。

图1-63　笔筒模型

2. 创建笔筒基体

1）在【形状】子工具栏中单击【旋转】按钮，弹出【旋转】操控面板，进入旋转特征绘图界面。

2）单击【放置】选项卡中的草绘【定义】按钮，选择草绘平面和草绘方向进入草绘界面，绘制拉伸截面。

3）在【草绘】子工具栏中选择【基准】模式，然后单击【中心线】按钮中心线，绘制旋转中心线。

4）在【草绘】子工具栏中选择【构造】模式，然后单击【线】按钮，绘制旋转轮廓线。

5）在【约束】子工具栏中选择【水平】约束水平或【垂直】约束竖直，选择约束的相关直线。

6）在【尺寸】子工具栏中单击【法向】按钮，为草绘界面中的直线、圆弧等标注尺寸，完成笔筒旋转截面的草绘，结果如图1-64所示。

7）单击【确定】按钮，退出草绘界面，在【旋转】操控面板指定旋转角度为【360】，单击【确定】按钮，完成旋转操作。

8）选择视图子菜单，单击【外观库】按钮，在【外观库】里选择某种颜色后，光标变为毛刷状，单击选择表面，被选中的表面会被颜色覆盖，当有多片区域需同时着色时，可按住<Ctrl>键的同时单击选择。完成的笔筒基体旋转和着色后的效果如图1-65所示。

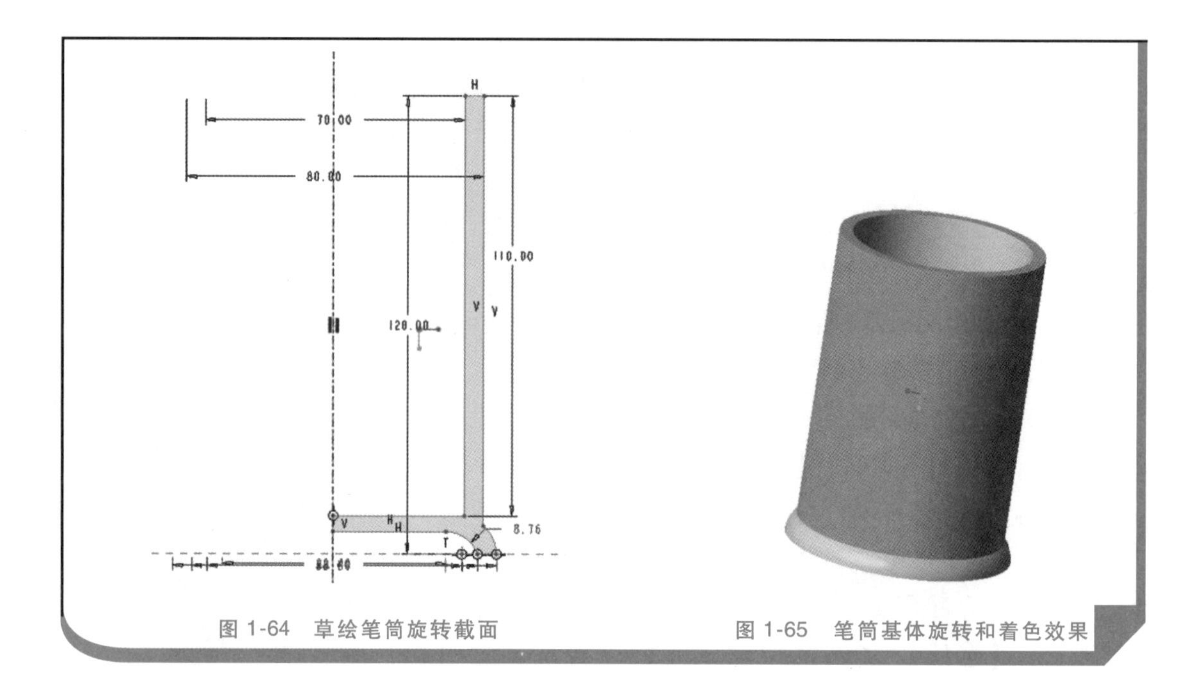

图 1-64　草绘笔筒旋转截面　　图 1-65　笔筒基体旋转和着色效果

3. 创建镂空图案

1）在【形状】子工具栏中单击【拉伸】按钮，弹出【拉伸】操控面板，进入拉伸特征绘图界面。

2）单击【放置】选项卡中的草绘【定义】按钮，选择草绘平面和草绘方向进入草绘界面，绘制拉伸截面。

3）在【设置】子工具栏中单击【参考】按钮，选择圆柱的一个基准面作为参考。

4）在【草绘】子工具栏中单击【选项板】按钮，选择【星形】，然后将五角星图标拖拽到绘图界面，并给图形标注尺寸，结果如图 1-66 所示。

5）单击【确定】按钮，退出草绘界面，在【拉伸】操控面板指定拉伸方向和切除材料，厚度为【拉伸至与所有曲面相交】，单击【确定】按钮，完成拉伸切除操作，结果如图 1-67 所示。

6）在【编辑】子工具栏中单击【阵列】按钮，选用【轴】方式阵列，指定原笔筒基体的轴作为阵列参照，然后指定个数为【6】，阵列角度为【360】。

7）在【编辑】子工具栏中单击【阵列】按钮，选用【方向】方式阵列，选择沿笔筒高度方向的直线或平面作为参照，指定方向 1 的个数、阵列间距等数值，结果如图 1-68 所示。

8）单击【确定】按钮，完成阵列操作，结果如图 1-69 所示。

4. 底面加英文字符

1）在【形状】子工具栏中单击【拉伸】按钮，弹出【拉伸】操控面板，

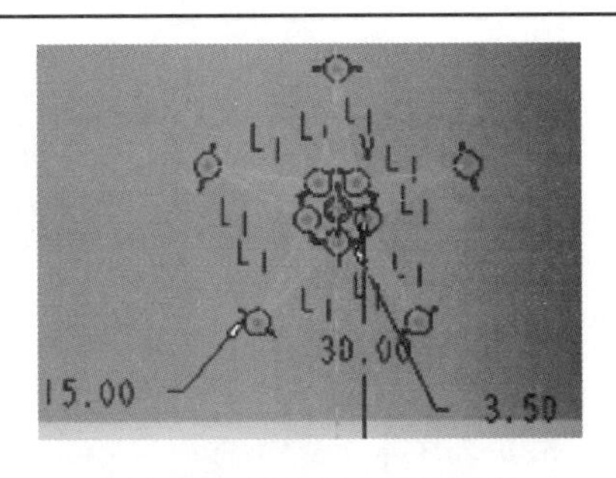

图 1-66　镂空图案截面草图

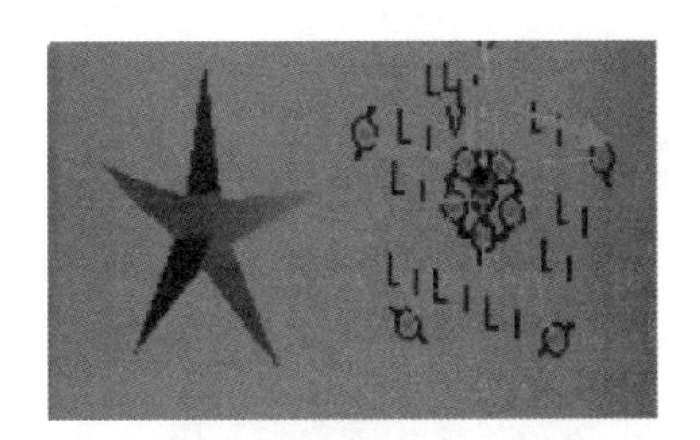

图 1-67　拉伸切除得到镂空图案

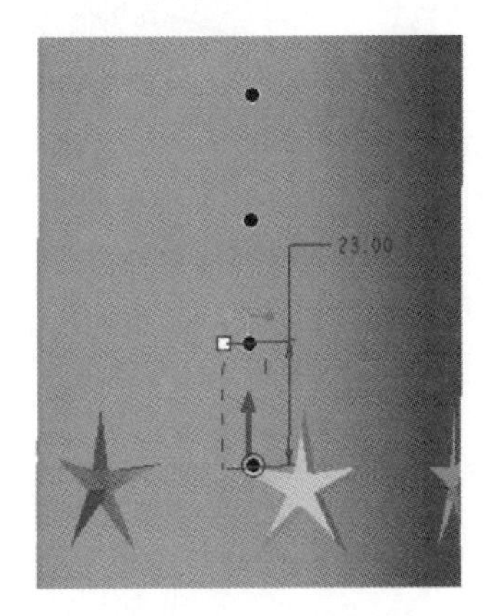

图 1-68　指定阵列的方向及间距

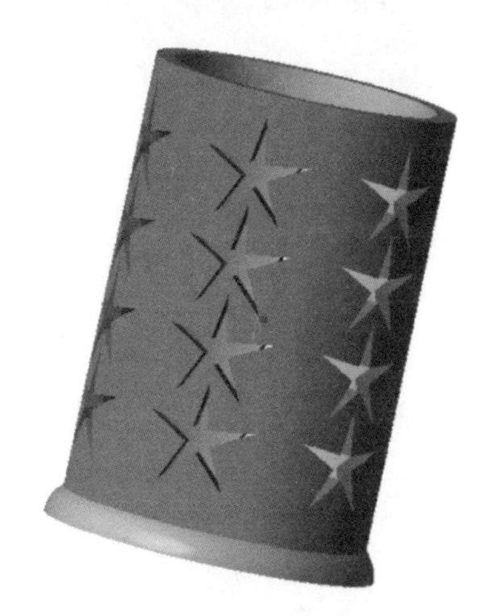

图 1-69　阵列完成后笔筒实体

进入拉伸特征绘图界面。

2）单击【放置】选项卡中的草绘【定义】按钮，选择草绘平面和草绘方向进入草绘界面，绘制拉伸截面。

3）在【设置】子工具栏中单击【参考】按钮，选择笔筒的底面作为绘图平面参考。

4）在【草绘】子工具栏中单击【文本】按钮，输入英文字符，并给英文字符图形标注尺寸，结果如图 1-70 所示。

5）单击【确定】按钮，退出草绘，在【拉伸】操控面板指定拉伸方向和切除材料，拉伸切除厚度为【1】，单击【确定】按钮，完成拉伸切除操作，结果如图 1-71 所示。

6）单击【确定】按钮，完成拉伸操作，笔筒模型整体创建完成，结果如图 1-72 所示。

5. 导出 STL 格式文件

1）选择【文件】→【另存为副本】命令，打开【保存副本】对话框，在【类型】列表框选择文件类型为【Stereolithography（*.stl)】，并设置文件名及保存路

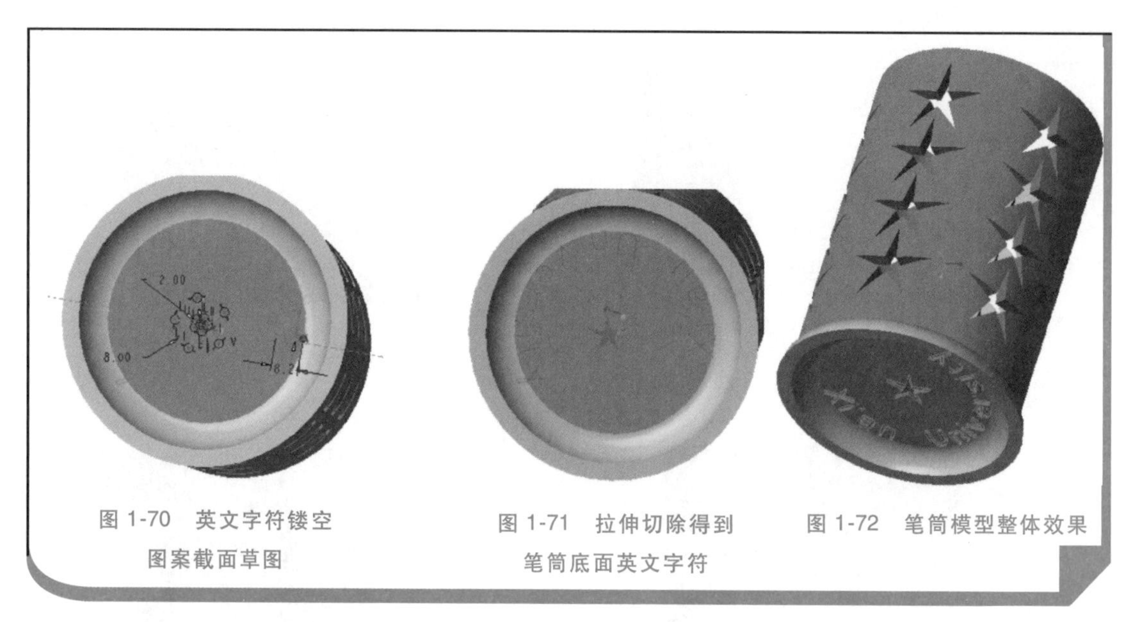

图 1-70　英文字符镂空图案截面草图

图 1-71　拉伸切除得到笔筒底面英文字符

图 1-72　笔筒模型整体效果

径，单击【确定】按钮。

2）弹出【导出 STL】对话框，参数设置如图 1-73 所示。

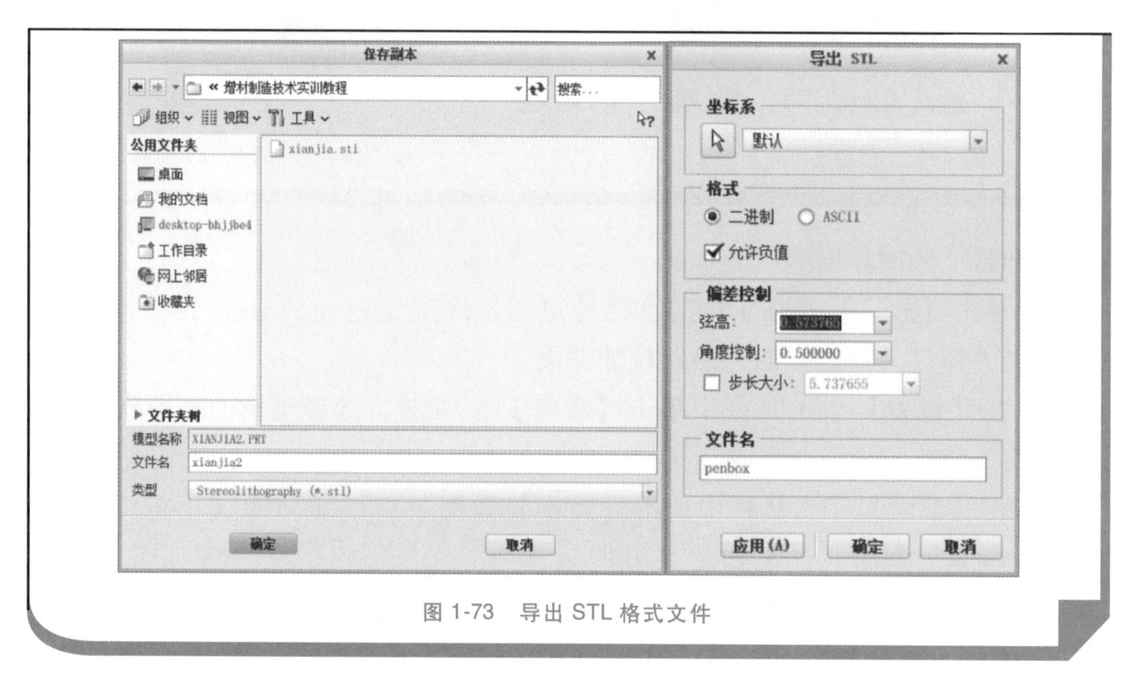

图 1-73　导出 STL 格式文件

（导出的*.STL 格式文件，为后续进行增材制造或 3D 打印的模型文件。）

项目2

高级建模技术

教学目的：

1. 了解 Creo 3.0 软件高级建模方法。
2. 掌握较复杂零件增材制造模型的创建方法。

教学重点与难点：复杂模型的特征、分类和方法。

教学方法：采用多媒体课件与软件教程相结合的方式，以启发式教育为主。

学生练习：常用的高级三维建模方法；典型复杂三维模型的创建。

本项目以 Creo 3.0 软件为例，讲解使用 CAD 技术进行三维高级建模实践的操作方法。高级建模操作应用主要包括曲面建模、组件装配、导出模型文件等。

2.1 曲面建模

（1）【边界混合】 通过【边界混合】命令，可以做出光顺、复杂的曲面。大部分曲面造型都是用边界混合命令完成的。选择【模型】→【曲面】→【边界混合】命令，打开【边界混合】操控面板，如图 2-1 所示。

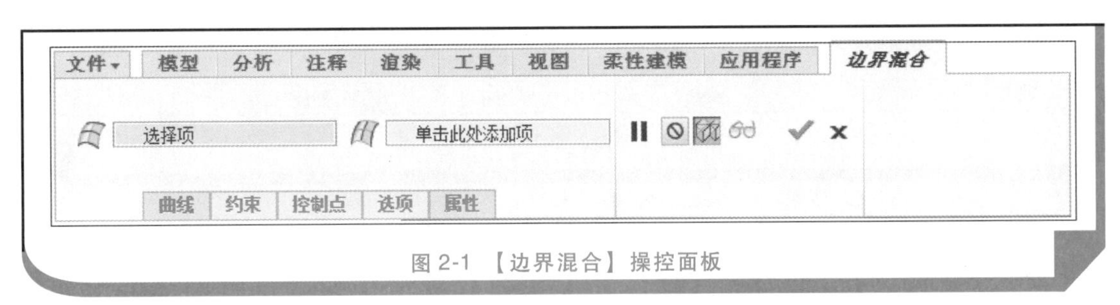

图 2-1 【边界混合】操控面板

【边界混合】操控面板有【曲线】【约束】【控制点】【选项】【属性】五个选项卡。

1）【曲线】选项卡：用来选择混合的边界，包括第一方向曲线与第二方向曲线。

2）【约束】选项卡：可以在该选项卡设置面的第一方向曲线与第二方向曲线的边界条件。

3）【控制点】选项卡：如果边界是由多组具有类似段数组成，则在该选项卡中设置合适的控制点对，以减少生成面的面片数目。

4）【选项】选项卡：可以添加额外的影响曲线来调整面的形状。

5）【属性】选项卡：为特征进行重命名及编辑信息属性。

（2）【填充】 通过其边界定义平整曲面封闭环特征，主要用于与其他面组合并、修剪，或者用于加厚曲面等。选择【模型】→【曲面】→【填充】命令，打开【填充】操控面板，如图 2-2 所示。

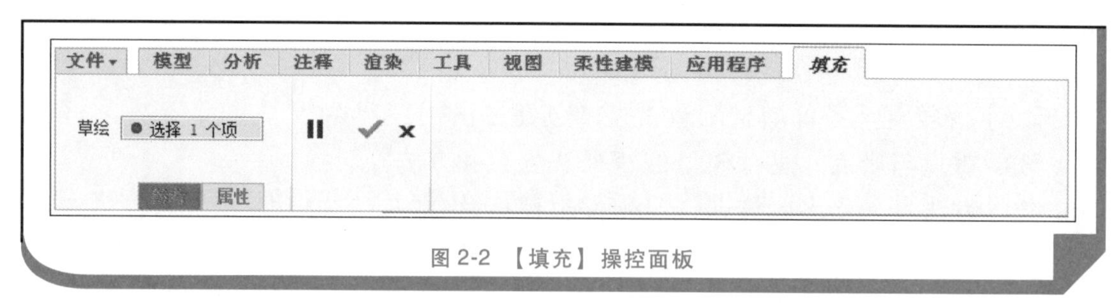

图 2-2 【填充】操控面板

【填充】操控面板有【参考】和【属性】两个选项卡。

1）【参考】选项卡：用来填充草图，被选中草图的封闭曲线可填充为曲面。

2）【属性】选项卡：为特征进行重命名及编辑信息属性。

（3）【样式】 在子工具栏中通过不同的【活动平面】可以绘制多条曲线，单击【曲面】按钮形成自由曲面，也可以对曲面进行【编辑】【连接】【修剪】等操作来修改曲面。选择【模型】→【曲面】→【样式】命令，打开【样式】子工具栏，如图 2-3 所示。

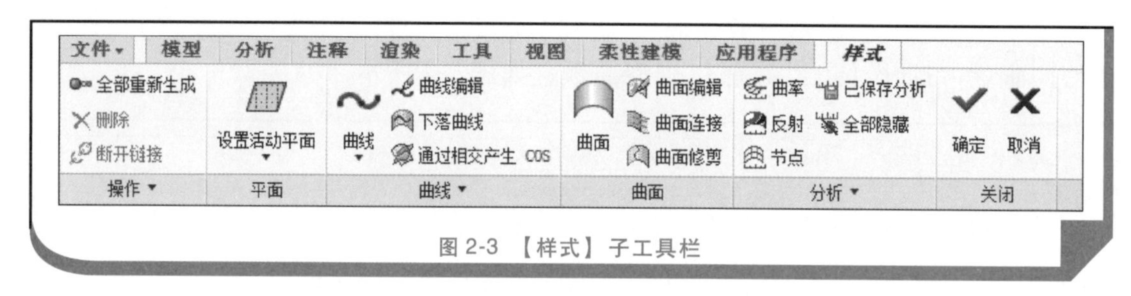

图 2-3 【样式】子工具栏

（4）【自由式】 在打开的子工具栏中选择基本图形，并对基本图形进行【变换】【比例】【拉伸】【连接】【分割】等操作形成自由创建的曲面图形。选择【模型】→【曲面】→【自由式】命令，打开【自由式】子工具栏，如图 2-4 所示。利用【自由式】子工具栏可对基本图形进行拖拉操作，形成自由曲面图形。

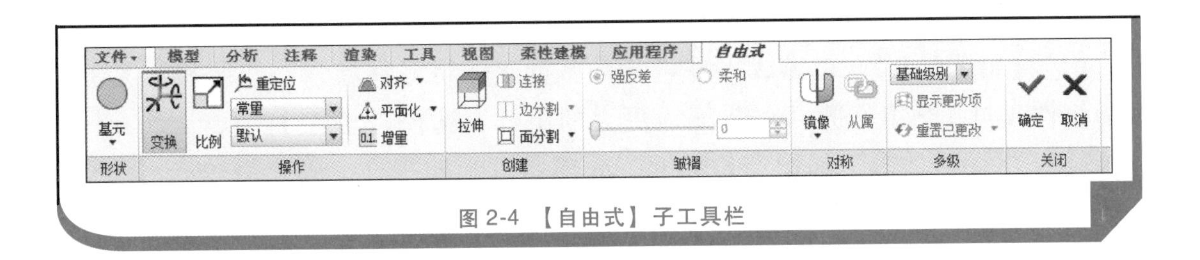

图 2-4 【自由式】子工具栏

2.2 装配设计

如若进行组件的增材制造，可对设计的零件按照连接关系进行组装，即产品装配。进入装配设计有两种方法，一种是通过选择【文件】→【新建】命令（或单击工具栏中的【新建】按钮或按<Ctrl+N>组合键），打开图 2-5 所示【新建】对话框，设置文件类型为【装配】，并在【名称】文本框输入英文字符作为文件名，通过【使用默认模板】复选框设置是否使用模板，单击【确定】按钮进入装配设计环境。第二种方法是打开任意的一个 * . ASM 格式文件进入装配设计环境。

如果取消勾选【使用默认模板】复选框，则进入图 2-6 所示【新文件选项】对话框，选择模板类型，如【mmns_asm_design】模板。进入装配环境下的【模型】工具栏如图 2-7 所示。

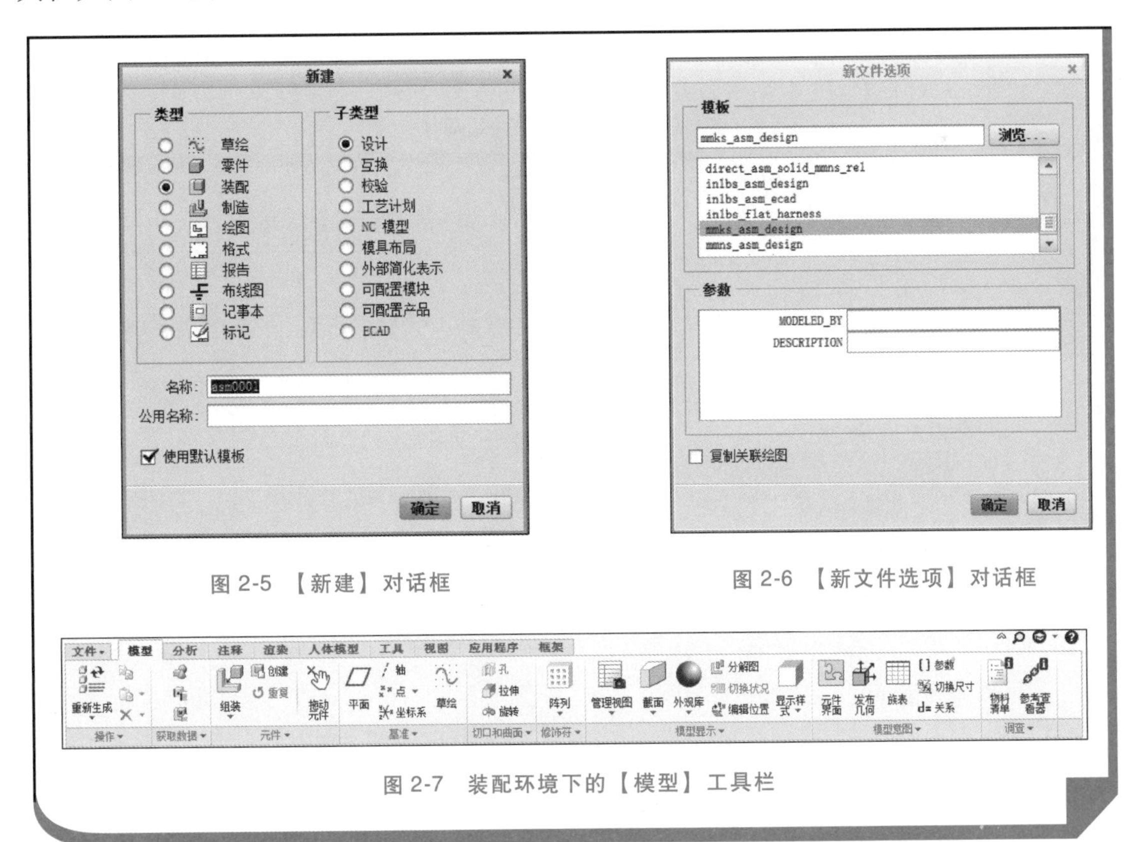

图 2-5 【新建】对话框

图 2-6 【新文件选项】对话框

图 2-7 装配环境下的【模型】工具栏

1. 元件

(1)【组装】 在完成零件设计的基础上，将零件导入，按照相互关系装配为组件或与几个组件进一步装配为更大的组件。选择【模型】→【组装】命令，打开【打开】对话框，如图 2-8 所示，选择要打开的零件，确定后单击【打开】按钮，页面弹出【元件放置】操控面板如图 2-9 所示。

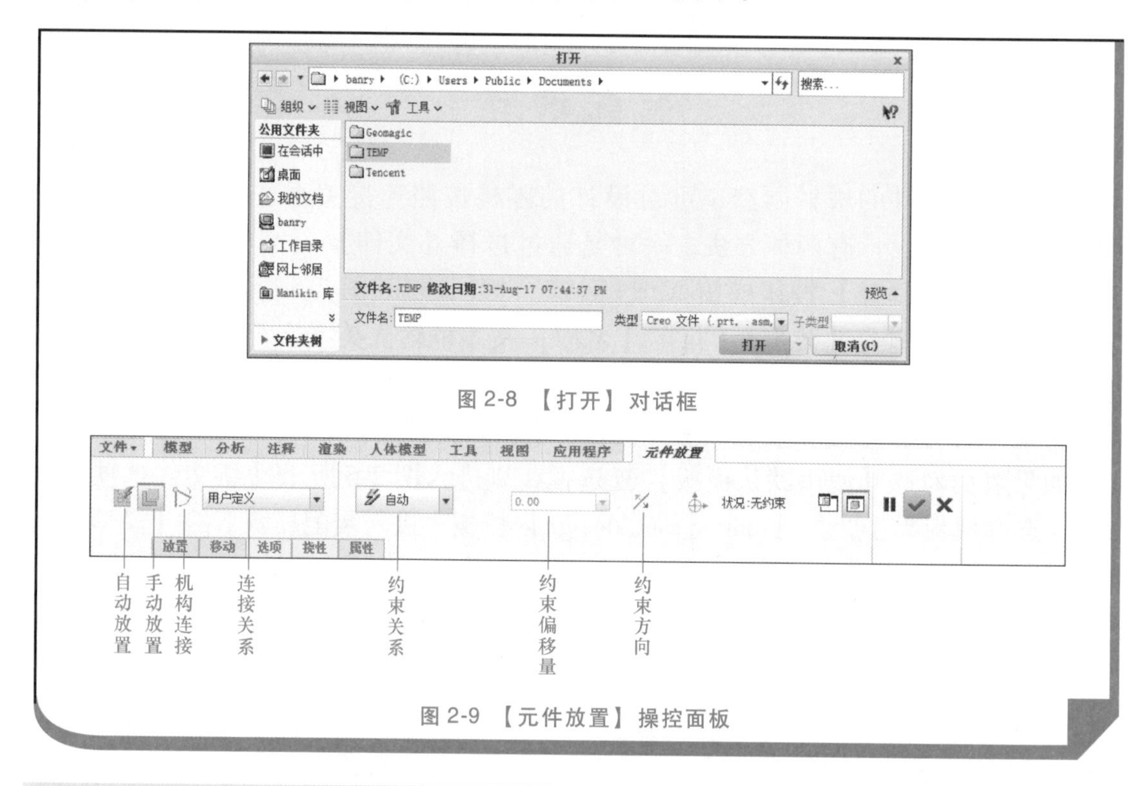

图 2-8 【打开】对话框

图 2-9 【元件放置】操控面板

【元件放置】操控面板有【放置】【移动】【选项】【挠性】【属性】四个选项卡。

1)【放置】选项卡：如图 2-10 所示，是对相应约束关系下的相关约束要素

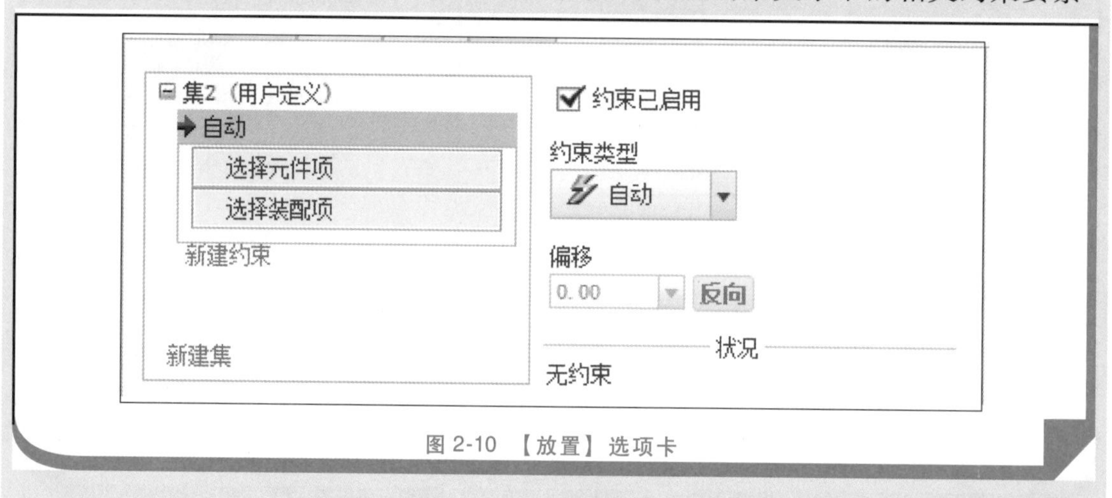

图 2-10 【放置】选项卡

【点】【线】【平面】进行选择和指定。

2）【移动】选项卡：如图2-11所示，可以调节要在装配中放置元件的位置，是对约束的参考要素进行移动距离设定的选项卡。

3）【挠性】选项卡：在设置挠性元件时被激活，用于设置挠性元件的相关工作参数。

4）【属性】选项卡：为特征进行重命名、备份及编辑信息属性。

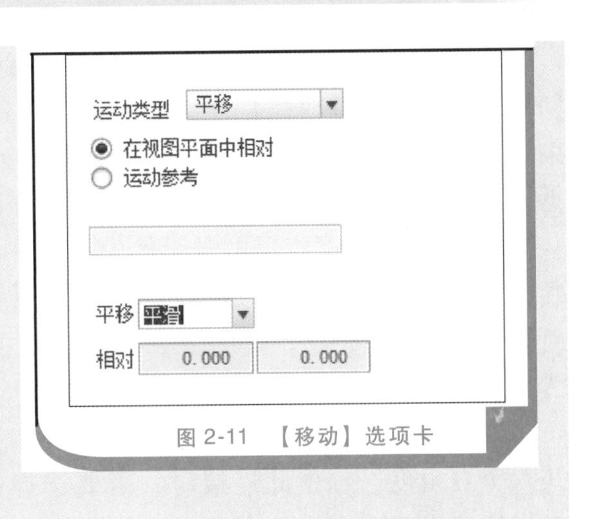

图2-11　【移动】选项卡

元件放置分为自动放置与手动放置两种模式。在手动放置模式下，先确定机构的连接关系，再设置与之匹配的约束关系，如图2-12所示。

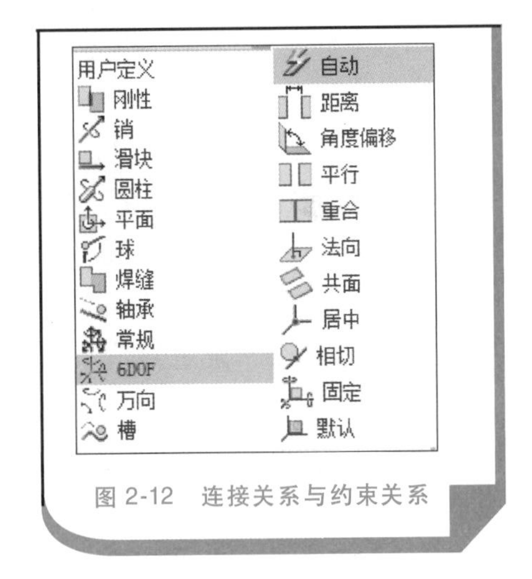

图2-12　连接关系与约束关系

根据空间直角坐标系自由度与约束情况，常见的连接关系有以下几种。

1）【刚性】连接：元件的空间六个自由度全部约束的连接关系。一般对应选择【固定】或【默认】约束关系。

2）【销】连接：只提供一个沿轴线转动的自由度，对其他平动与转动都可进行约束，可以设置【距离】【重合】【平行】的约束关系。

3）【滑块】连接：保留沿某一轴线移动的自由度，即沿直线相对于附着元件自由滑动，其他自由度通过【距离】【重合】【平行】等关系进行约束。

4）【圆柱】连接：连接元件既可以绕轴线相对于附着元件转动，也可以沿轴线平移。创建【圆柱】连接只需要一个轴对齐的【重合】约束。【圆柱】连接提供一个旋转自由度和一个平移自由度。

5）【平面】连接：保留两个方向的自由度，即在平面范围内可以平动。可通过其他四个方向的约束关系来保证此连接关系。

6）【球】连接：提供三个旋转自由度，没有平移自由度。【球】连接的元件在约束点上可以相对于附着元件360°旋转。【球】连接只能是一个点对齐的约束。

7）【焊缝】连接：不提供平移自由度和旋转自由度。由于【焊缝】连接将两个元件黏结在一起，所以连接元件和附着元件间没有任何相对运动。【焊缝】连接的约束只能是坐标系对齐的约束。

8）【轴承】连接：提供一个平移自由度和三个旋转自由度。【轴承】连接是【球】连接和【滑动杆】连接的组合。在这种类型的连接中，连接元件既可以在约束点上沿任何方向相对于附着元件旋转，也可以沿对齐的轴线移动。【轴承】连接需要的约束是一个点与边线（或轴）对齐的约束。

9）【常规】连接：先向元件中施加一个或数个约束，然后根据约束的结果来判断元件的自由度及运动状况。在创建【常规】连接时，可以在元件中添加【距离】【定向】【重合】等约束，根据约束的结果，可以实现元件间的旋转、平移、滑动等相对运动。

10）【6DOF】连接：连接的元件具有三个平移轴自由度和三个旋转轴自由度，共六个自由度，创建此连接时，需要选择两个基准坐标系作为参考，并能在元件中指定三组参考点来约束三个平移轴的运动。

11）【万向】连接：指定一组坐标系作为参考，元件可以绕坐标系的原点进行自由旋转。

12）【槽】连接：可以使元件上的一点始终在另一元件中的一条曲线上运动。点可以是基准点或元件中的顶点，曲线可以是基准曲线或 3D 曲线。创建【槽】连接的约束需要选取一个点和一条曲线对齐的约束关系。

可见，在上述不同的机构连接关系下，对应的需要进行六个自由度的开放与约束要求的设置，设置对应的约束关系有以下几种：

1）【距离】约束：将元件参考要素定位在距装配参考要素设定的目标位置。该约束的参考要素可以为点对点、点对线、线对线、平面对平面、平面曲面对平面曲面、点对平面、线对平面。

2）【角度偏移】约束：将选定的元件的参考要素以某一角度定位到选定的装配参考要素。该约束的一对参考要素可以是线对线（共面的线）的一对参考要素，也可以是线对平面或平面对平面的一对参考要素。

3）【平行】约束：主要平行于装配参考要素以放置元件参考要素，其参考要素可以是线对线、线对平面或平面对平面。

4）【重合】约束：将元件参考要素定位与装配参考要素重合。该约束的参考要素可以为点、线、平面，或是平面曲面、圆柱、圆锥、曲线上的点，以及这些参考要素的任何组合。

5）【法向】约束：将元件参考要素定位与装配参考要素垂直，其参考要素可以是线对线（共面的线）、线对平面或平面对平面。

6）【共面】约束：将元件的边、轴线、目的基准轴或曲面定位要素与类似的装配参考要素共面。

7）【居中】约束：使元件中的坐标系或目标坐标系的中心与装配中的坐标系或目标坐标系的中心对齐。

8）【相切】约束：控制两个曲面在切点接触。该约束的一个应用实例为凸轮与

用实例为凸轮与其传动装置之间的接触面或接触点。

9)【固定】约束：固定被移动或封装的元件的当前位置，其约束参考要素一般为坐标系对坐标系。

10)【默认】约束：将系统创建的元件的默认坐标系与系统创建的装配默认坐标系对齐。其参考要素可以为坐标系对坐标系，或者点对坐标系。

(2)【创建】 在组装组件的过程中，如果个别零件在前期没有创建，可以利用该命令重新新建零件。选择【模型】→【创建】命令，打开【元件新建】对话框，如图2-13所示。利用【模型】工具栏进行零件的建模。

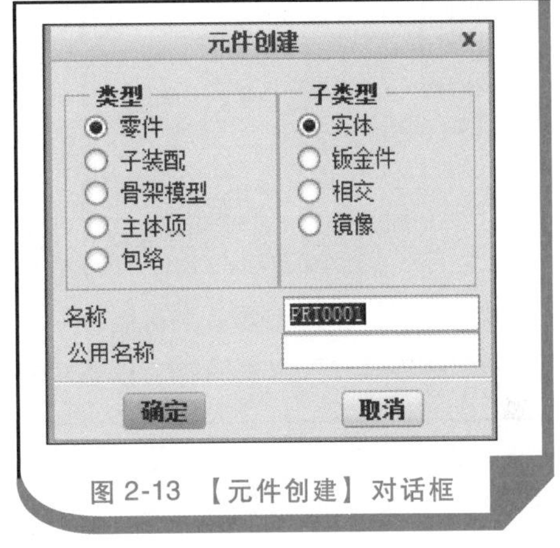

图2-13 【元件创建】对话框

2. 基准

在装配环境下，仍然可以进行创建基准的操作，包括【基准点】【基准轴】【基准平面】【基准坐标系】【基准曲线】等，其创建方法与本书项目1“1.2 零件建模”中的“3. 特征基准”相同，此处不再赘述。此外，在装配环境下，也可以创建【草绘】【拉伸】【旋转】【扫描】等形状特征与相关工程特征，可以在当前组件上进行补充修饰，其特征操作方法也与本书项目1“1.2 零件建模”中的“1. 形状特征”“2. 工程特征”相同，此处不再赘述。

3. 修饰符

在组件装配环境下，也有【阵列】【镜像】【相交】【合并】等修改、编辑操作，这些编辑操作可对特征进行使用，也可对组装元件进行编辑操作。例如可以在组装一个螺钉后，沿圆周阵列出其他位置相同的螺钉进行快速组装。

4. 模型显示

(1)【视图管理器】 视图管理器是对模型进行不同的观察方式的设置。选择【模型】→【模型显示】→【视图管理器】命令，打开【视图管理器】对话框，如图2-14所示。

在【视图管理器】中有以下选项卡：

1)【简化表示】选项卡：对组件中设置简化表示，即某些零件可以在显示时加以删除，从而对主要或关键的零部件进行显示，如图2-14所示。单击【简化表示】选项卡下的【新建】按钮后，弹出【主表示】设置对话框，如图2-15所示，在此勾选相应的复选框选择主要显示的零件。

2)【试样】选项卡：对显示样式进行设置。在图2-16所示的【样式】选项卡下，单击【新建】按钮，弹出【遮蔽】选项卡设置对话框，如图2-17所示，在此

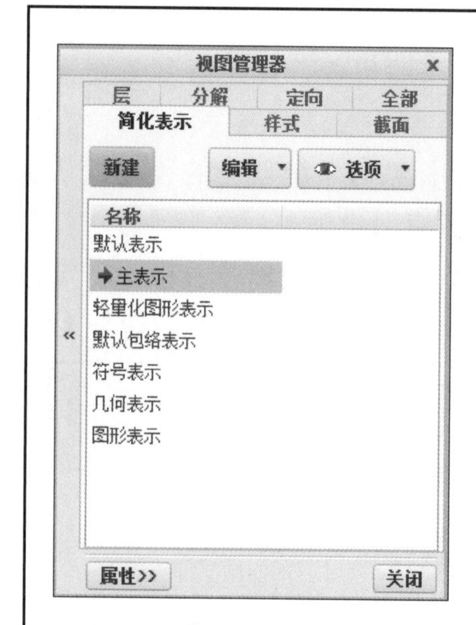

图 2-14 【视图管理器】对话框

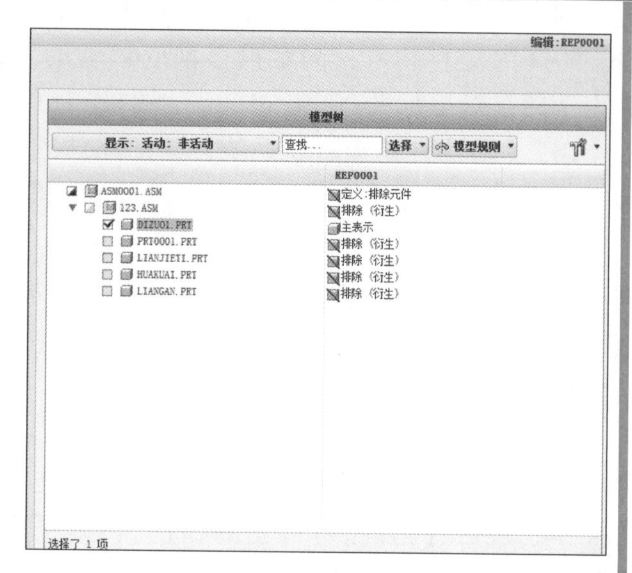

图 2-15 【简化表示】下【主表示】设置对话框

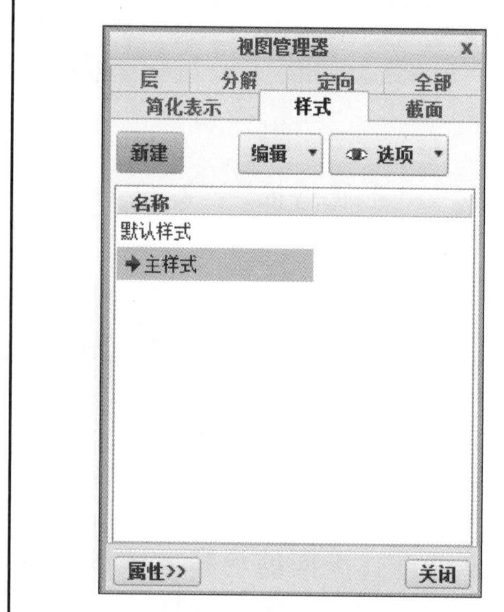

图 2-16 【样式】选项卡

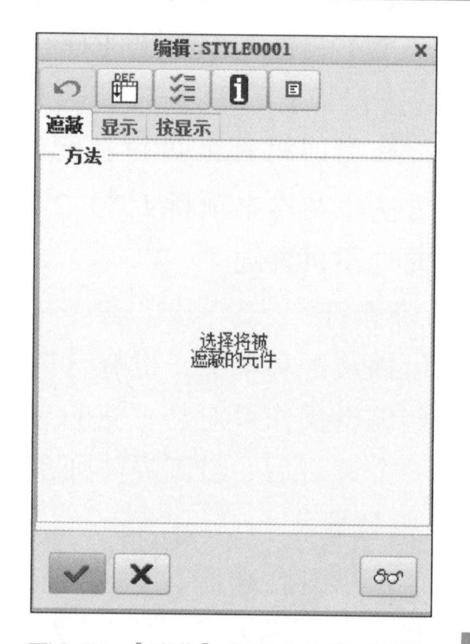

图 2-17 【遮蔽】选项卡设置对话框

对话框下可以选择被遮蔽的零件。

3）【截面】选项卡：设置截面显示模式，即创建剖视图的显示方式。在图 2-18 所示【截面】选项卡下，单击【新建】按钮，弹出【截面】操控面板，如图 2-19 所示，在此操控面板下可以设置剖切面的位置和剖面线等。

4）【层】选项卡：查看和设置现有层的状态。如图 2-20 所示，可创建并保存一个或多个层，可以在层状态之间进行切换，以更改组件显示方式。

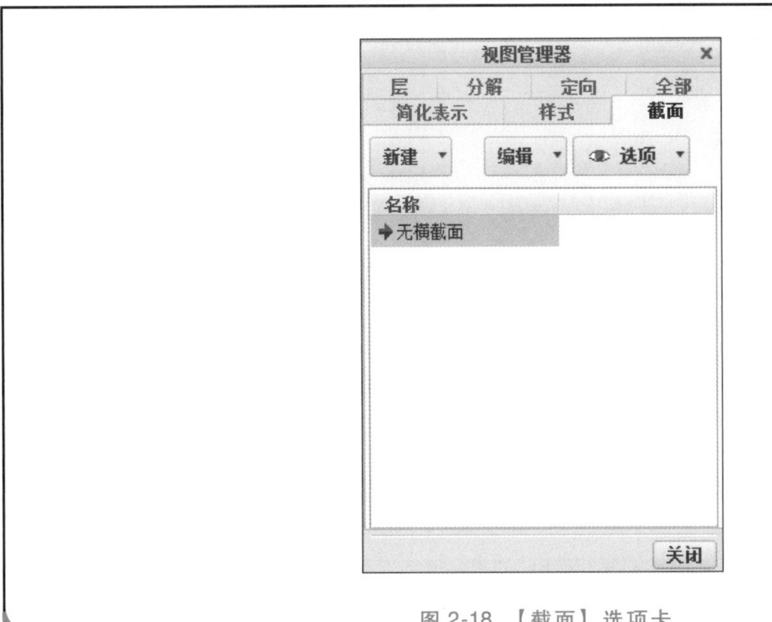

图 2-18　【截面】选项卡

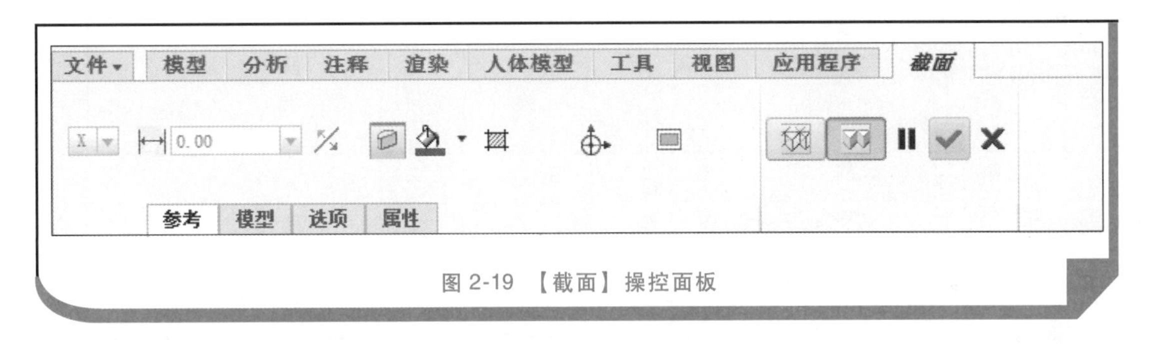

图 2-19　【截面】操控面板

5）【分解】选项卡：装配体的“分解”显示状态也称爆炸状态，就是将装配体中的各零部件沿着直线或坐标轴移动或旋转，使各个零件从装配体中分解出来。分解状态可直观表达各元件的相对位置，因而常用于表达装配体的装配过程和装配体的构成关系。如图 2-21 所示，单击【分解】选项卡中的【新建】按钮，弹出【分解工具】操控面板，如图 2-22 所示，在此操控面板的【参考】选项卡中可以设置分解元件，在【选项】选项卡中可设置分解位置增量，在【分解线】选项卡中可设置分解元件间的编辑线。

6）【定向】选项卡：将组件以指定的方位进行摆放，以便观察模型或为将来生成工程图做准备。如图 2-23 所示，在【定向】选项卡中可以直接选取已有的常用视图方向，也可以新建视图方向。

5. 外观库

在为特征或部件进行着色时，需要使用外观库中的颜色，通过设置 Creo3.0 软件中外观库的相关参数，可以使模型实现逼真的渲染效果。单击【外观库】按钮，打开【外观库】对话框，如图 2-24 所示。

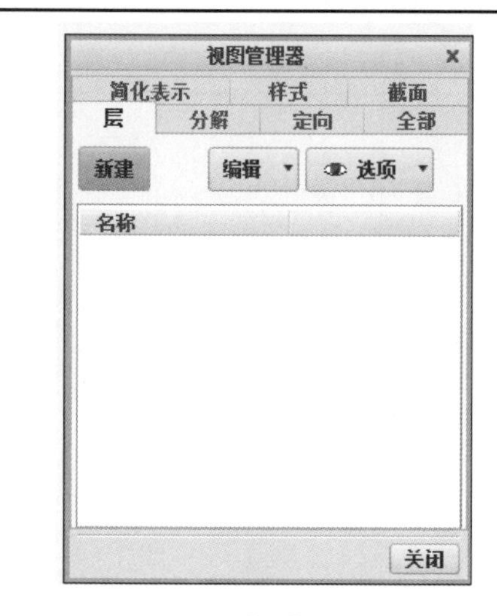

图 2-20 【层】选项卡

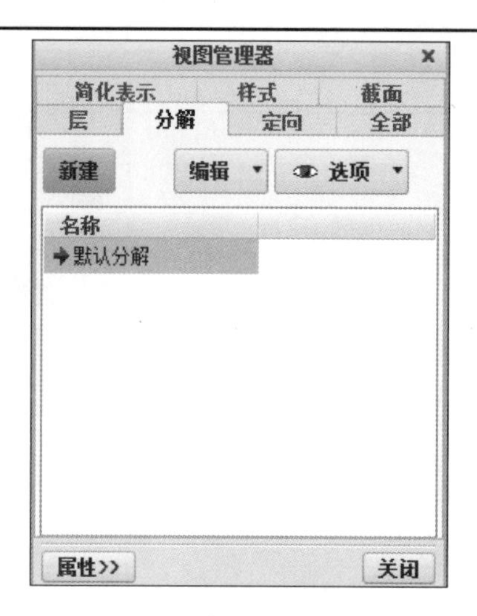

图 2-21 【分解】选项卡

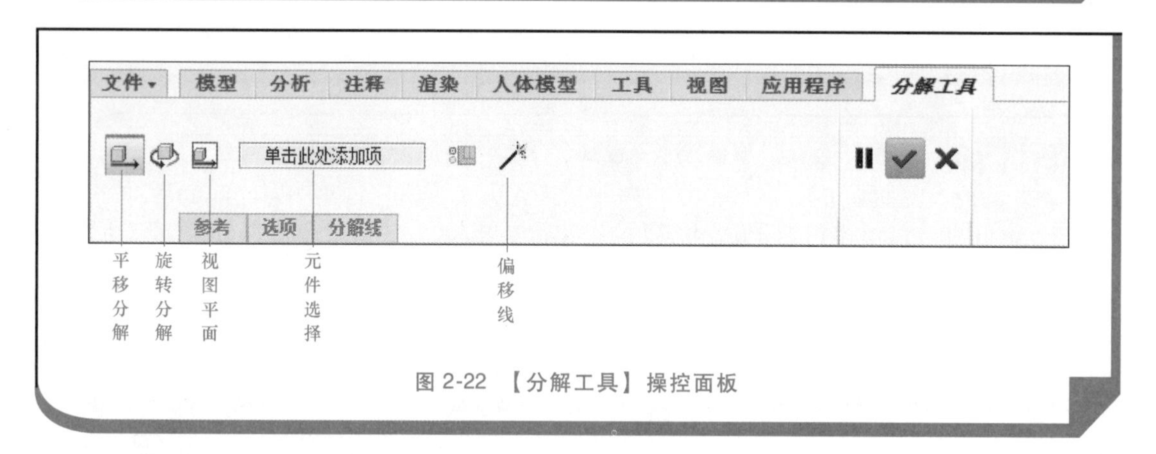

图 2-22 【分解工具】操控面板

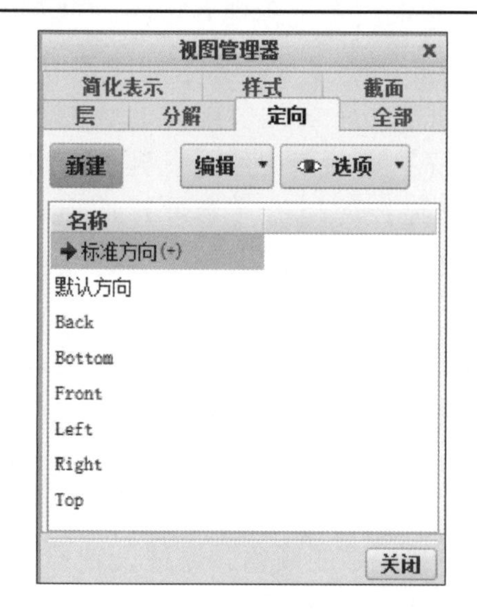

图 2-23 【定向】选项卡

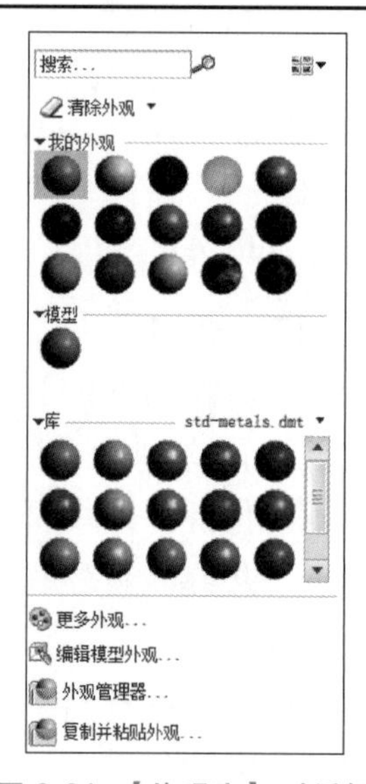

图 2-24 【外观库】对话框

在【外观库】中单击【更多外观】可以对外观的强度、光照等进行调整；单击【编辑模型外观】可以对外观进行重新编辑；单击【外观管理器】可以建立新的颜色外观，并在右侧的颜色属性上指定自定义颜色。然后选择【文件】→【另存为】命令，将外观库文件（×.dmt 格式）另存到软件启动目录中，在下次打开Creo 软件时自动加载自定义外观库。单击【复制并粘贴外观】命令可对当前外观进行复制并粘贴。

2.3　工程实例：线缆夹装配

要求：按图 2-25 所示结构组装二级线缆夹组件，根据图示及实际装配关系可知，线缆夹由三个零件组成。

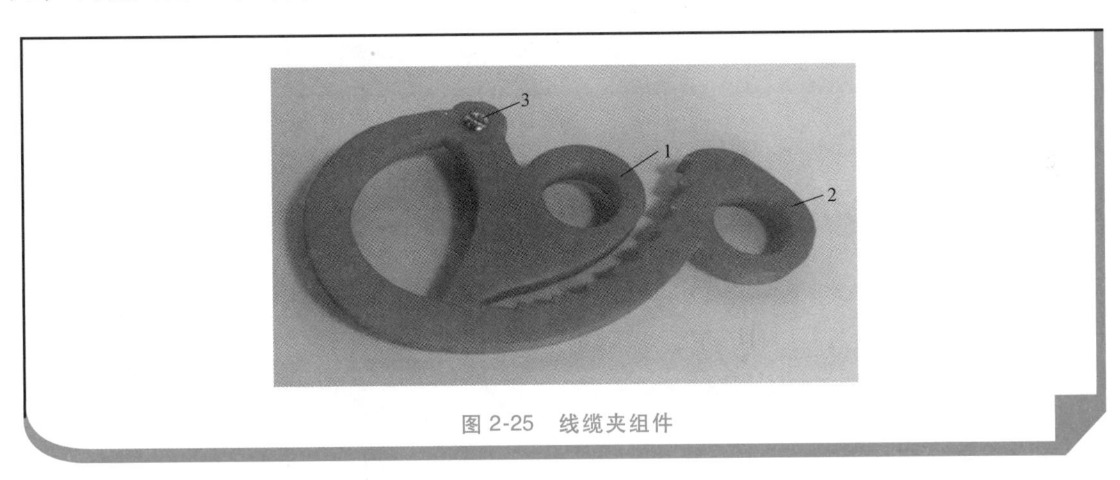

图 2-25　线缆夹组件

具体操作步骤如下：

1. 设计各个零件

1）选择【拉伸】特征，根据图 2-26 所示草绘图形，完成零件 1 的实体建模，结果如图 2-27 所示。

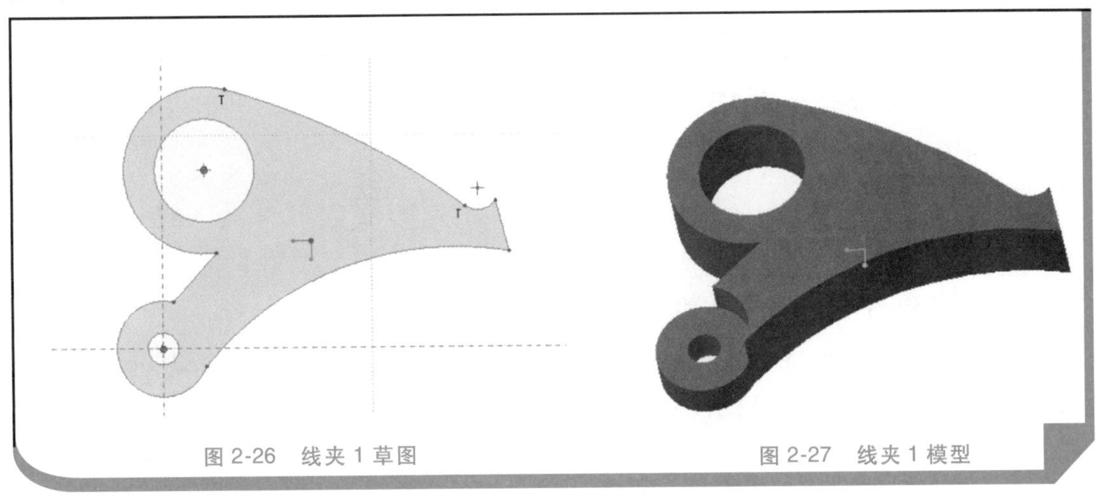

图 2-26　线夹 1 草图　　图 2-27　线夹 1 模型

2）选择【拉伸】特征，根据图 2-28 所示草绘图形，完成零件 2 的实体建模，结果如图 2-29 所示。

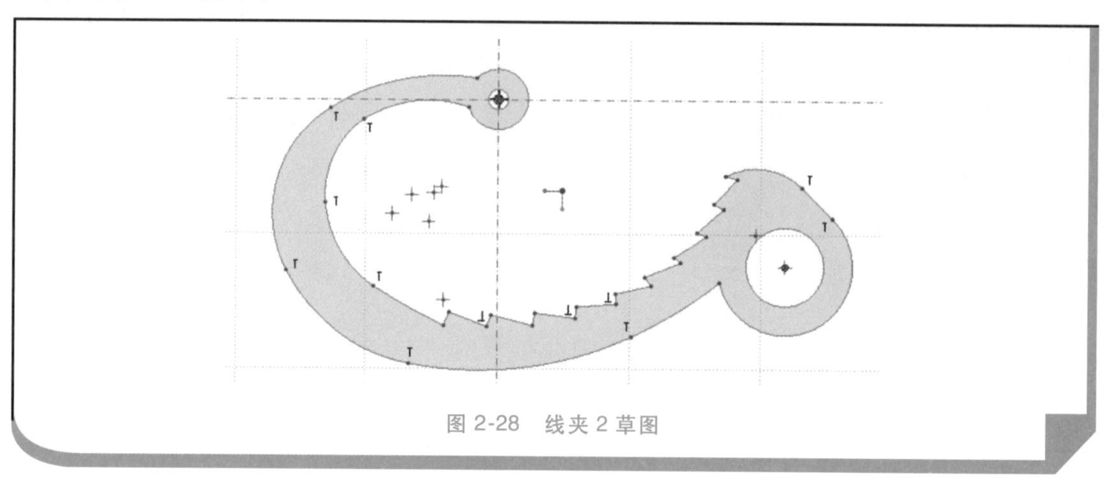

图 2-28　线夹 2 草图

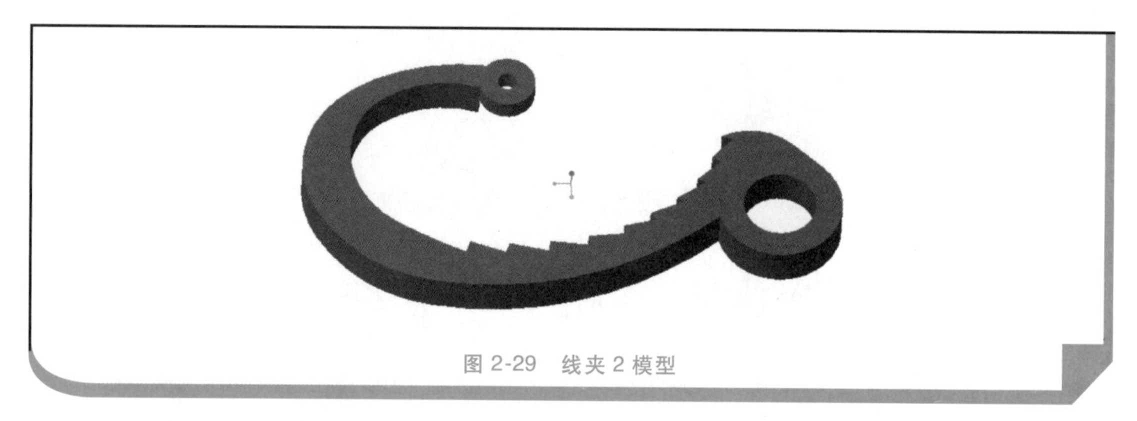

图 2-29　线夹 2 模型

3）参考上一个零件建模过程，自行完成销的实体建模，结果如图 2-30 所示。

2. 装配输入轴组件

1）单击工具栏中的【新建】按钮，或者从菜单中选择【文件】→【新建】命令。

2）在弹出的【新建】对话框中设置类型为【装配】，子类型为【设计】。

3）在【名称】文本框中输入装配体名称【input_shaft】，单击【确定】按钮 确定 ，如图 2-31 所示。

4）单击工具栏中【装配】按钮，选择装配第一个零件 xianjia1. prt，在【元件放置】操控面板下的【放置】选项卡中设置【约束类型】为【默认】，组装元件，该零件完全约束，如图 2-32 所示。

5）单击工具栏中【装配】按钮，选择装配第二个零件 xianjia2. prt，选择销连接，建立两个零件的轴对齐关系，然后选择两个零件的两个平移面，设置【约束类型】均为【重合】，如图 2-33 所示。

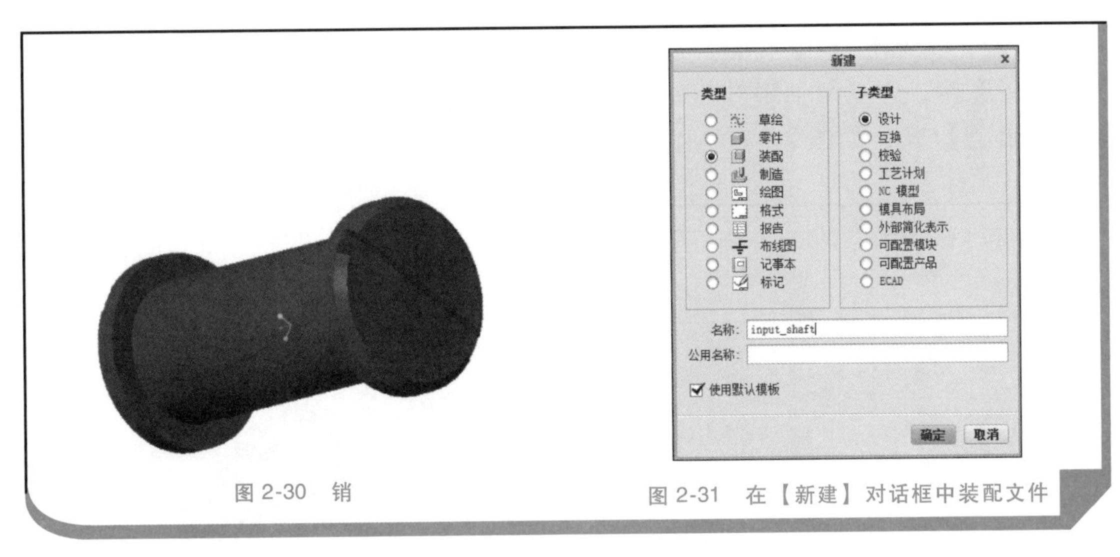

图 2-30　销

图 2-31　在【新建】对话框中装配文件

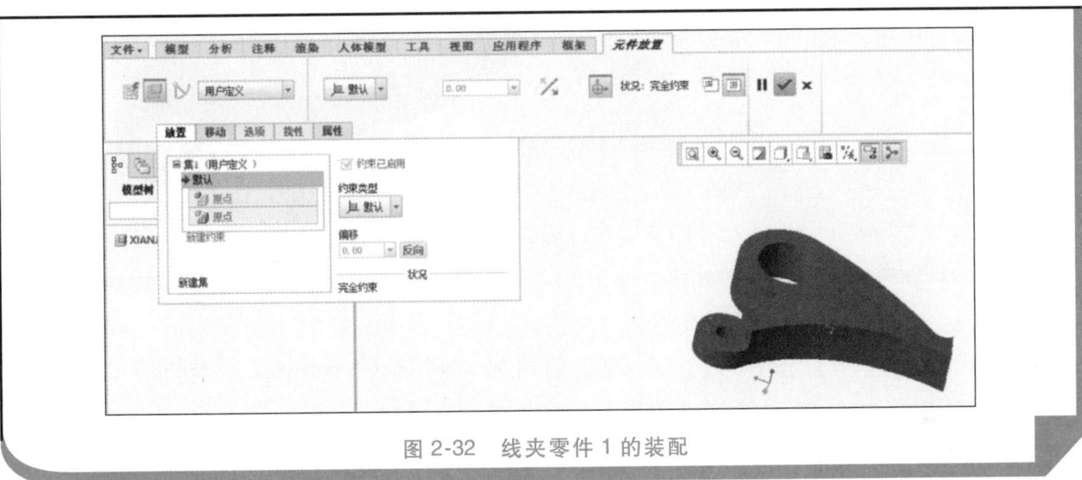

图 2-32　线夹零件 1 的装配

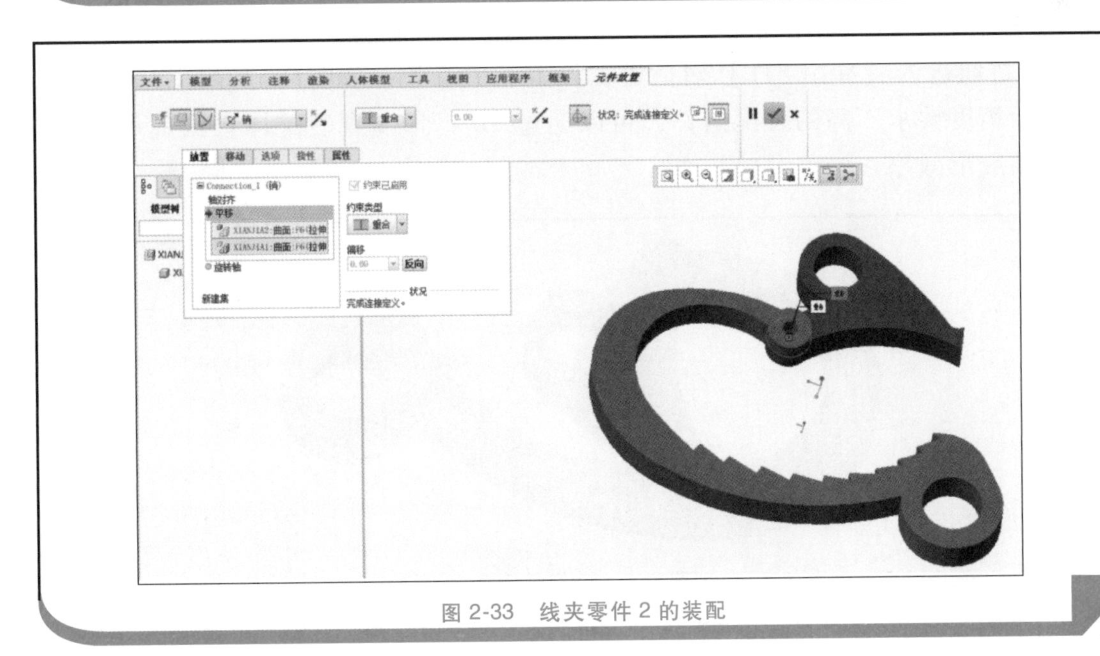

图 2-33　线夹零件 2 的装配

6）单击工具栏中【装配】按钮，选择装配第三个零件 maoding. prt，选择用户定义连接，建立两个零件的两组平面或一组轴、一组平面，设置【约束类型】均为【重合】，如图 2-34 所示，单击【确定】按钮完成装配。

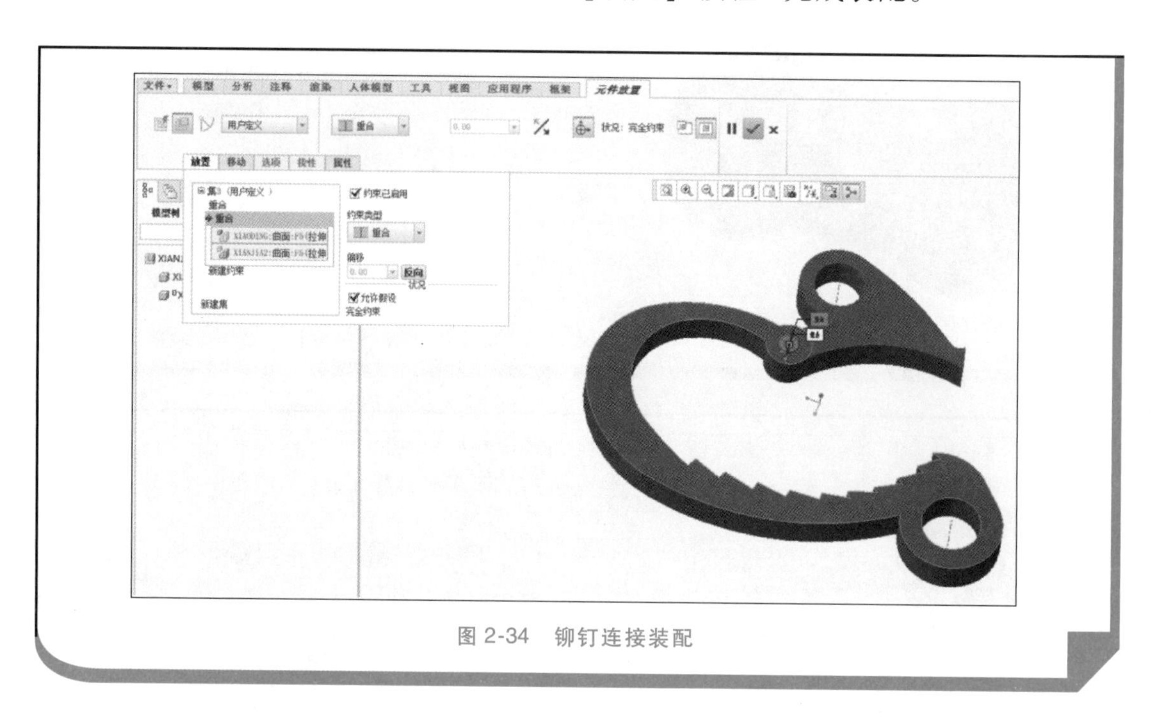

图 2-34　铆钉连接装配

7）单击【拖动】按钮，手动拖动可转动的零件 xianjia2，至图 2-35 所示位置，查看销连接并且展示线缆夹装配结构。

8）选择【文件】→【另存为】命令，打开【保存副本】对话框，设置模型名称、文件名及类型，如图 2-36 所示，设置为增材制造所识别的文件格式，单击【确定】按钮进入【导出 STL】对话框，设置相关参数，如图 2-37 所示。

对于精度要求不高的装配组件，可以通过 3D 打印实现装配体直接成形，大大提高产品成形效率。

图 2-35　查看销连接

图 2-36　导出 STL 格式文件

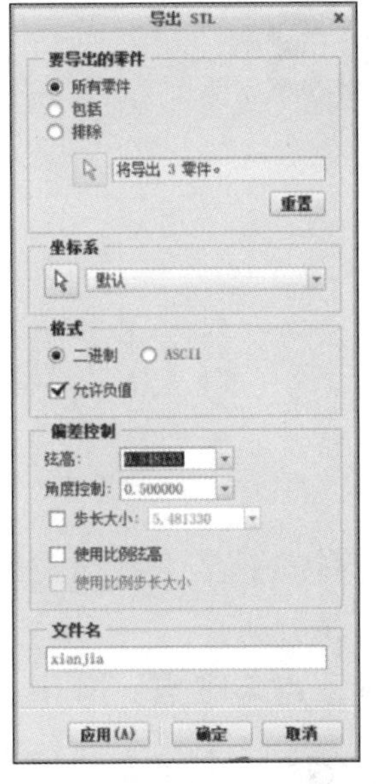

图 2-37　设置 STL 格式文件参数

项目3

增材制造过程仿真分析

教学目的：基于增材制造工艺仿真套件 ANSYS Additive Sutie 进行增材制造工艺有限元分析。

教学重点与难点：有限元分析过程设计和计算结果分析。

教学方法：采用多媒体课件与教材相结合的方式，以启发式教育为主。

教学主要内容：导入分析模型、有限元参数设计和计算结果分析。

教学要求：掌握有限元软件对增材制造模型的工艺性能分析。

学生练习：上机实训。

零部件的增材制造在结构模型设计完成之后、实际打印之前，利用工程仿真技术可以提前预测打印成形过程中零部件的变形失真、应力分布、熔池尺寸、孔隙率及微观组织等，避免工程试错，帮助用户降低废品率和成本，缩短产品交付周期。本项目以增材制造工艺仿真零件（ANSYS Additive Suite）为例，介绍增材制造工艺仿真的操作流程，具体包括宏观和微观尺度的增材制造工艺仿真输入、设置、结果查看等内容。

3.1 ANSYS Additive Suite 简介

增材制造工艺仿真软件 ANSYS Additive Suite 包括：增材制造数据准备 Additive Prep；面向产品设计人员的工艺仿真 ANSYS Workbench Additive、面向工艺工程师的工艺仿真 ANSYS Additive Print，也称宏观尺度增材制造过程工艺仿真模块；面向金属增材制造专家、工程分析师、材料科学家、设备/粉末制造商的 ANSYS Additive Science，也称微观尺度增材制造过程仿真分析模块。

ANSYS 增材制造仿真的应用价值体现在改善、减少和开发几个方面。改善：包括改善金属增材制造设计流程、增强对工艺过程的了解、提升机器生产率、材料利用率、可重复性和质量；减少：包括减少打印失败次数、打印时间、不合格

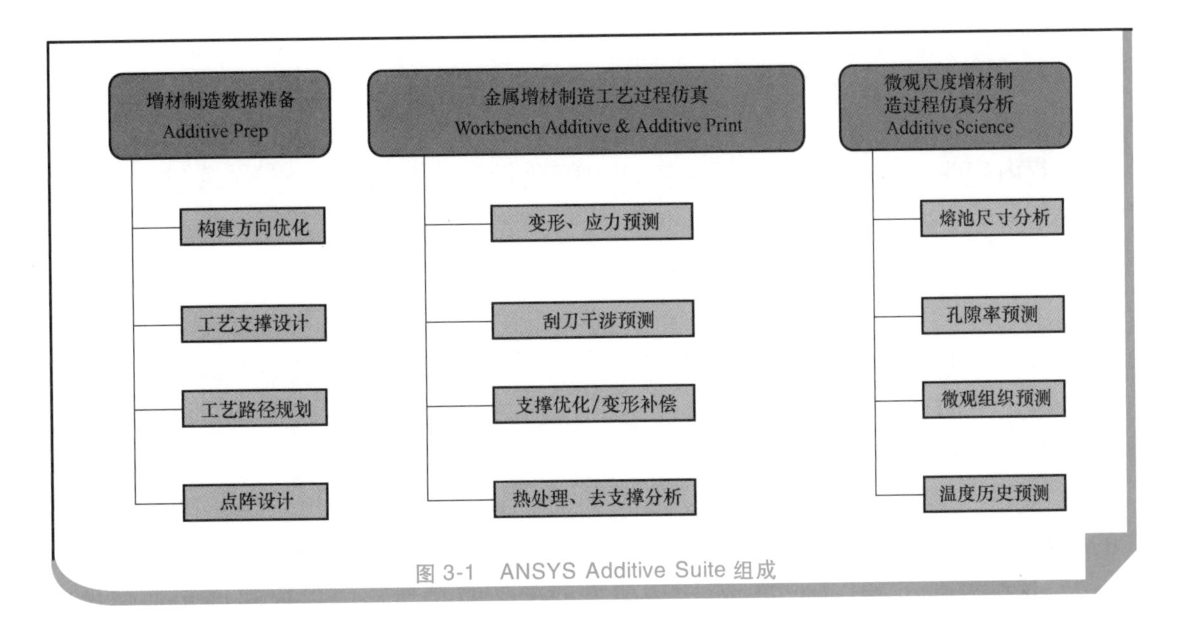

图 3-1　ANSYS Additive Suite 组成

零件、后处理、试错、设备维护率和对环境的影响；开发：包括开发新材料、新机器、新参数、个性化微观结构和期望的材料属性，如图 3-1 所示

（1）增材制造数据准备 Additive Prep　集成于 ANSYS 建模软件 Space Claim 中，支持对打印模型进行构建方向优化、工艺支撑设计、工艺参数设置、加工成本估算等操作，同时支持 STL 格式文件转换，模型修复、清理和细化，以及点阵轻量化设计等，完成模型在打印之前的数据准备工作。在该模块中输出的模型可直接用于设备打印或工艺仿真分析。

（2）金属增材制造工艺过程仿真 Workbench Additive & Additive Print

1）Workbench Additive：集成于 ANSYS 设计仿真集成环境 Workbench 平台中，采用热力耦合及固有应变两种算法（用户可自由选择），适用于金属粉末床熔融成形技术（PBF）及定向能量沉积成形技术（DED），可以预测 3D 打印零部件过程中的温度、变形、应力分布等，预测刮刀干涉，输出变形补偿模型。此外该模块支持后处理仿真分析，包括去应力退火和去支撑分析等。

2）Additive Print：具有独立求解器（没有集成于 Workbench 平台中），采用固有应变算法，适用于金属粉末床熔融成形工艺，不需要专业的仿真背景，可以对增材制造工艺过程进行快速仿真分析，能预测零部件的变形应力、高应变区域和刮刀干涉，能自动输出变形补偿模型和基于应力分布的优化支撑。

（3）微观尺度增材制造过程仿真分析 Additive Science　具有独立求解器（与 Additive Print 集成于同一界面），适用于金属粉末床熔融成形工艺，关注熔池特征，可分析不同工艺参数下的熔池尺寸、成形材料孔隙率以及微观晶粒形态、大小、分布等。微观尺度分析模块能模拟温度传感器，在构件尺度上对温度历史进行预测，帮助用户进行新材料的研发设计与工艺参数的优化。

3.2 ANSYS Additive Suite 增材工艺仿真操作流程

本节内容为增材制造工艺仿真实训，因此操作流程只对 ANSYS Additive Suite 中的 Additive Print 和 Additive Science 工艺仿真模块的操作进行讲解。

3.2.1 Additive Print 操作流程

Additive Print 可以提前预测制件的变形、应力应变分布，包括可能出现的打印失败问题，从而帮助用户从产品设计、工艺到制造的各个环节进行流程优化。具体优化内容包括以下几点：

1）优化、改进产品设计结构。通过工艺仿真，可以帮助用户快速地改进结构中的不足之处，以避免打印过程中可能出现的变形、开裂等问题，确保打印质量。

2）优化构建方向。通过对不同构建方向的仿真分析，可以快速确定最佳的零件构建方向，缩短工艺迭代流程。

3）优化工艺支撑。仿真分析能帮助工艺工程师进行工艺支撑的优化，得到基于应力分布的最优支撑，保证打印质量。

Additive Print 采用固有应变算法，以立方体体素代表零件实体、粉末和支撑结构，通过施加初始应变对零件打印过程中的变形和应力进行有限元分析，应变类型包括假定均匀应变、扫描模式应变和热应变。

1）假定均匀应变：施加各向同性的初始内应变，$Strain = SSF \times YS/E$，SSF 为应变比例因子，YS 为材料屈服强度，E 为弹性模量。

2）扫描模式应变：基于扫描方向施加各向异性应变，$ASC_i = i \times SSF \times YS/E$，i 为扫描方向、垂直扫描方向以及成形方向的各向异性应变系数。

3）热应变：基于扫描矢量，考虑材料热棘轮效应，根据成形过程体素循环温度变化计算应变，将循环热作用对应变的影响列为考虑因素。

Additive Print 的操作流程从固有应变因子标定开始，然后基于几何模型的输入进行快速的仿真分析。固有应变因子标定过程如下：

（1）同一基板、同一批次成形标定样件　标定样件通常为悬臂梁模型或其他模型，按照给定的扫描策略要求成形，样件数量建议数量为 9 个（每个扫描策略各 3 个）。扫描策略分别为沿悬臂长度方向扫描、沿悬臂宽度方向扫描和旋转扫描三种策略，如图 3-2 所示。无轮廓、上下表皮扫描，材料收缩系数设置为 1（无收缩设置）。

（2）标定样件的变形测量　打印完成标定样件后，采用三坐标测量仪、激光扫描仪、游标卡尺等测量工具对样件进行变形测量。测量方式包括两种，一种方式是在打印完成后直接沿着样件上表面中心线方向测量收缩变形值；另一种方式是在打印完成后将悬臂下方的支撑切割后测量悬臂梁的回弹高度（一般建议优先选择该方式测量），如图 3-3 所示。

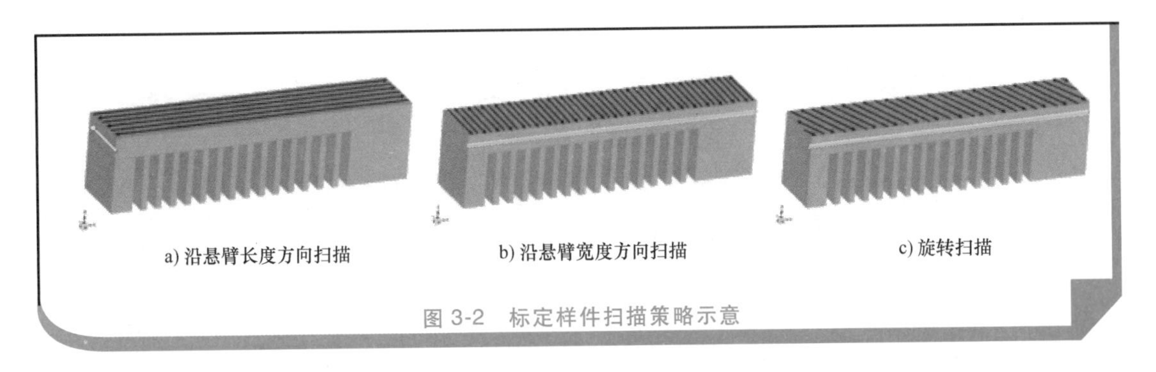

图 3-2　标定样件扫描策略示意

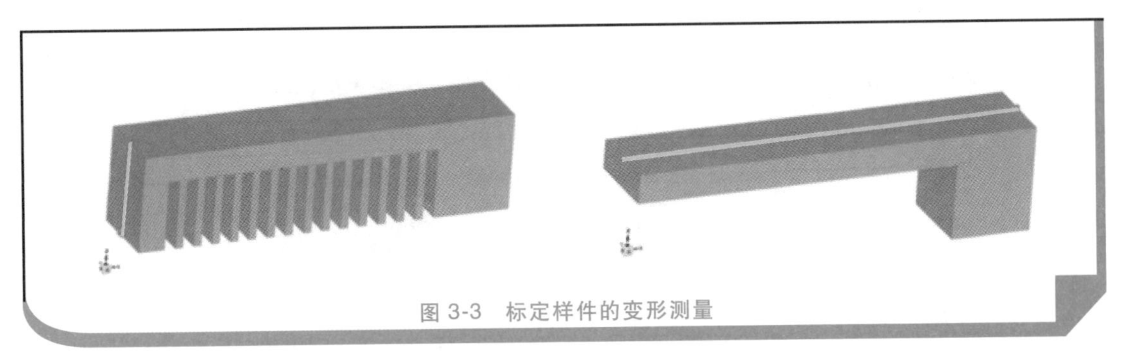

图 3-3　标定样件的变形测量

（3）标定样件的仿真计算　对标定样件进行初始固有应变因子 $SSF_0 = 1$，$ASC_0 = (1.5、0.5、1)$ 输入情况下的计算。计算完成后，提取特定位置的变形值，如图 3-4 所示。

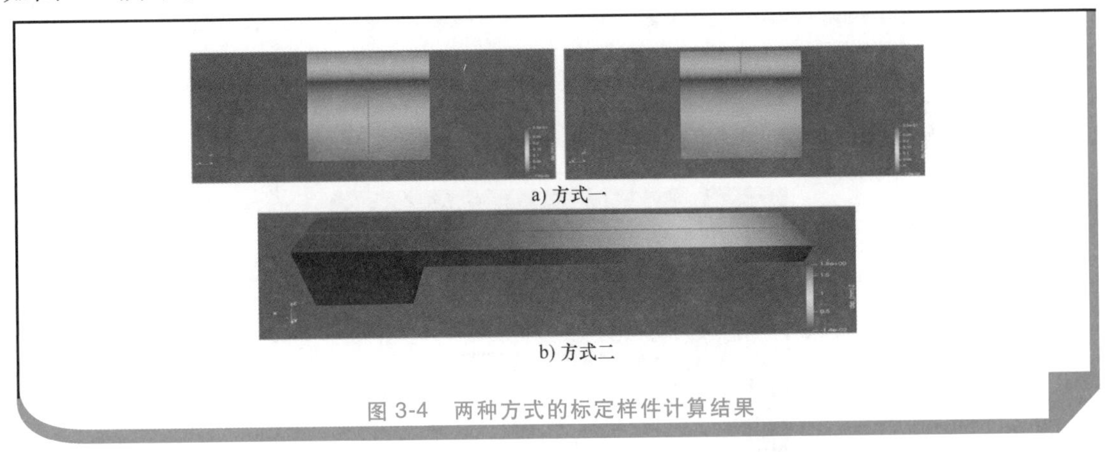

图 3-4　两种方式的标定样件计算结果

（4）固有应变因子的迭代求解　将标定样件的测量结果与计算结果导入标定流程的计算表格中，基于选定的应变模式（例如扫描模式应变或假定均匀应变）进行初始第一轮迭代计算，直到计算结果与测量结果误差满足要求，得到初始 SSF 和 ASC 系数，如图 3-5 所示。

使用第一轮迭代计算得到的 SSF 和 ASC 系数，采用零件实际的扫描策略（旋转扫描）进行迭代计算，直到极限偏差满足要求，即为最终的 SSF 和 ASC 系数，如图 3-6 所示。

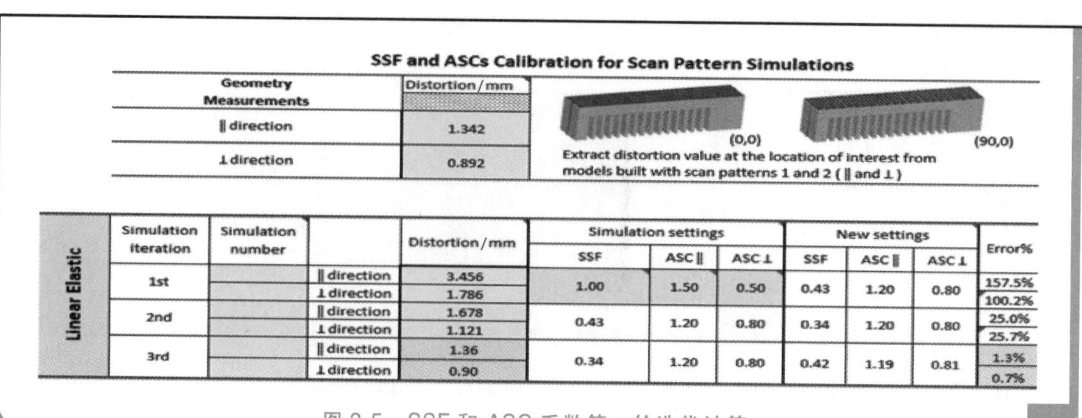

SSF and ASCs Calibration for Scan Pattern Simulations

Geometry Measurements	Distortion/mm
∥ direction	1.342
⊥ direction	0.892

(0,0) (90,0)

Extract distortion value at the location of interest from models built with scan patterns 1 and 2 (∥ and ⊥)

Linear Elastic	Simulation iteration	Simulation number		Distortion/mm	Simulation settings SSF	Simulation settings ASC∥	Simulation settings ASC⊥	New settings SSF	New settings ASC∥	New settings ASC⊥	Error%
	1st		∥ direction	3.456	1.00	1.50	0.50	0.43	1.20	0.80	157.5%
			⊥ direction	1.786							100.2%
	2nd		∥ direction	1.678	0.43	1.20	0.80	0.34	1.20	0.80	25.0%
			⊥ direction	1.121							25.7%
	3rd		∥ direction	1.36	0.34	1.20	0.80	0.42	1.19	0.81	1.3%
			⊥ direction	0.90							0.7%

图 3-5　SSF 和 ASC 系数第一轮迭代计算

SSF and ASCs Additional Calibration for Scan Pattern Simulations

Geometry Measurements	Distortion/mm
Rotating stripe scan pattern (or user-customized)	0.46

Extract distortion value at the location of interest from models built with third scan pattern (rotating stripe)

Linear Elastic	Simulation iteration	Simulation number	direction	Distortion (mm)	Simulation settings SSF	Simulation settings ASC∥	Simulation settings ASC⊥	New settings SSF	New settings ASC∥	New settings ASC⊥	Error%
	1st		rotating	0.758	0.34	1.20	0.80	0.21	1.20	0.80	63.4%
	2nd		rotating	0.47	0.21	1.20	0.80	0.21	1.20	0.80	0.2%

图 3-6　SSF 和 ASC 系数第二轮迭代计算

（5）导入材料参数库　将标定好的固有应变因子导入材料参数库中，参数设置如图 3-7 所示。

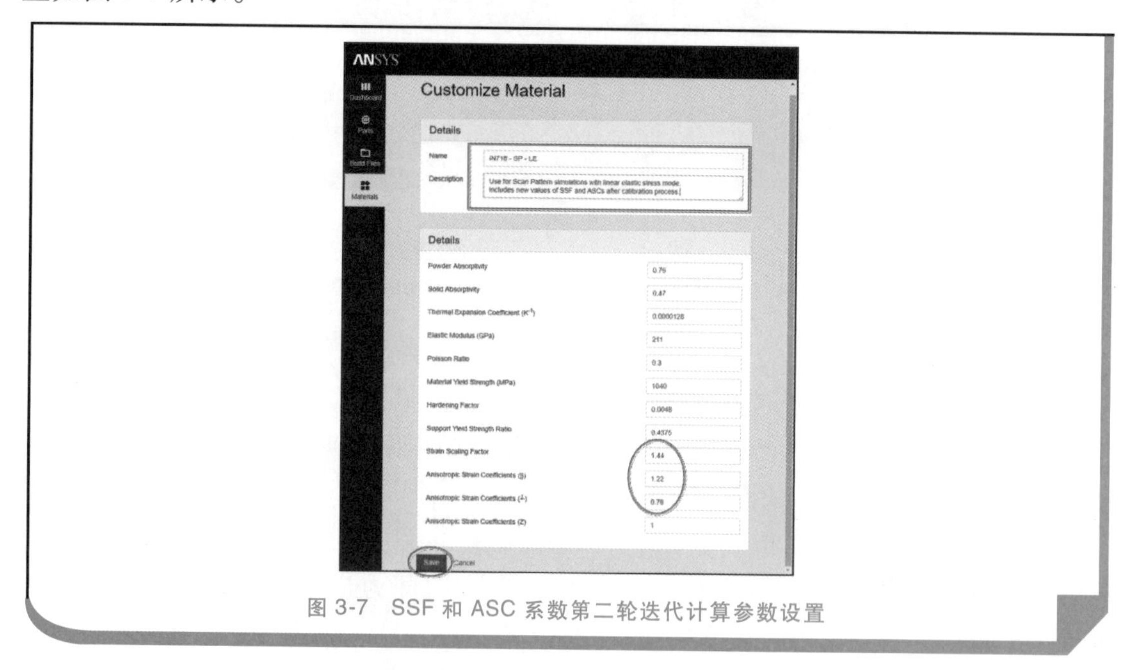

图 3-7　SSF 和 ASC 系数第二轮迭代计算参数设置

固有应变因子标定完成后，采用 Additive Print 进行仿真分析。Additive Print 操作页面简洁，由交互页面和数据库构成，如图 3-8 所示。

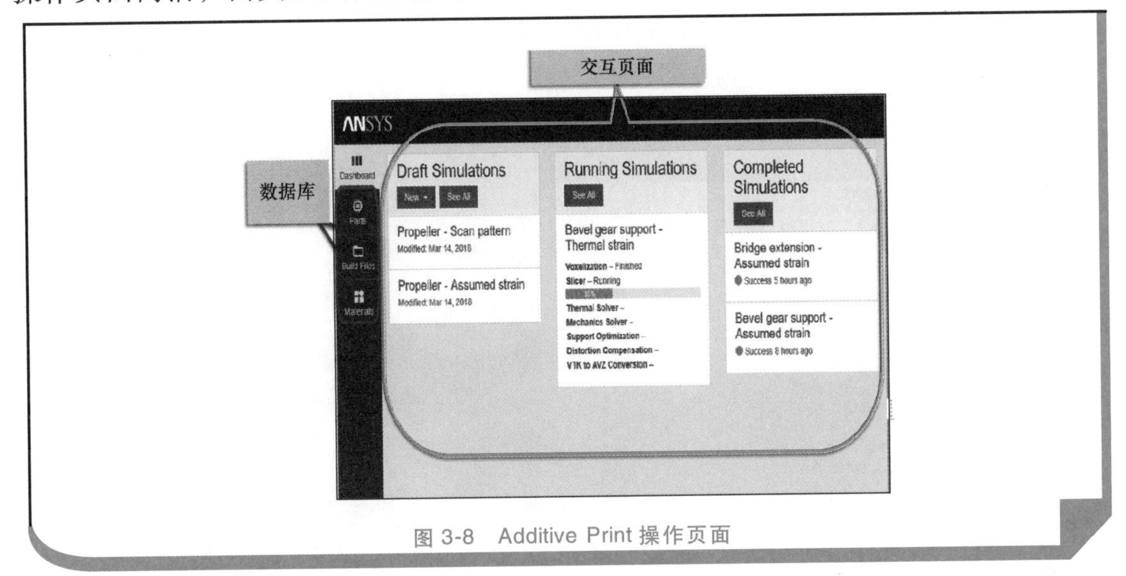

图 3-8　Additive Print 操作页面

交互页面包括建立仿真任务栏、运行仿真任务栏和已完成仿真任务栏。

1）建立仿真任务栏：新建不同应变模式任务项目，也支持导入和保存项目文件操作。

2）运行仿真任务栏：实时显示已经提交计算任务的计算进度，同时计算多个任务时，只显示一个任务的计算进度，其他任务排队等待。

3）已完成仿真任务栏：以列表方式依次显示计算完成的任务，双击对应的任务后，可以直接查看或导出计算结果。

Additive Print 操作流程包括准备和上传零件或支撑几何文件、建立仿真任务、运行仿真任务和查看任务计算结果，如图 3-9 所示。

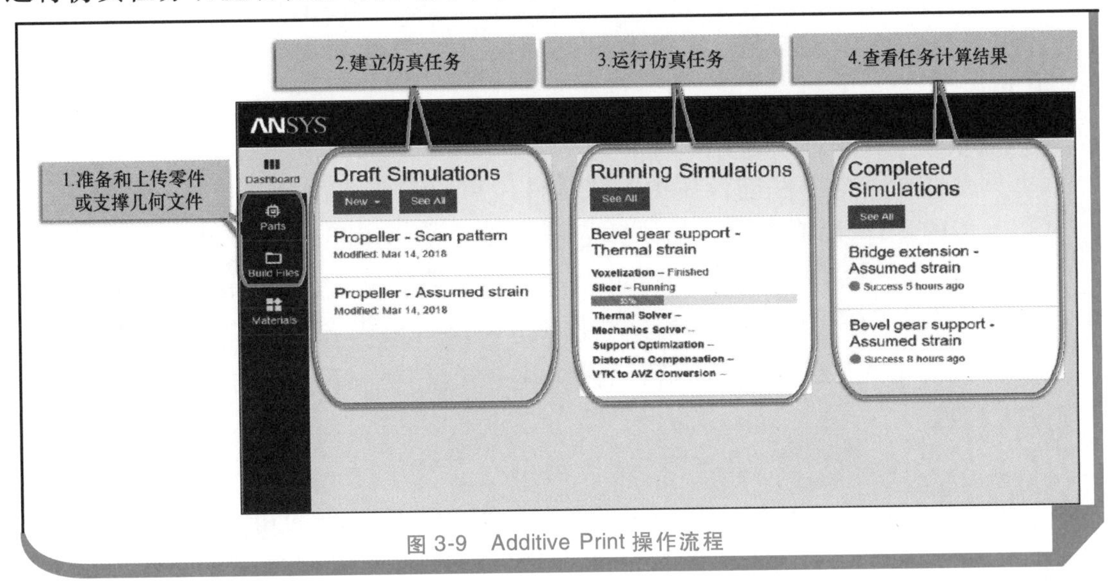

图 3-9　Additive Print 操作流程

（1）准备和上传零件或支撑几何文件　将预先确定好打印方向的零件或支撑几何文件分别保存为 STL 格式文件，对支撑的类型和数量无任何限制，单击【Parts】页面中的【Import Support】按钮，在弹出的对话框中选择零件及支撑文件并上传，完成后如图 3-10 所示。

图 3-10　零件和支撑几何文件上传成功后的页面

1）零件几何模型：零件模型可以由 CAD 软件（主流软件）生成，也可以在 ANSYS Space Claim 中建立。将零件几何模型导入 Additive Print 之前，需要注意如下几个问题：

① 零件或支撑几何文件格式必须为 STL 格式文件，单位为 mm。

② 零件与支撑几何文件应分开上传，先上传零件，再上传支撑几何文件，零件与支撑几何文件必须匹配，但对支撑几何文件的数量和类型并无限制，也无须上传基板模型。

③ 在上传零件之前，需确定打印方向。

④ 只允许对 1 个零件进行模拟，该零件中可以包含多部分。

⑤ 上传的零件几何模型尺寸小于或等于 1000mm×1000mm×1000mm。

2）构建文件：软件支持上传特定设备的打印路径文件，在扫描模式应变及热应变模式下可以上传，对上传的构建文件 Build Files 要求如下：

① 为 .zip 格式压缩文件，内容包括切片路径文件、零件几何 STL 模型、支撑几何 STL 模型。

② 路径文件目前支持的厂家设备类型包括 EOS、Additive Industries、Renishaw、SLM Solutions、Sisma、Trumpf，类型分别为对应设备的切片文件格式。

（2）建立仿真任务　选择仿真任务类型、设置仿真参数及支撑文件、设置材料类型、设置仿真输出文件参数，如图 3-11~图 3-14 所示。

1）体素（Voxel Size）：对模型进行网格划分，体素均为正方体，在【Voxel Size】文本框中输入正方体边长，数值越小，计算精度越高，计算所需资源也更多。一般情况下，设置体素数值为最小尺寸特征的 1/4，但要考虑计算资源。

2）支撑类型（Support Type）：支撑类型可以选择自动、导入的 STL 格式支撑（Support STL）、支撑组或自动生成支撑。若选择导入的 STL 格式支撑或支撑组，则在【Support】列表框中选择对应的已经导入的支撑；若选择自动生成支撑，则可以自定义支撑生成参数，并输出基于应力分布的优化支撑。

3）支撑屈服强度因子（Support Yield Strength Ratio）：可自定义该因子，根据用户所用设备、材料、支撑工艺参数进行确定，默认输入值为 0.4375。

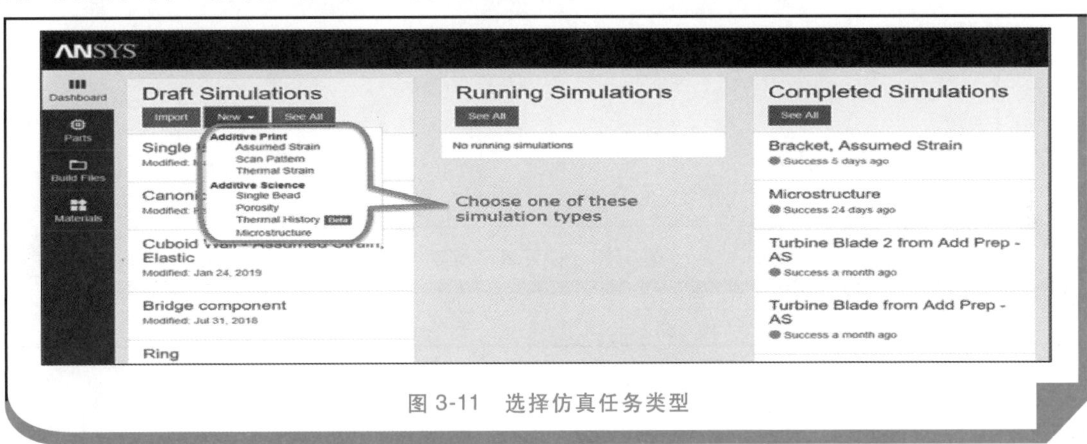

图 3-11　选择仿真任务类型

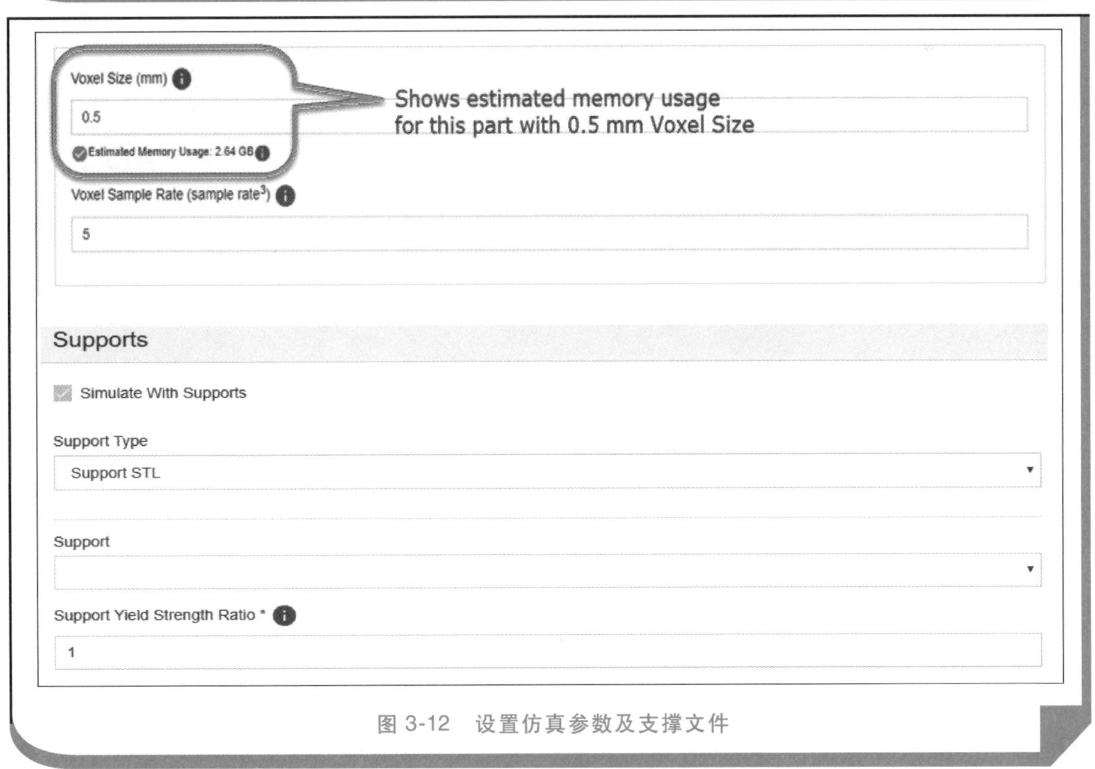

图 3-12　设置仿真参数及支撑文件

Material *

IN625

Assumption for material behavior in stress calculations

Stress Mode

J2 Plasticity

Linear Elastic

J2 Plasticity

Dynamic Load Stepping

Hardening Factor *

0.0041

Elastic Modulus (GPa) *

170

Poisson Ratio *

0.33

Yield Strength (MPa) *

725

Strain Scaling Factor *

1

图 3-13　设置材料类型

图 3-14　设置仿真输出文件参数

4）材料属性（Material Configuration）：支持选择材料的力学模型、线弹性或弹塑性，并且可以定义分析载荷步，默认选择自动载荷步，硬化因子（Hardening Factor）、弹性模量（Elastic Modulus）、屈服强度（Yield Strength）、泊松比（Possion Ratio）可根据材料实际情况进行自定义，固有应变因子（Strain Scaling Factor）如已经标定，则输入实验标定的因子，如没有标定，则按默认值1输入。

5）输出结果（Outputs）：可根据要求选择需要输出的结果，勾选对应的复选框即可，具体包括如下内容：

① 打印完成后未去支撑的结果：包括应力分布、变形分布等。

② 变形补偿模型：可输入不同的变形补偿因子，例如变形补偿因子为0.8，则输出的反变形设计的模型为反方向变形乘以系数0.8的模型，软件可同时输出多个补偿模型。

③ 去基板后的结果：包括去除基板后的应力、变形分布等，可以选择支撑、基板切割和去支撑，以及切割后的变形补偿模型。

④ 逐层结果：按照体素化的尺寸高度，逐层输出变形、应力等结果。

⑤ 输出后处理文件用于ANSYS Mechanical：该文件可以导入APDL中进行后处理分析等。

⑥ 刮刀碰撞风险预测：根据Z向变形是否超过安全距离来判定，基于Z向变形与打印层厚设置，例如，层厚为50μm，阈值系数为1，即当Z向变形大于50μm且小于100μm时，判定为危险区域；当Z向变形大于或等于100μm时，判断发生刮刀碰撞。

⑦ 高应变区域预测（High Strain areas）：可以自定义支撑阈值（Support Strain Threshold）、零件的应变阈值（Part Strain Threshold），以及警告因子（Strain Warning），如支撑阈值为10%，零件应变阈值为20%，警告因子为0.8，代表计算结果总情况，当零件的应变超过：10%×0.8=8%时，判定为高应变区域，开裂风险高；当零件的应变超过：20%×0.8=16%时，判定为高应变区域。

（3）运行仿真任务　仿真任务设置完成后，单击【Start】按钮，运行任务。在计算过程中，可以实时查看计算进度及详细计算信息，可以同时提交几个计算任务，系统将计算任务列队并依次运行，如图3-15所示。

（4）查看任务计算结果　计算完成后，可直接在右侧Output Files下单击【View】按钮查看结果；也可将VTK结果文件导出，在PeraView软件中查看结果（在PeraView软件中查看结果的具体步骤可以下载安装软件后，查看帮助手册），如图3-16所示。

1）变形分布：包括整体位移变形分布和各向分量，单位为mm。

2）应力分布：包括等效应力、应力分量等，单位为MPa。

3）高应变区域分布：指应变分布。

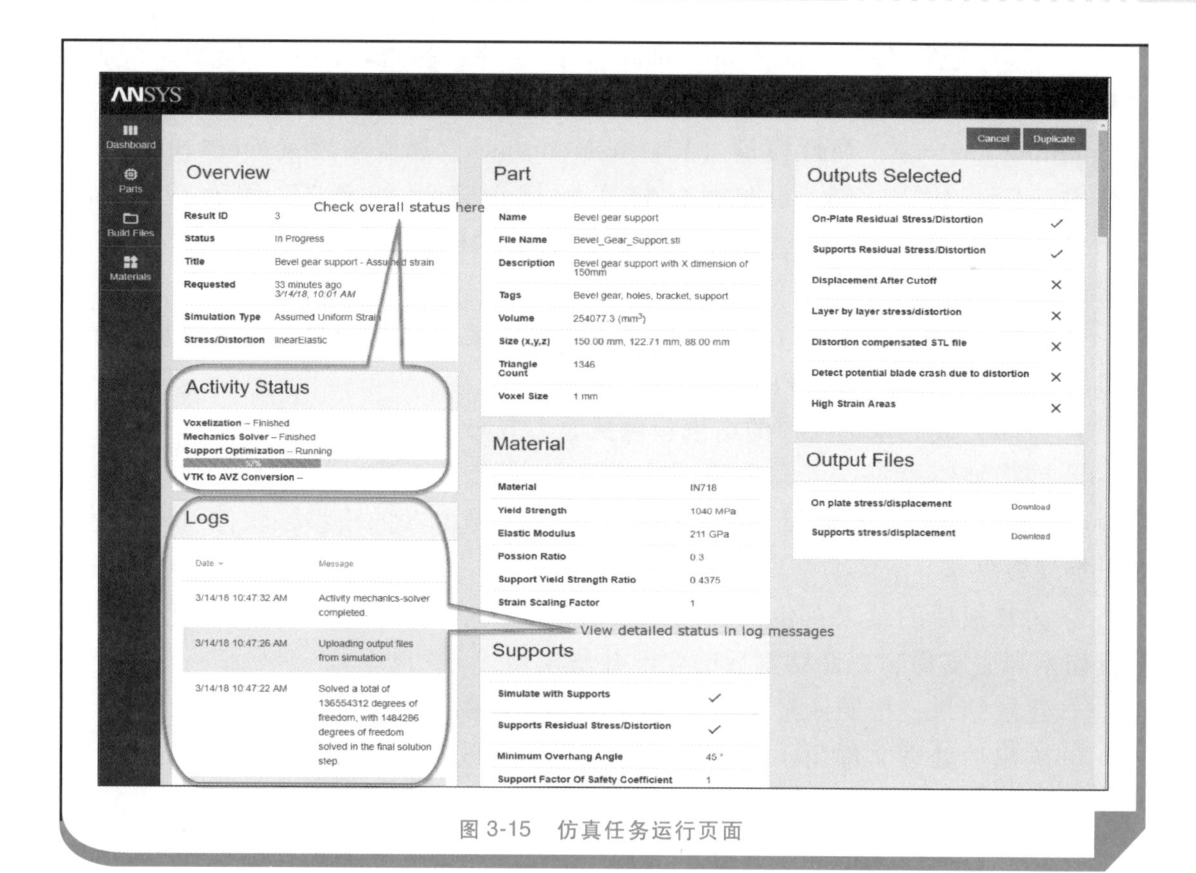

图 3-15 仿真任务运行页面

a)

图 3-16 查看结果及云图示意

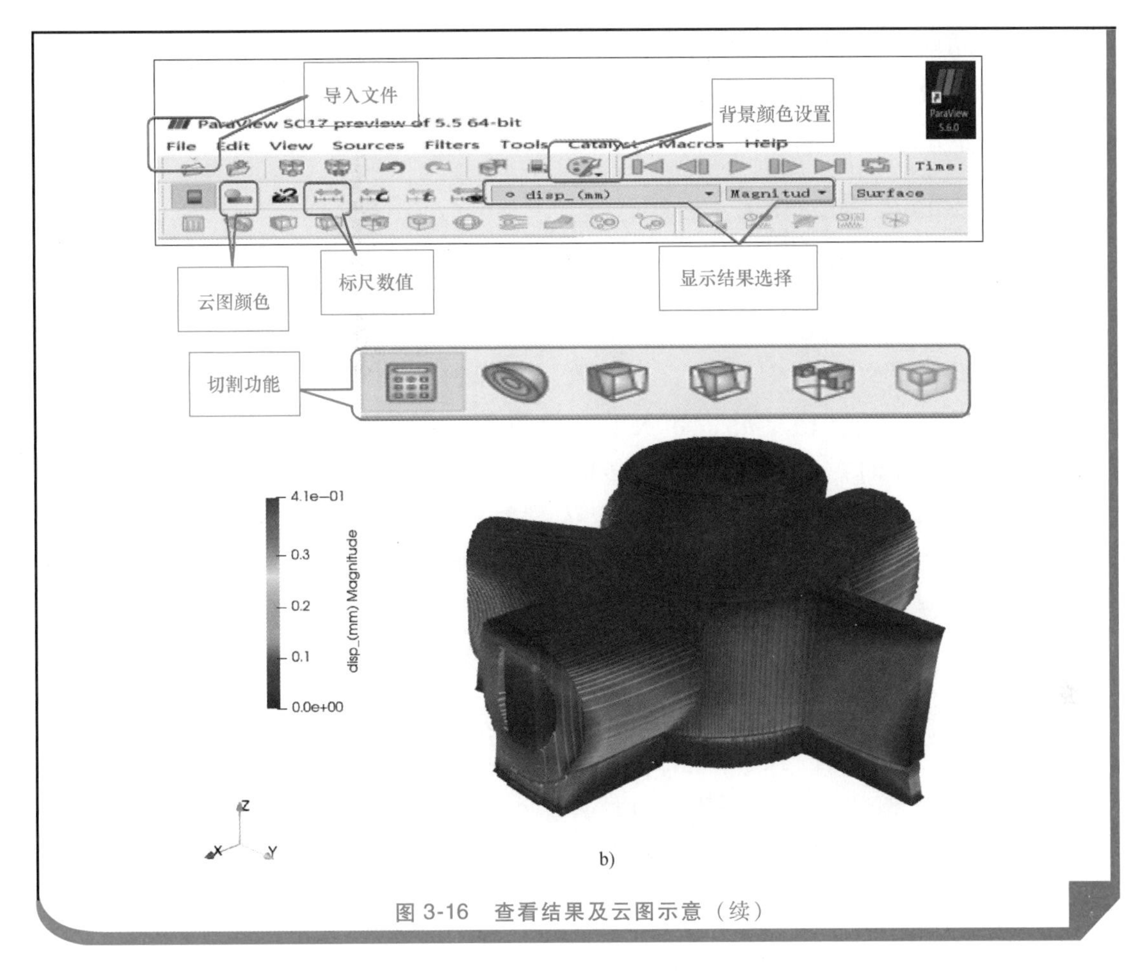

图 3-16　查看结果及云图示意（续）

4）刮刀碰撞预测：碰撞风险区域预测，风险因子越大，风险越高，风险因子最大值为 2，风险因子最小值为 0。

5）变形补偿模型：变形补偿模型为 STL 格式文件。

（5）仿真优化　软件可以自动输出基于应力分布优化的支撑，如图 3-17 所示。在翘曲变形趋势较大的部位，增加支撑强度。优化后的支撑，既可以保证零件的成功打印，同时也方便去除支撑。应力优化支撑的类型包括薄壁支撑和厚壁支撑。薄壁支撑属于非实体支撑。打印完成零件后，薄壁支撑的壁厚约为单道扫描壁厚，壁间距基于应力分布疏密的不同而分布，应力大的区域，间距小，应力

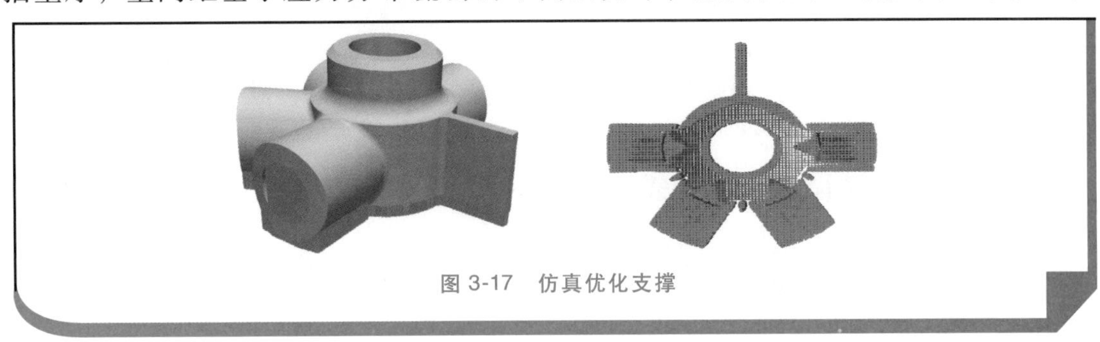
图 3-17　仿真优化支撑

小的区域，间距大，间距范围可自定义。厚壁支撑属于实体支撑，壁间距不变，壁厚基于应力分布而变化，应力大的区域，壁厚大，应力小的地方，壁厚小。壁间距和壁厚范围可自定义。

3.2.2 Additive Science 操作流程

Additive Science 模块操作简单，熔池尺寸计算、成形材料孔隙率预测和微观组织预测基于材料尺度进行分析，其结果与工艺参数相关，与构件几何无关，因此操作时只需在设置界面中输入工艺参数、选择材料即可，无须用户进行有限元分析的其他设置，如网格划分、导入模型设置等。温度历史预测基于构件尺度进行分析，因此操作时需要选择已经上传的几何模型进行操作。由于温度历史预测模块目前只支持模型部分高度上的温度传感器模拟，且属于 beta（测试）版本，所以下面只对熔池尺寸计算、成形材料孔隙率预测和微观组织预测三个材料尺度分析的操作步骤、分析结果查看等进行讲解。

1. 熔池尺寸计算

（1）参数设置包含以下选项

1）材料牌号：选择材料库中已有材料，也可自定义材料。

2）选择计算核数：支持多核并行计算。

3）熔池尺寸计算类型：包括铺粉后和基板上未铺粉的扫描熔池尺寸。

4）基板预热温度。

5）成形层厚。

6）激光光斑直径。

7）激光功率：可同时输入多个。

8）扫描速度：可同时输入多个。

9）计算扫描长度：3mm（默认数值，一般情况下无须改）。

（2）输出结果（详细数据） 熔池深度（Melt Pool Depth）、熔池宽度（Melt Pool Width）和熔池长度（Melt Pool Length）如图 3-18 所示。

（3）操作步骤

1）在【Additive Science】列表中新建 Single Bead 分析任务，如图 3-19 所示。

2）按照图 3-20 所示内容进行参数设置。

① 激光功率：指激光器输出功率，参数范围为 50~700，默认值为 195，单位为 W。

② 扫描速率：指激光扫描速度，参数范围为 300~2500，默认值为 1000，单位为 mm/s。

③ 光斑直径：指激光束束斑直径，参数范围为 20~140，默认值为 100，单位为 μm。

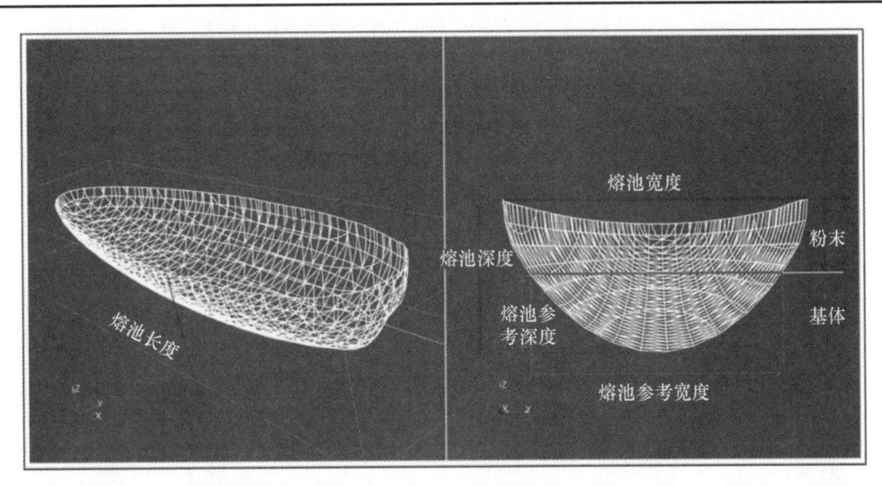

图 3-18　熔池深度、熔池宽度和熔池长度示意

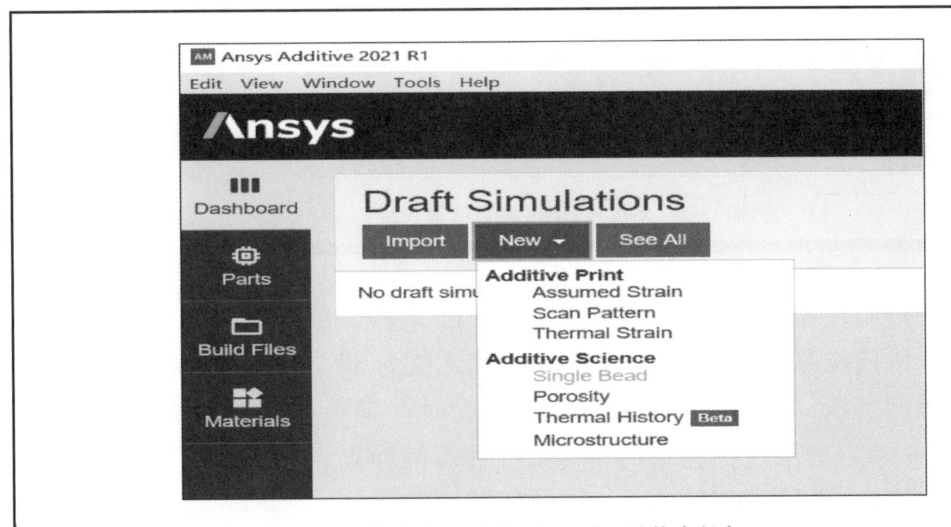

图 3-19　新建 Single Bead 仿真任务

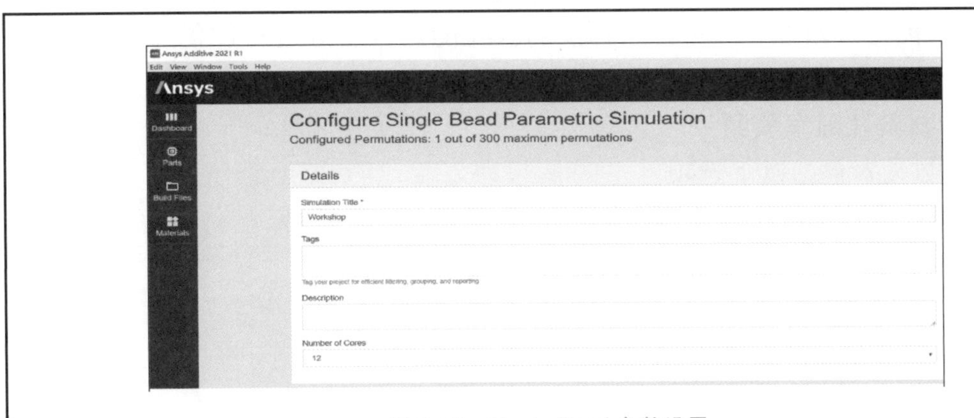

图 3-20　Single Bead 参数设置

图 3-20 Single Bead 参数设置（续）

④ 基板预热温度：输入范围 20~500，默认值为 80，单位为℃。

⑤ 层厚：成形层厚，输入范围 10~100，默认值为 50，单位为 μm。

⑥ 单道类型（Bead Type）：可以选择未铺粉时在基板上单道扫描下的熔池尺寸计算和正常铺粉后的单道扫描下的熔池尺寸计算两种方式。

⑦ 是否使用熔池特征宽度计算：通常情况下不选择。

3）查看计算结果，如图 3-21 所示。

4）分析计算结果。基于熔池尺寸计算结果，可以进行激光功率 P、扫描速率 v 的工艺方案优化，如熔池深宽比（深度与长宽的比值）等进行优化筛选，找到最佳方案，如图 3-22 所示。

2. 成形材料孔隙率预测

（1）参数设置包括以下选项

1）材料牌号：选择材料库中已有材料，也可自定义材料。

2）选择计算核数：支持多核并行计算。

3）基板预热温度。

4）起始扫描角度。

5）层间旋转角度。

6）扫描间距。

Scan Speed /(mm/s)	Laser Power /W	Simulation ID	Average Melt Pool Reference Depth/mm	Average Melt Pool Length/mm	Average Melt Pool Width/mm	Median Melt Pool Reference Depth/mm	Median Melt Pool Length/mm	Median Melt Pool Width/mm	Depth-to-Width Ratio	Length-to-Width Ratio
1300	50	18449	0.001	0.157	0.066	0.001	0.161	0.066	0.621	2.439
1200	50	18447	0.003	0.152	0.067	0.004	0.156	0.067	0.657	2.328
1100	50	18445	0.006	0.15	0.068	0.006	0.154	0.069	0.667	2.232
1000	50	18443	0.008	0.146	0.069	0.008	0.151	0.069	0.696	2.188
900	50	18441	0.011	0.142	0.071	0.011	0.146	0.071	0.718	2.056
800	50	18439	0.014	0.138	0.073	0.014	0.14	0.073	0.740	1.918
700	50	18437	0.018	0.134	0.076	0.018	0.136	0.076	0.763	1.789
1300	100	18450	0.023	0.231	0.079	0.023	0.242	0.08	0.788	3.025
1200	100	18448	0.026	0.228	0.081	0.026	0.238	0.081	0.815	2.938
1100	100	18446	0.029	0.223	0.083	0.03	0.233	0.083	0.843	2.807
1000	100	18444	0.033	0.217	0.086	0.034	0.226	0.087	0.851	2.598
900	100	18442	0.038	0.214	0.09	0.038	0.222	0.091	0.857	2.440
1300	150	18377	0.038	0.308	0.095	0.038	0.329	0.095	0.821	3.463
1200	150	18371	0.042	0.299	0.097	0.042	0.318	0.098	0.837	3.245
800	100	18440	0.043	0.21	0.095	0.044	0.219	0.096	0.875	2.281
1100	150	18365	0.046	0.293	0.099	0.047	0.312	0.1	0.870	3.120
700	100	18438	0.049	0.203	0.098	0.05	0.211	0.099	0.909	2.131
1300	200	18378	0.05	0.373	0.106	0.051	0.407	0.107	0.850	3.804
1000	150	18402	0.051	0.285	0.103	0.052	0.303	0.104	0.885	2.913
1200	200	18372	0.055	0.367	0.109	0.056	0.4	0.11	0.873	3.636
900	150	18396	0.057	0.279	0.106	0.058	0.296	0.107	0.916	2.766
1100	200	18366	0.061	0.36	0.111	0.061	0.391	0.112	0.902	3.491
1300	250	18379	0.062	0.436	0.116	0.062	0.485	0.118	0.864	4.110
800	150	18390	0.064	0.273	0.109	0.065	0.29	0.111	0.948	2.613
1000	200	18384	0.067	0.349	0.114	0.067	0.377	0.116	0.922	3.250
1200	250	18373	0.067	0.432	0.121	0.068	0.482	0.123	0.878	3.919
700	150	18363	0.072	0.265	0.114	0.073	0.279	0.116	0.974	2.405
1300	300	18380	0.073	0.502	0.127	0.074	0.574	0.131	0.870	4.382
900	200	18397	0.074	0.344	0.121	0.075	0.372	0.123	0.935	3.024
1100	250	18367	0.074	0.423	0.125	0.075	0.469	0.127	0.906	3.693
1200	300	18374	0.079	0.493	0.131	0.08	0.561	0.134	0.896	4.187
1000	250	18383	0.081	0.413	0.128	0.082	0.456	0.131	0.931	3.481
800	200	18391	0.082	0.335	0.126	0.083	0.361	0.128	0.961	2.820
1300	350	18393	0.084	0.565	0.136	0.085	0.662	0.14	0.893	4.729
1100	300	18368	0.087	0.486	0.134	0.088	0.552	0.138	0.928	4.000
900	250	18398	0.09	0.404	0.132	0.091	0.447	0.135	0.970	3.311
1200	350	18375	0.092	0.535	0.139	0.092	0.648	0.143	0.923	4.531
700	200	18385	0.092	0.328	0.132	0.093	0.353	0.134	0.993	2.634
1000	300	18382	0.096	0.478	0.138	0.096	0.541	0.142	0.958	3.810
1300	400	18404	0.096	0.624	0.145	0.097	0.751	0.151	0.907	4.974
800	250	18392	0.1	0.397	0.137	0.101	0.436	0.14	1.007	3.114
1100	350	18389	0.101	0.545	0.144	0.101	0.635	0.148	0.953	4.291
900	300	18399	0.106	0.466	0.144	0.106	0.526	0.147	0.993	3.578
1200	400	18376	0.105	0.619	0.151	0.106	0.745	0.157	0.930	4.745
700	250	18386	0.112	0.388	0.144	0.112	0.426	0.147	1.034	2.898
1000	350	18381	0.111	0.539	0.151	0.112	0.627	0.156	0.974	4.019
1100	400	18370	0.115	0.606	0.154	0.116	0.725	0.16	0.975	4.531
800	300	18394	0.118	0.458	0.152	0.119	0.517	0.156	1.019	3.314
900	350	18400	0.123	0.527	0.156	0.124	0.61	0.161	1.019	3.789
1000	400	18364	0.128	0.595	0.159	0.128	0.709	0.164	1.024	4.323
700	300	18387	0.132	0.45	0.159	0.133	0.506	0.163	1.081	3.104
800	350	18403	0.137	0.516	0.161	0.138	0.595	0.166	1.072	3.584
900	400	18401	0.142	0.586	0.164	0.143	0.698	0.17	1.076	4.106
700	350	18388	0.155	0.509	0.168	0.156	0.585	0.173	1.133	3.382
800	400	18395	0.159	0.571	0.171	0.16	0.678	0.177	1.130	3.831
700	400	18389	0.181	0.566	0.181	0.182	0.667	0.188	1.181	3.548

图 3-21　Single Bead 计算结果

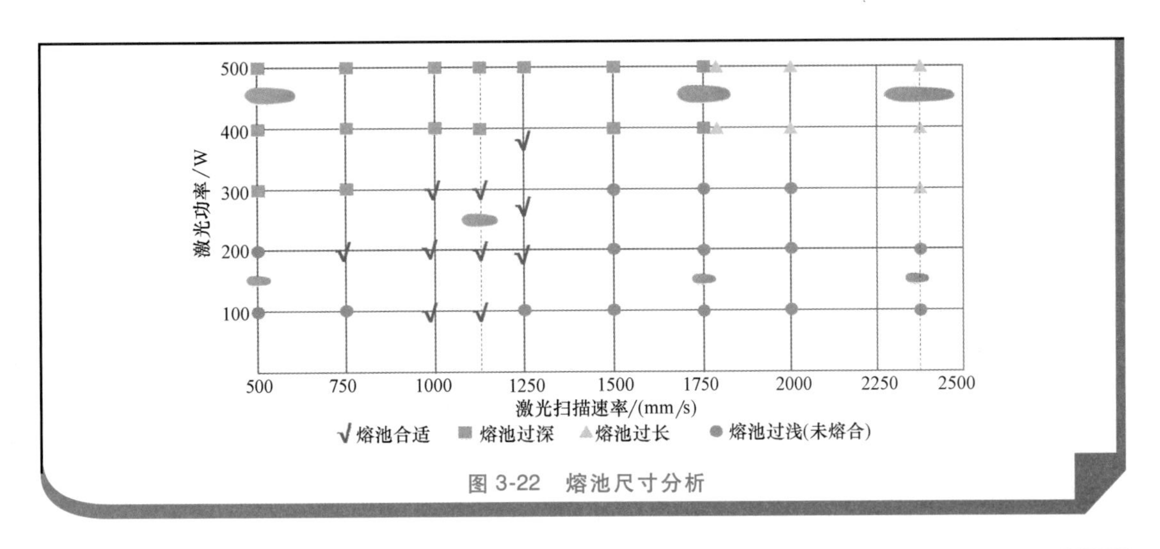

图 3-22　熔池尺寸分析

7）条带宽度。

8）层厚。

9）激光光斑直径。

10）激光功率：可同时输入多个值。

11）扫描速度：可同时输入多个值。

12）计算尺寸：默认数值为3mm×3mm×3mm，一般情况下无须更改。

（2）输出结果（详细数据） 孔隙率（粉末率）和固相率如图3-23所示。

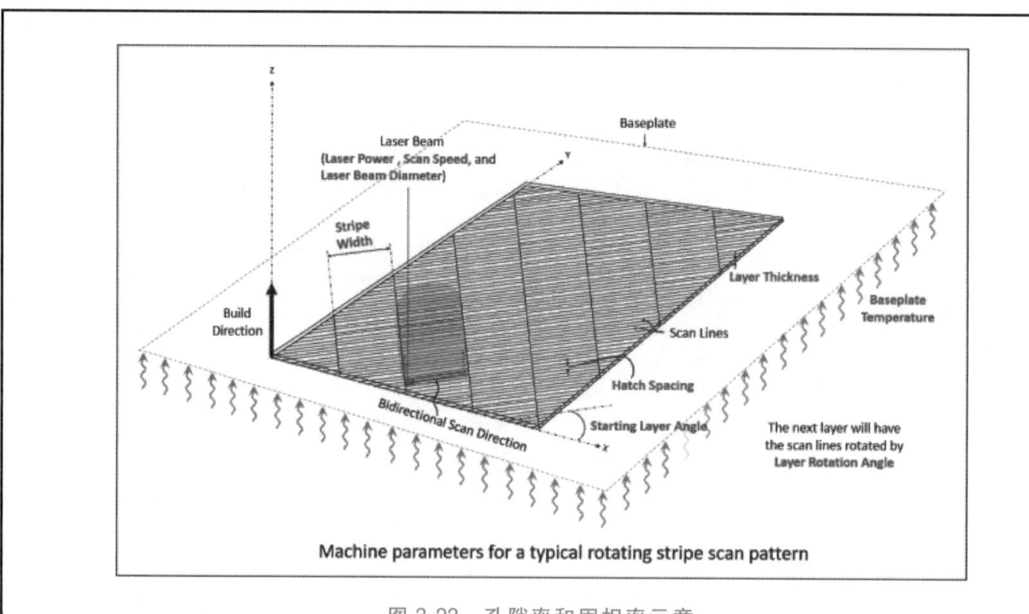

图3-23 孔隙率和固相率示意

（3）操作步骤

1）在【Additive Science】列表中新建Porosity（孔隙率）分析任务。

2）按照图3-24所示内容进行参数设置。

① 激光功率：指激光器输出功率，参数范围为50~700，默认值为195，单位为W。

② 扫描速率：指激光扫描速度，参数范围为300~2500，默认值为1000，单位为mm/s。

③ 光斑直径：指激光束束斑直径，参数范围为20~140，默认值为100，单位为μm。

④ 基板预热温度：参数范围为20~500，默认值为80，单位为℃。

⑤ 层厚：成形层厚，参数范围为10~100，默认值为50，单位为μm。

⑥ 起始扫描角度：指激光束初始层的扫描角度，参数范围为0~180，默认值为57，单位为°。

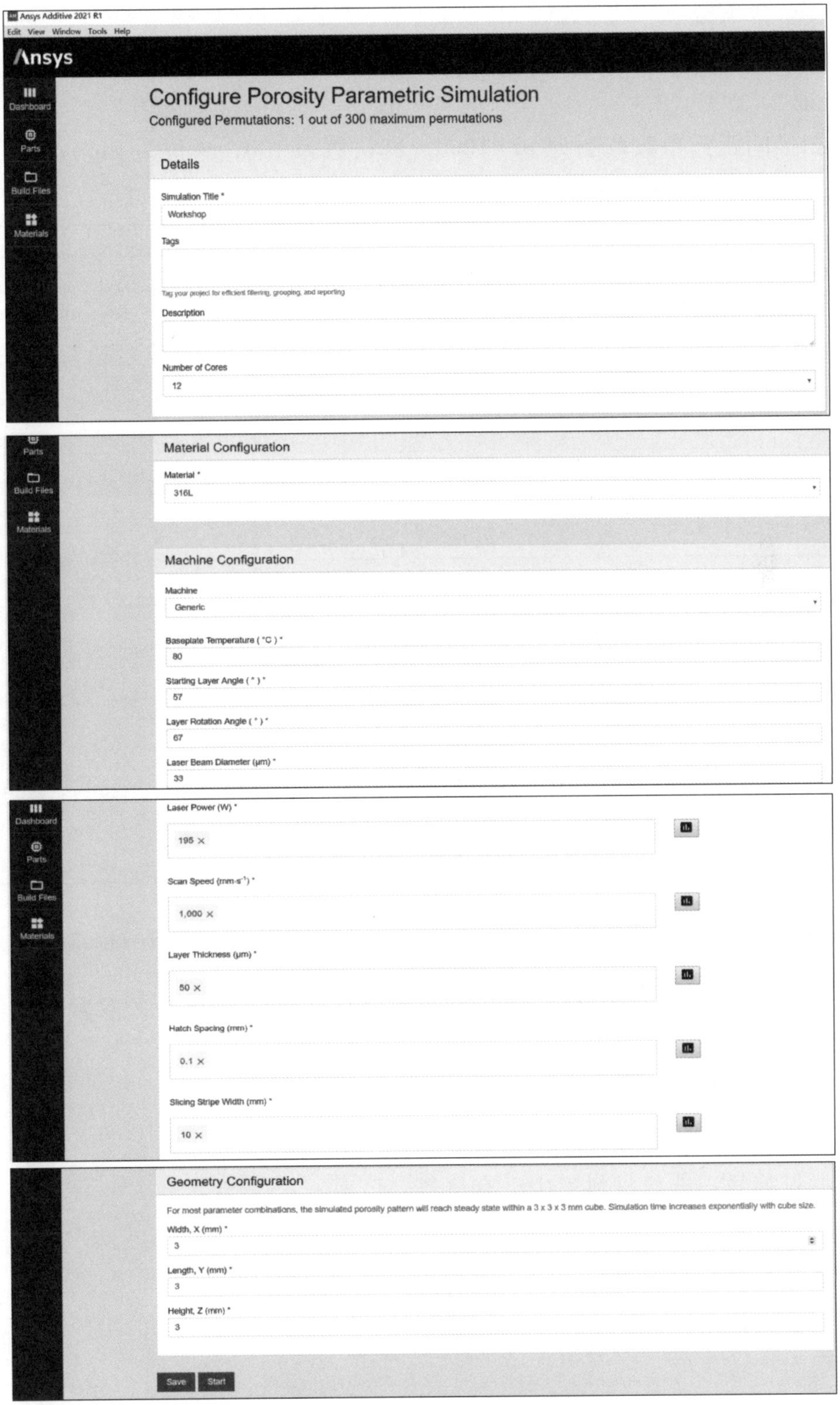

Ansys Additive 2021 R1
Edit View Window Tools Help
Ansys
Dashboard
Parts
Build Files
Materials

Configure Porosity Parametric Simulation
Configured Permutations: 1 out of 300 maximum permutations

Details
Simulation Title *
Workshop
Tags
Tag your project for efficient filtering, grouping, and reporting
Description
Number of Cores
12

Parts
Build Files
Materials

Material Configuration
Material *
316L

Machine Configuration
Machine
Generic
Baseplate Temperature (°C) *
80
Starting Layer Angle (°) *
57
Layer Rotation Angle (°) *
67
Laser Beam Diameter (μm) *
33

Dashboard
Parts
Build Files
Materials

Laser Power (W) *
195 ×
Scan Speed (mm·s⁻¹) *
1,000 ×
Layer Thickness (μm) *
50 ×
Hatch Spacing (mm) *
0.1 ×
Slicing Stripe Width (mm) *
10 ×

Geometry Configuration
For most parameter combinations, the simulated porosity pattern will reach steady state within a 3 x 3 x 3 mm cube. Simulation time increases exponentially with cube size.
Width, X (mm) *
3
Length, Y (mm) *
3
Height, Z (mm) *
3
Save Start

图 3-24　Porosity（孔隙率）参数设置

⑦ 层间旋转角度：指层间扫描激光束的旋转角度，参数范围为 0～180，默认值为 67，单位为°。

⑧ 扫描条带宽度：指条带扫描下的宽度，参数范围为 1～100，默认值为 10，单位为 mm。

⑨ 扫描间距：参数范围为 10～1000，默认值为 100，单位为 μm。

3）查看计算结果，如图 3-25 所示。

Geometry Height /mm	Geometry Length /mm	Geometry Width /mm	Starting Layer Angle (deg)	Layer Rotation Angle(deg)	Laser Power/W	Scan Speed /(mm/s)	Layer Thickness /mm	Hatch Spacing /mm	Slicing Stripe Width/mm	Void Ratio	Powder Ratio	Solid Ratio
3	3	3	57	67	150	800	0.04	0.05	10	0	0	1
3	3	3	57	67	150	800	0.04	0.07	10	0	0	1
3	3	3	57	67	150	800	0.04	0.09	10	0	0.0008	0.9992
3	3	3	57	67	150	800	0.04	0.11	10	0	0.0242	0.9758
3	3	3	57	67	150	800	0.04	0.13	10	0	0.0976	0.9024
3	3	3	57	67	200	900	0.04	0.05	10	0	0	1
3	3	3	57	67	200	900	0.04	0.07	10	0	0	1
3	3	3	57	67	200	900	0.04	0.09	10	0	0	1
3	3	3	57	67	200	900	0.04	0.11	10	0	0.0017	0.9983
3	3	3	57	67	200	900	0.04	0.13	10	0	0.0284	0.9716
3	3	3	57	67	200	1000	0.04	0.05	10	0	0	1
3	3	3	57	67	200	1000	0.04	0.07	10	0	0	1
3	3	3	57	67	200	1000	0.04	0.09	10	0	0.0001	0.9999
3	3	3	57	67	200	1000	0.04	0.11	10	0	0.0063	0.9937
3	3	3	57	67	200	1000	0.04	0.13	10	0	0.0485	0.9515
3	3	3	57	67	200	1100	0.04	0.05	10	0	0	1
3	3	3	57	67	200	1100	0.04	0.07	10	0	0	1
3	3	3	57	67	200	1100	0.04	0.09	10	0	0.0003	0.9997
3	3	3	57	67	200	1100	0.04	0.11	10	0	0.0127	0.9873
3	3	3	57	67	200	1100	0.04	0.13	10	0	0.068	0.932
3	3	3	57	67	300	1100	0.04	0.05	10	0	0	1
3	3	3	57	67	300	1100	0.04	0.07	10	0	0	1
3	3	3	57	67	300	1100	0.04	0.09	10	0	0	1
3	3	3	57	67	300	1100	0.04	0.11	10	0	0	1
3	3	3	57	67	300	1100	0.04	0.13	10	0	0.0014	0.9986

图 3-25　Porosity（孔隙率）计算结果

4）分析计算结果。基于孔隙率的计算结果，可以优化工艺参数，如扫描间距、条带宽度等参数。

3. 微观组织预测

（1）参数设置包含以下选项

① 材料牌号：选择材料库中已有材料。

② 选择计算核数：支持多核并行计算。

③ 基板预热温度。

④ 起始扫描角度。

⑤ 层间旋转角度。

⑥ 扫描间距。

⑦ 层厚。

⑧ 激光光斑直径。

⑨ 激光功率：可同时输入多个。

⑩ 扫描速度：可同时输入多个。

⑪ 计算结果采集区域设置：默认数值为 1.5mm×1.5mm×1.5mm，传感器尺寸为 0.5mm。

⑫ 设置冷却速率、温度梯度和熔池尺寸。

（2）计算结果　包括晶粒大小、晶粒尺寸分布和晶粒生长取向。

（3）操作步骤

1）在【Additive Science】列表中新建 Microstructure（微观组织）分析任务。

2）按照图 3-26 所示内容进行参数设置。

3）查看计算结果。如图 3-27 所示，可对晶粒大小分布、晶向夹角、晶粒生长取向分布及晶界形貌等进行分析。

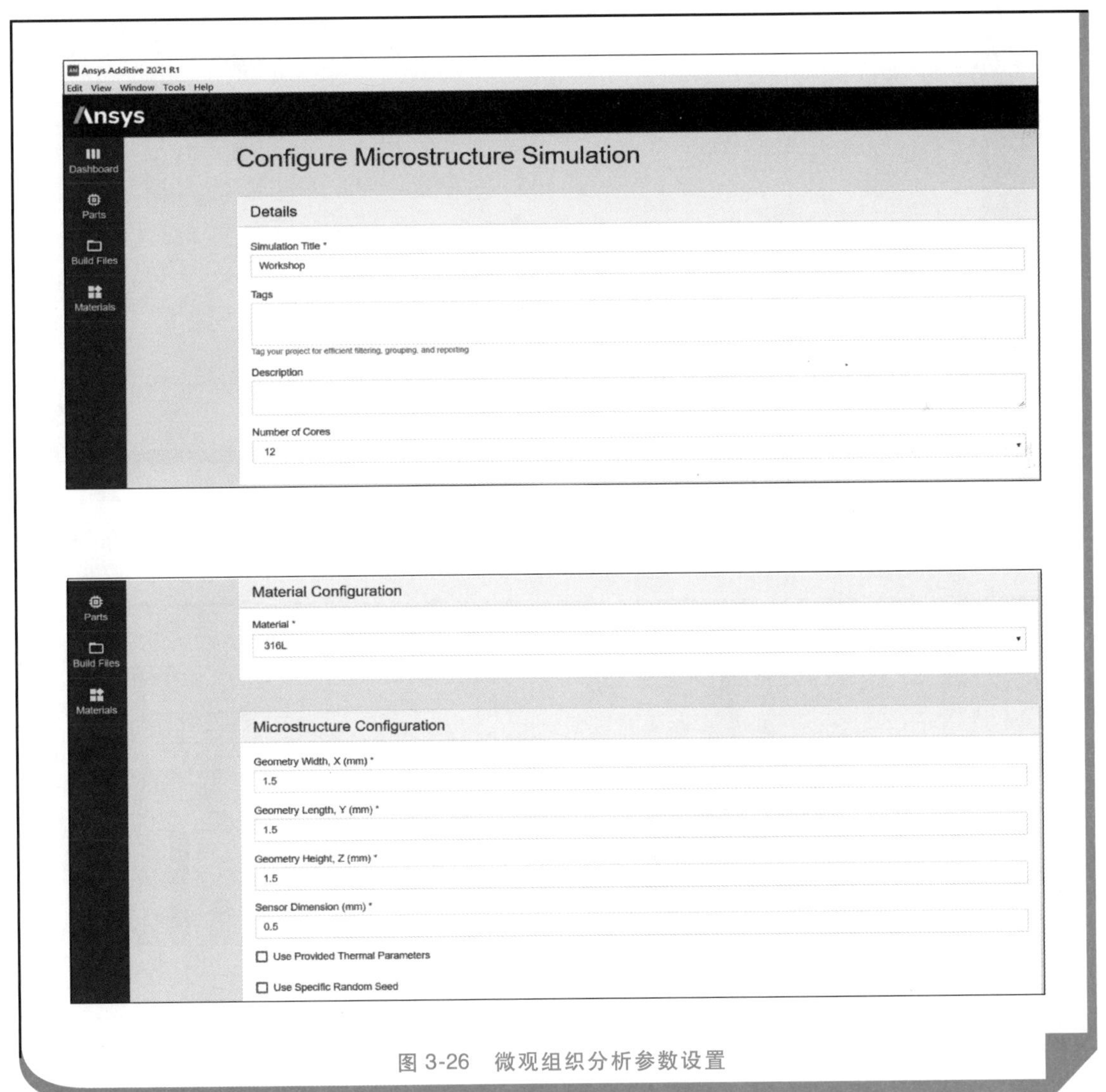

图 3-26　微观组织分析参数设置

Parts
Build Files
Materials

Machine Configuration

Machine
Generic

Laser Beam Diameter (μm) *
80

Laser Power (W) *
195 ×

Scan Speed (mm·s-1) *
1,000 ×

Baseplate Temperature (°C) *
80 ×

Parts
Build Files
Materials

Layer Thickness (μm) *
50 ×

Hatch Spacing (mm) *
0.1 ×

Starting Layer Angle (°) *
57 ×

Layer Rotation Angle (°) *
67 ×

Save Start

图 3-26 微观组织分析参数设置（续）

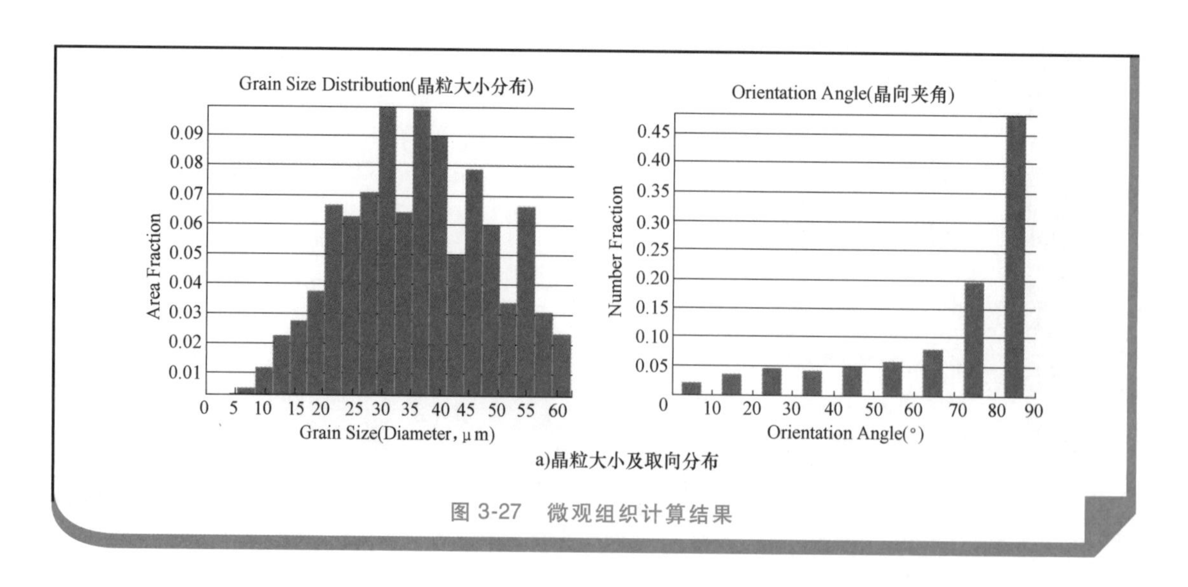

a)晶粒大小及取向分布

图 3-27 微观组织计算结果

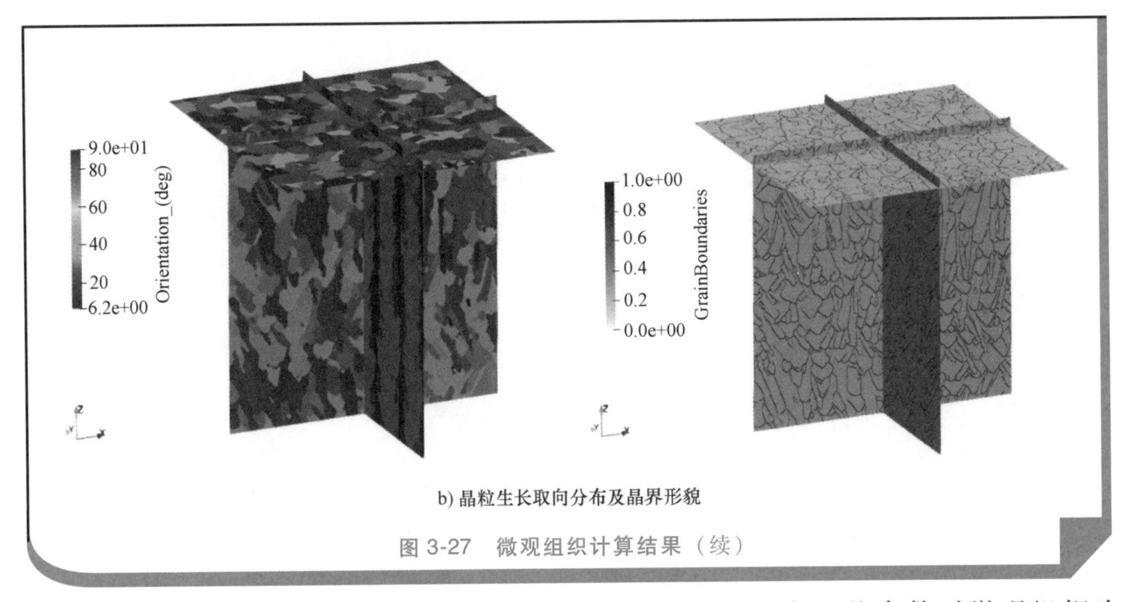

b) 晶粒生长取向分布及晶界形貌

图 3-27　微观组织计算结果（续）

4）分析计算结果。基于微观组织计算结果，对比研究工艺参数对微观组织生长的敏感性，帮助用户进行微观组织的工艺参数调控，为工程实验提供数据基础。此外，基于晶粒尺寸定量计算结果，可以进行材料宏观力学性能预测。对于大多数材料而言，通过晶粒尺寸可以预测材料的屈服强度，利用 Hall-Petch 关系式：$\sigma_{0.2}=\sigma_0+K_y d^{-\frac{1}{2}}$（其中 d 为晶粒直径，σ_0 和 K_y 是材料常数，可以定量计算材料的屈服强度）建立工艺参数与晶粒组织的定量关系，对于精确控制成形材料的组织及力学性能具有重要意义。

3.3　AMProSim 增材工艺仿真分析系统操作流程

安世亚太科技股份有限公司（以下简称安世亚太）基于 ANSYS 平台自主二次开发的金属增材工艺仿真分析系统 AMProSim，可以提供参考详细扫描路径并适合工程应用的金属增材工艺仿真工具，采用热力耦合算法和标准的 ANSYS 生死单元技术，预测制件在增材制造过程中详细的温度、应力、变形历史等因素，优化工艺参数，适用主流“金属增材制造技术”，具有页面简洁，操作简单等优点，适合普遍的工程技术人员。

AMProSim 软件操作流程及初始页面如图 3-28 所示。

1. 工具栏

工具栏中包括【新建】【打开】【保存】【配置】【帮助】命令。

（1）【新建】命令　单击【新建】按钮，弹出【新建工程】对话框，在该对话框中输入工程基本信息，包括【工程名称】【工作目录】【网格模型】【加工过程】【ANSYS 版本】【计算核数】，如图 3-29 所示。其中在【工作目录】文本框中不能输入包含中文字符的路径，【网格模型】文本框中的模型需提前处理完成。

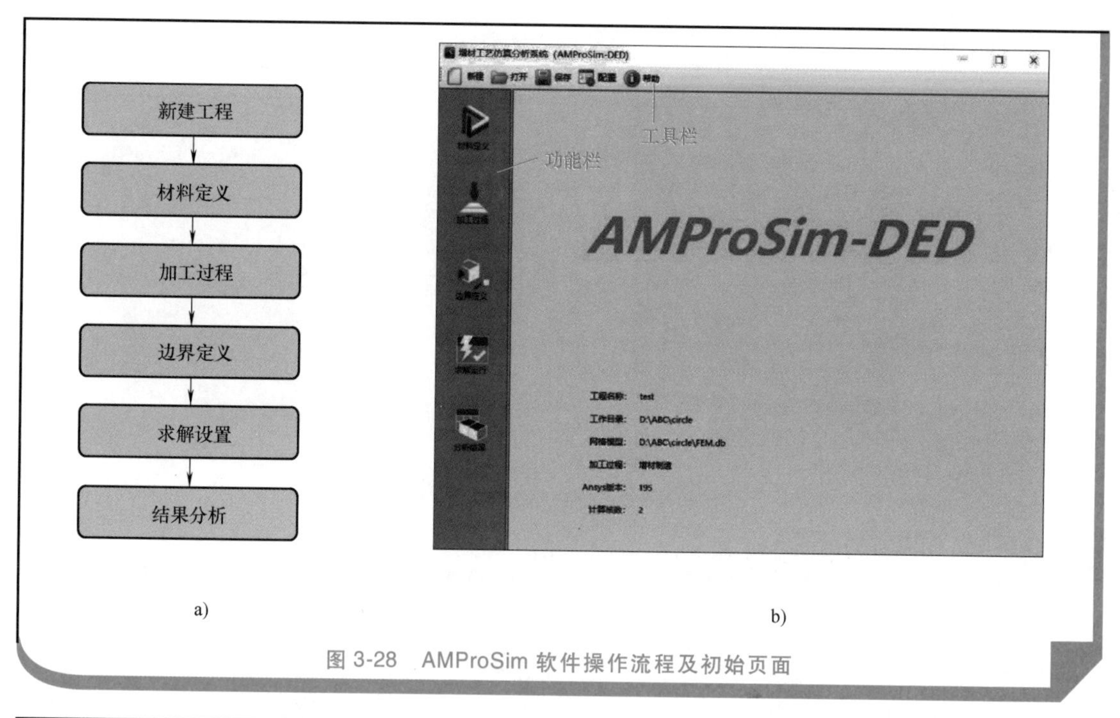

图 3-28　AMProSim 软件操作流程及初始页面

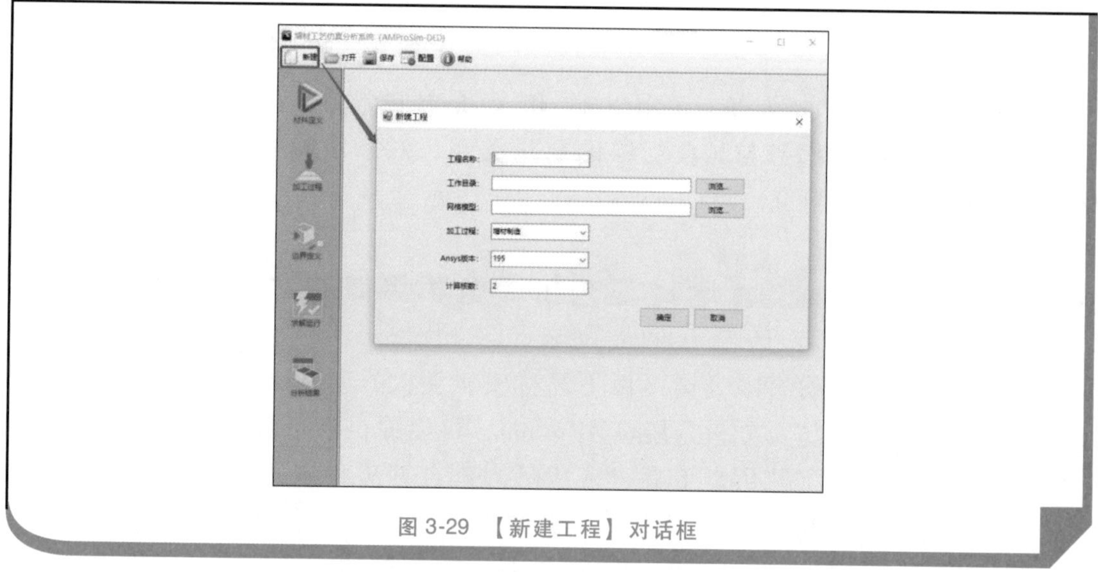

图 3-29　【新建工程】对话框

(2)【打开】命令　可以直接打开已经保存的工程文件。

(3)【保存】命令　单击【保存】按钮，整个工程计算文件的所有结果，将自动保存到新建工程时选择的工作目录下。

(4)【配置】命令　配置许可证 License 文件，查看 License 文件是否激活。

(5)【帮助】命令　查看软件帮助手册，建议初学者仔细阅读帮助手册，非常重要。

2. 功能栏

功能栏中包括【材料定义】【加工过程】【边界定义】【求解运行】【分析结果】命令。

（1）【材料定义】命令　材料库包含 17-4PH、316L、304、In627、In718、TC4、TC11、TA15、AlSi10Mg、AlSi7Mg 10 种材料，可支持自定义方式；材料定义方式包含按默认基板制件方式和按自定义组件方式两种，如图 3-30 所示。

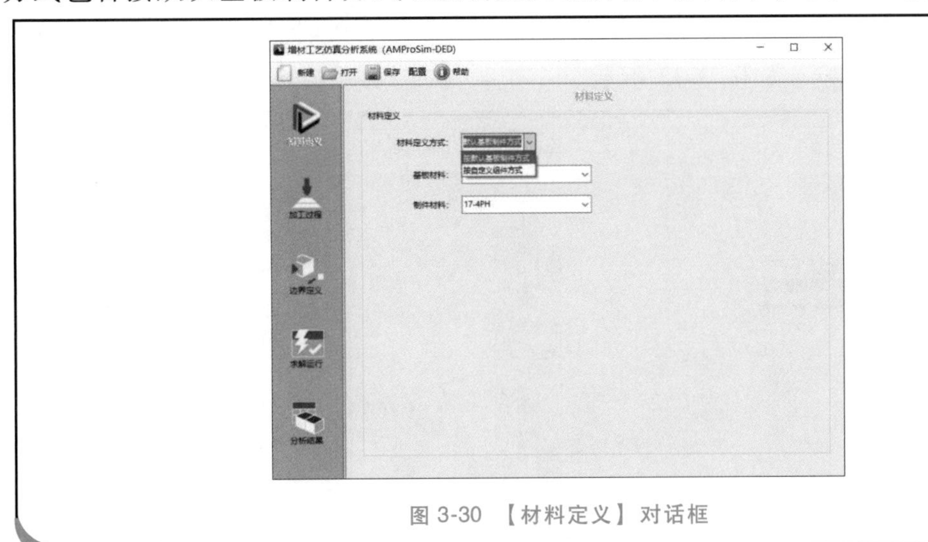

图 3-30　【材料定义】对话框

（2）【加工过程】命令　根据新建工程确定是否选择热处理过程，如未选择热处理，则只需要对增材制造过程中的设备参数和工艺参数进行设置；如已选择热处理，则需要设置热处理工艺参数。以增材制造过程为例，需要设置的设备参数和工艺参数包括基板底部 Z 坐标（即实际三维模型的坐标，基板上表面对应的 Z = 0）、基板厚度、打印层高、扫描速度、激光功率、激光吸收率、冷却时间、基板预热温度、舱室环境温度、扫描路径（该扫描路径需要在中科煜宸开发的路径规划软件 3d AMPPPlanner 中生成）、扫描间距、光斑直径、粉末初始温度、舱室介质等，如图 3-31 所示。

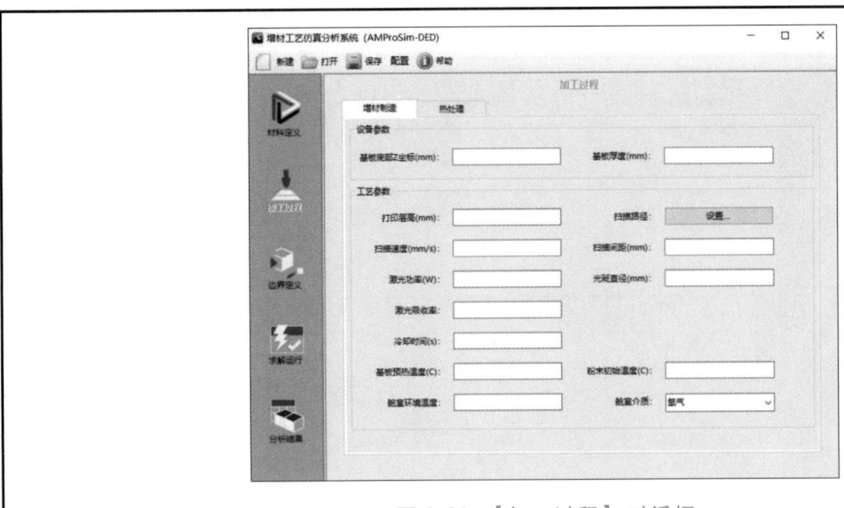

图 3-31　【加工过程】对话框

（3）【边界定义】命令　包括热边界和结构边界，热边界中可以选择基板下表面温度边界类型，有固定温度边界和对流换热两种方式。选择固定温度边界时，需要设置对应的温度值；选择对流换热时，通常情况下无须进行其他参数设置（软件后台已提前设置好，如果需要更改，则须更改后台文件），结构边界的约束定义方向通常选择基板底部固定，如图 3-32 所示。

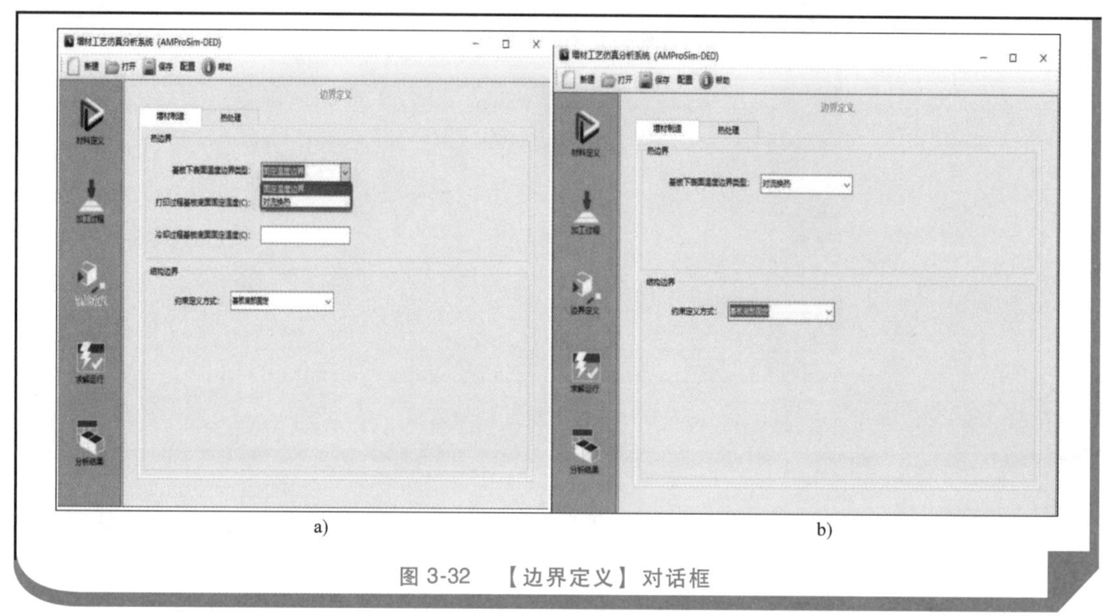

图 3-32　【边界定义】对话框

（4）【求解运行】命令　用于设置计算参数。通常情况下，对计算层高和扫描路径模拟步长进行设置，计算层高一般为网格的偶数倍，计算层高数值越大，计算速度越快，精度越差；扫描路径模拟步长的数值可自由设置，其值越大，计算速度越快，精度越差；其他参数均按默认设置即可，如图 3-33 所示。此外，在【求

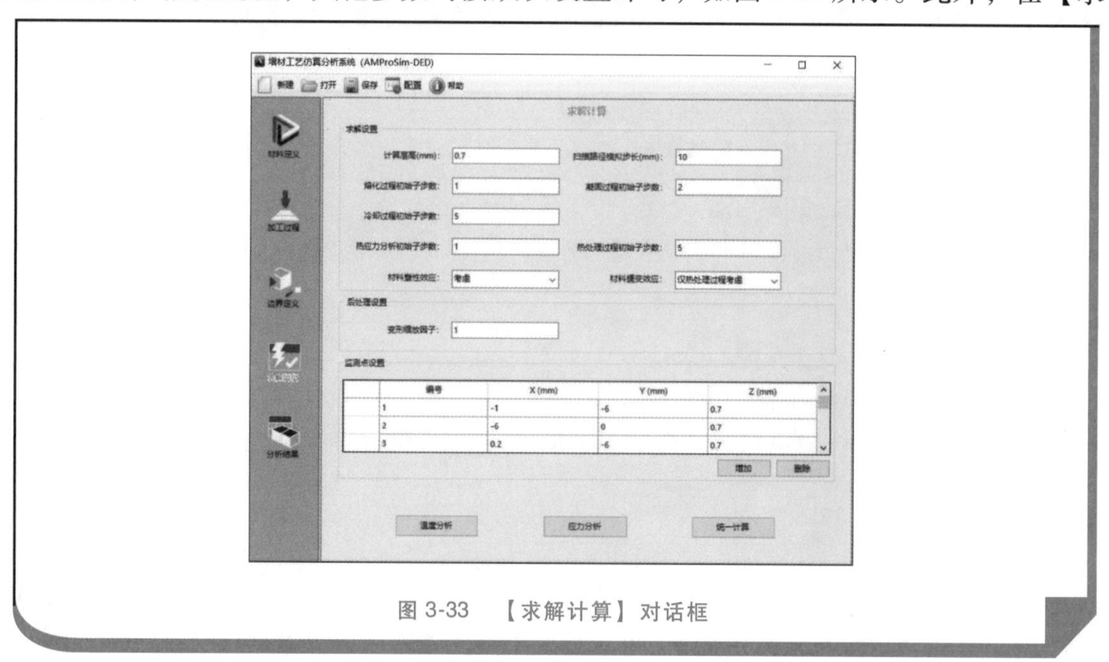

图 3-33　【求解计算】对话框

解计算】栏可以进行监测点设置，输入位置坐标值计算完成后，可输出对应的温度、应力等随实际变化的曲线。

（5）【分析结果】命令 能进行温度分析、非线性应力分析。计算完成后，可输出云图动画，在默认情况下将结果存储到新建工程文件时的目录中。

AMProSim 软件求解计算完成后可直接输出温度、应力、应变等云图及动画，如图 3-34～图 3-37 所示，以及温度、应力监测点随时间变化曲线；也支持进入 ANSYS APDL 程序中进行结果提取。

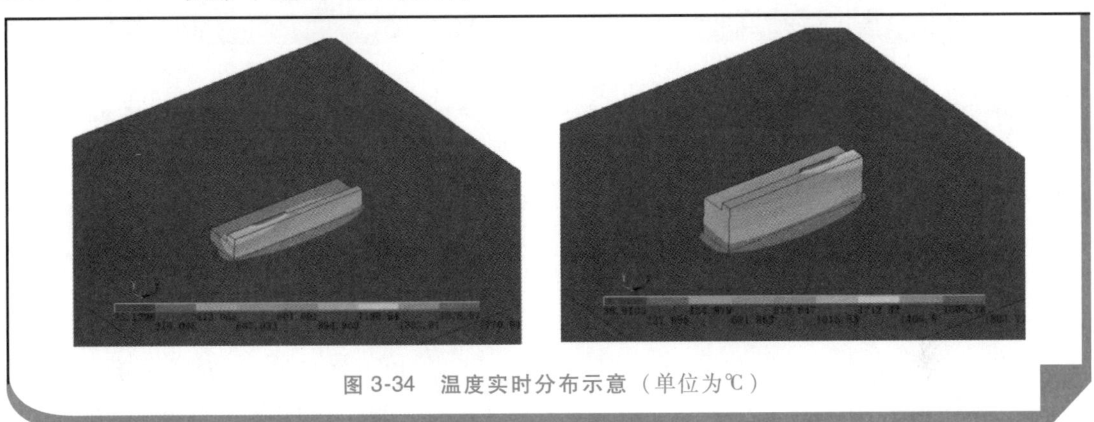

图 3-34 温度实时分布示意（单位为℃）

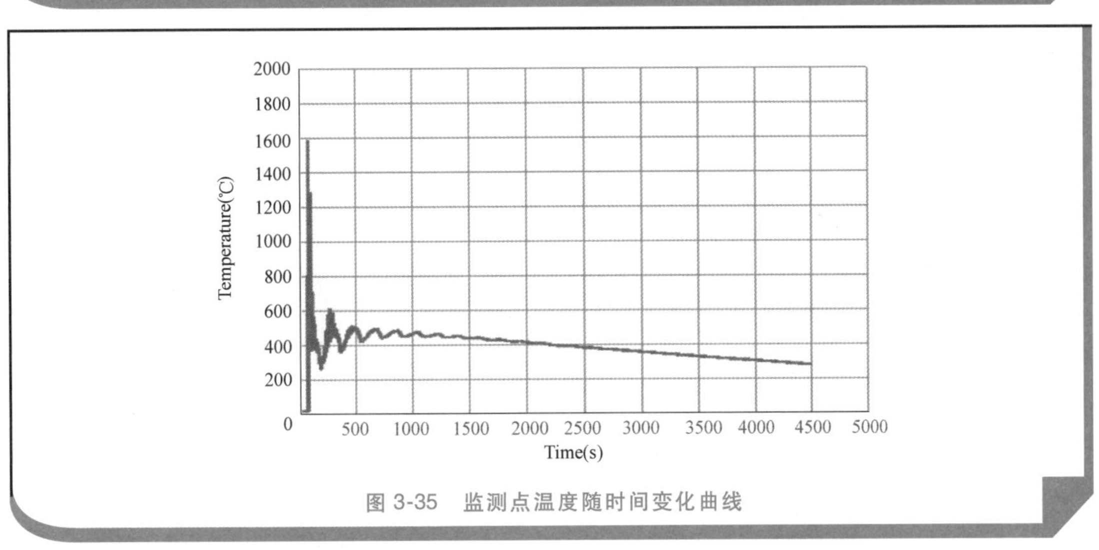

图 3-35 监测点温度随时间变化曲线

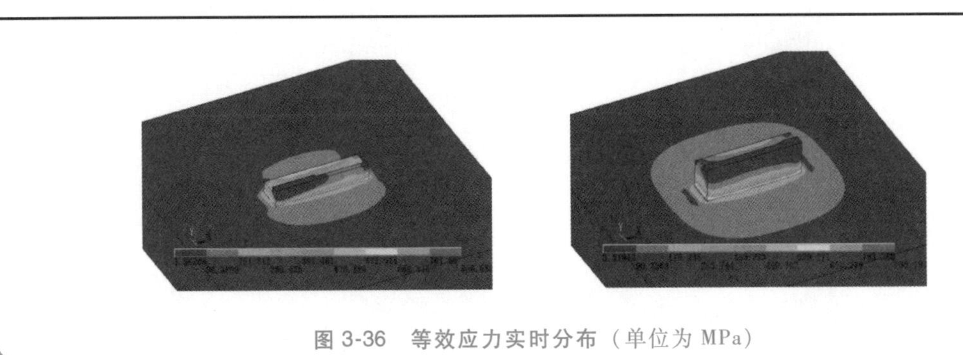

图 3-36 等效应力实时分布（单位为 MPa）

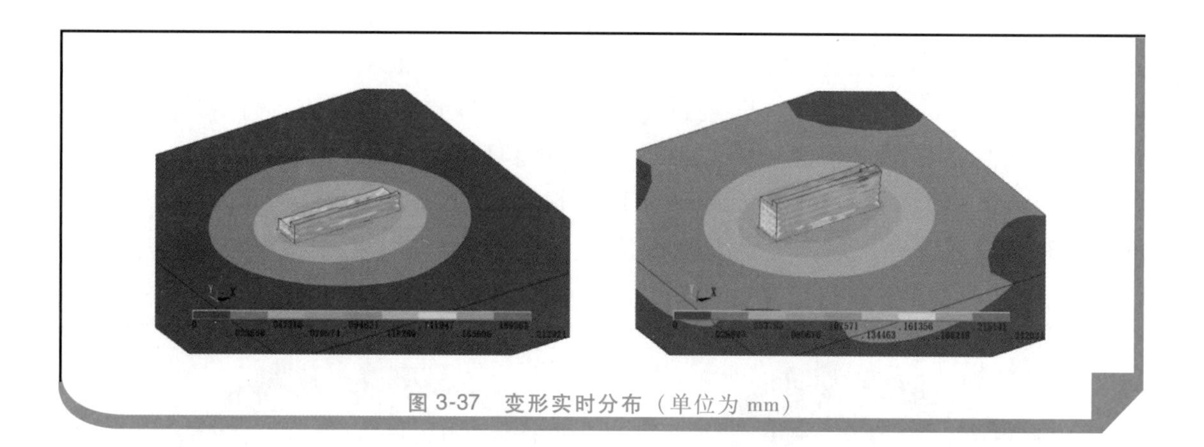

图 3-37　变形实时分布（单位为 mm）

项目4

熔融挤压成形（FDM）工艺实训

教学目的： 了解熔融挤压成形技术在航空模型领域的应用。
教学重点与难点： FDM 原理、分层方法与成形操作。
教学方法： 采用多媒体课件与实训实验相结合的方式，以启发式教育为主。
教学主要内容： FDM 原理介绍、分层设计方法与成形设备操作。
教学要求： 掌握 FDM 原理、分层设计与成形设备操作。
学生练习： FDM 成形零件实训。

4.1 FDM 工艺概述

增材制造技术是以计算机三维模型为蓝本，通过软件分层离散和数控控制系统，利用激光束、热熔喷嘴等方式，将金属粉末、陶瓷粉末、塑料等材料逐层熔融堆积、黏结，最终叠加成形，制造出实体产品。与传统制造业通过模具、车削和铣削等机械加工方式对原材料进行定型、切削生产成品不同，增材制造技术是将三维实体模型转化为若干个二维平面图形，通过对材料的处理并进行逐层叠加进行生产，大大简化了加工过程。

首先由设计师预先在专业的计算机软件（AutoCAD、NX 等）上进行预产零部件的建模与三维设计，随后在软件中进行逐层成形模拟和可行性分析（包括材料、喷头的移动方式、成形冷却方式等），最后在 3D 打印设备工作台上进行逐层扫描成形。上述增材制造技术原理虽然过程复杂，但经济效益显著，在打印速度满足需要的情况下可用于自动化、批量化生产。增材制造技术常用于精密零部件制造和高端受损件的局部修复。

从结构上来看，典型的 3D 打印设备主要由壳体、设备控制电路、驱动电路、数据处理转换模块、信号输入/输出模块、供料模块、工件输出台、同步带、喷头等部分组成。按加工封闭性的不同，又可以将其分为全封闭式和半封闭式。设备控制电路主要控制设备内各个部件的协同工作，包括驱动电路、数据处理转换电路、信号输入/输出模块等主要部件。同步带的主要作用是实现打印过程中喷头的轴向移动，使其能够打印出形状复杂的立体零部件。此外，增材制造技术中用于制造模型的软件也有多种，如 3ds Max、Maya、AutoCAD、NX、Creo、CATIA、SolidWorks、Rhino 等。

熔融挤压成形（Fused Deposition Modeling，FDM）工艺综合了机械工程、CAD、数控技术及材料科学技术应用，其设备是在计算机控制与管理下，根据零件的 CAD 模型，采用材料堆积（由点堆积成面，由面堆积成三维实体）的方法制造原型或零件，能够广泛应用于教育、医疗、汽车、考古、动漫、工业设计等多个领域。

FDM 工艺设备的结构主要包括喷头、送丝机构、运动机构、加热工作室、工作台 5 个部分。熔融挤压成形工艺使用的材料分为两部分：一类是成形材料，另一类是支撑材料。

FDM 成形工艺原理如图 4-1 所示。将低熔点丝状材料通过加热器的挤压头熔化成液体，使熔化的热塑材料丝通过喷头挤出，喷头沿零件的每一截面的轮廓准确运动，挤出半流动的热塑性材料，沉积固化成精确的实际部件薄层，覆盖于已建造的零件之上，并在 1/10s 内迅速凝固。每完成一层成形，工作台便下降一层高度，喷头再进行下一层截面的扫描喷丝，如此反复逐层沉积，直到最后一层，这样逐层由底到顶地堆积成一个实体模型或零件。

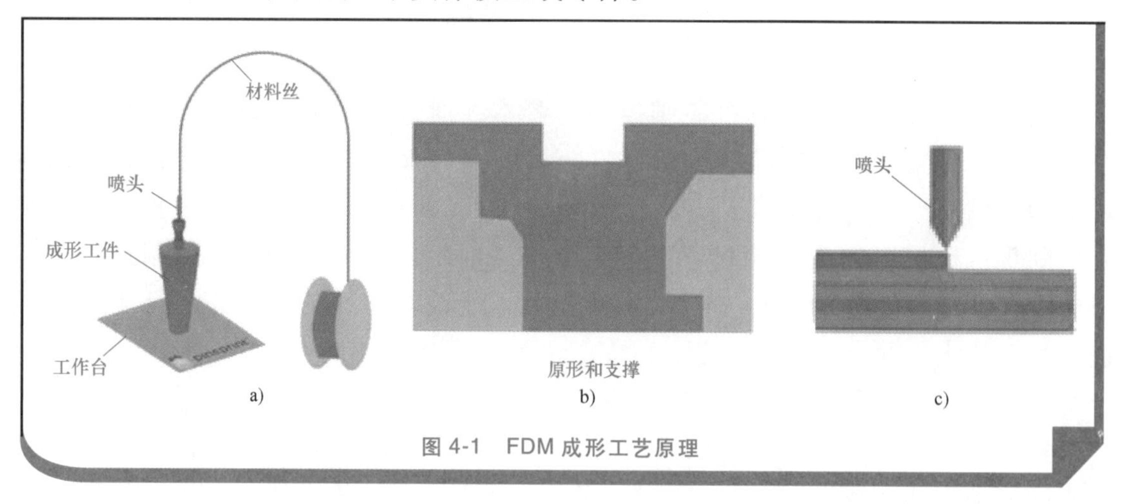

图 4-1　FDM 成形工艺原理

FDM 工艺在成形过程中，每一个层片都是在上一层的基础上堆积而成，上一层对当前层起到定位和支撑的作用。随着层高的增加，层片轮廓的面积和形状都会发生变化，当形状发生较大的变化，上层轮廓不能给当前层提供充分的定位和支撑作用时，就需要设计一些辅助结构，即支撑，以保证成形过程的顺利实现。支撑可以采用同一种材料建造，也可以采用不同材料建造。FDM 工艺设备多采用双喷头独立加热，一个用来喷出模型材料制造零件，另一个用来喷出支撑材料制造支撑，两种材料的特性不同，制作完毕后去除支撑也相对容易。送丝机构是为喷头输送原料，要求送丝平稳、可靠。送丝机构和喷头采用推-拉相结合的方式，以保证送丝稳定可靠，避免产生断丝或积瘤。

4.2 FDM 材料简介

FDM 工艺可使用不同的材料，各材料有其独特的属性，包括透明性、生物相容性、FST 认证、耐化学性、耐热性和强度根据属性的不同，可以将材料分为以下几类：

1. ABS

ABS 在 FDM 工艺中被广泛使用，适用于模型、原型、样件、工具和零件的制造。与几年前的 FDM 工艺材料相比，如今用于 FDM 工艺设备的热塑性塑料的强度要高出 40%~70%，可提供制件更高的拉伸强度、冲击强度和弯曲强度。

2. ABS-M30

ABS-M30 是 FDM 工艺中常用的塑料，专用于 Fortus 系列的 3D 打印机。ABS-M30™ 也称 ABS plus，适用于 Dimension 系列 3D 打印机，其制件的强度更高，更坚韧。

3. ABS-ESD7

这种材料可防止静电积聚，因此适合于因静电荷而可能损坏产品及损害产品性能或导致爆炸的场合，如电子元件的托架和收纳器、电子装配元件的固定装置、生产线和输送机的零件、电子产品外壳、电子产品包装材料等。ABS-ESD7 可以消除颗粒（如灰尘或粉末）的吸引和积聚，也可避免吸附雾化液体，因此可用于制作药物吸入器，确保为患者输送精确的药物剂量。其制件的力学性能均在 ABS-M30 额定值的 5%以内。

4. ABS-M30i

这种材料符合医疗、制药和食品处理设备关于 ISO 10993 和 USP Class VI 等标准，可用于与皮肤、食物和药物接触的产品。它既具有足够的强度，又具有灭菌功能，可以使用 γ 射线辐照或氧化乙烯（Eta）消毒方法对 ABS-M30i 进行消毒。

5. ABSi

ABSi 不仅具有良好的力学性能，还非常适合应用于照明设备。这种半透明材料广泛用于汽车照明等产品的透镜，提供的颜色有红色、琥珀色和白色。

6. ASA

ASA 的力学性能优于 ABS，并且两者有一个重要区别，ASA 具有 UV 稳定性，可制造抗紫外线的零件，不会因为长期暴露于紫外光下而降解。ASA 易用且可靠，是汽车零件、运动用品、户外功能性原型制作以及面向户外基础设施和商业用途（如电器外壳）的最终使用零件的理想选择。

7. PC

作为广泛使用的工业热塑性塑料，PC可用于所有Fortus系列3D打印机，具有优异的力学性能和耐热性，热变形温度为138℃。

8. PC-ABS

PC-ABS具备PC的力学性能和耐热性，而且冲击强度高。同时，它还具备ABS的抗弯强度，能提供制件特征细节以及优美的外观。与适用于FDM工艺的所有ABS一样，PC-ABS也提供非接触式抛光方式，以及可与可溶性支撑材料一起使用。

9. PC-ISO

与ABS-M30i相似，PC-ISO适合作为医疗、制药和食品包装行业的另一种FDM工艺材料。PC-ISO的独有特性在于，它具有更高的拉伸强度和弯曲强度，以及更高的热变形温度。在这些类别中，其值比ABS-M30i的相应值高出33%~59%。

10. PLA

PLA是一种新型的生物降解材料，使用可再生的植物资源（如玉米）所提取的淀粉原料制成，具有拉伸强度高、刚度好、熔点和热变形温度低的特点。PLA特别适用于产品快速概念验证和设计验证，包括早期概念建模、快速原型制作和金属零件铸造。

11. ULTEM 9085和ULTEM 1010

这两种ULTEM树脂是一种FDM热塑性塑料，均具有拉伸强度高、热膨胀系数低、耐热性和耐化学性的特点，适用于航空航天工业制造、食品加工、医疗设备制造和需要特殊强度和热稳定性的零件制造等领域。

12. PPSF

PPSF具有优异的耐热性（热变形温度为189℃）和耐化学性，力学性能好，可耐油脂、汽油、化学品和酸，可对其进行高压蒸汽、等离子和化学消毒。

13. FDM Nylon 12CF

FDM Nylon 12是具有优异结构特性的碳填充热塑性塑料。该材料由Nylon 12和短碳纤维的共混物组成，其中短碳纤维质量分数为35%。FDM Nylon 12CF是FDM工艺材料组合中具有良好力学性能的热塑性塑料之一，是能够替代多种金属应用的高性能复合材料，主要用于航空航天、汽车和消费品行业零件制造。相比于其他增材制造技术，FDM Nylon 12零件具有比刚度和比强度最高，优异的断裂伸长率和抗疲劳性的优势。

14. FDM Nylon 6

FDM Nylon 6强度高、韧性好，适合汽车、航空航天、消费品制造行业中坚固零件和持续时间更长的零件加工环境，可经过严格的产品功能测试。将FDM Nylon 6与Fortus 900mc配合使用，可生产具有光洁表面和高抗断裂性的耐用零件。

15. ST-130

ST-130 可用于在一个无缝件中制作复杂的中空结构，还可以更好地控制中空复合零件的内部精度和表面质量，无须制作模具，也不存在吸塑加工的内部褶皱和额外的黏合、抛光等步骤。ST-130 模型材料和 ST-130_S 支撑材料极易溶解，可生产具有复杂几何形状的轻量化、高强度、无缝的复合零件。

16. TPE、TPU

TPE 是一种在常温下显示橡胶的高弹性，高温下又能塑化成形的兼有塑料和橡胶特性的高分子材料。TPU 作为弹性体是介于橡胶和塑料之间的一种材料。TPU 材料具有强度高、韧性好、耐磨、耐寒、耐油、耐水、耐老化等特性，是一种成熟的环保材料。TPU 材料的弹性模量通常在 10～1000MPa，其成形件具有很好的柔韧性及回弹能力，可以随意弯折、变形。该材料的硬度主要由 TPU 结构中的硬段含量来决定，硬段含量越高，TPU 的硬度就会随之上升，通过改变 TPU 各反应组合的配比，可以得到不同硬度的产品。通常用于汽车部件、家用电器、医疗用品等生产。TPE，特别是 TPU，适合制造具备高延展性的物体，但以材料为原料进行打印时难度较高，特别是对于远端送料的 3D 打印机，很难控制材料的进退，而且容易堵塞喷头。

17. 木质感材料

采用木质感材料可以打印出触感很像木头的模型。通过在 PLA 中混合定量的木质纤维，如竹子、桦木、雪松、樱桃木、椰子壳、软木、乌木等，会生产出一系列的木质 FDM 工艺材料。需要注意的是，在 PLA 中掺入木质纤维后，会降低材料的韧性和拉伸强度。

18. Metal PLA、Metal ABS

Metal PLA 或 Metal ABS 是由 PLA 或 ABS 与金属粉末混合的材料。以该材料为原料打印的模型经抛光后，从视觉上像是用金属材料制造出来的。这些金属粉末与 PLA 或 ABS 混合后的丝材比普通的 ABS 或 PLA 重很多，所以手感不像塑料，更像金属。

19. Carbon Fiber

该碳纤维材料混合了细碎的碳纤维，使打印用的丝材在刚性、结构以及层间附力方面都得到了很大的提升。但是这些优势也带来了巨大的成本。由于这种材料是研磨制成的，打印时会加大对喷嘴的磨损。特别是由类似黄铜等软金属制成的喷嘴，在打印 500g 后就可观察到黄铜喷嘴的直径变大，需要及时更换喷嘴。

20. 夜光材料

通过在 PLA 或 ABS 中添加不同颜色的荧光剂，可以制造出绿色、蓝色、红色等带有发光颜色的丝材，将使用这种材料打印的物体暴露于光源下约 15min，再拿到黑暗处，打印的物体就会发光。

4.3 FDM 设备及附件

4.3.1 设备结构

FDM 设备的控制结构有上位机和底层控制结构。上位机主要运行三维设计软件、切片软件、打印控制软件等；底层控制结构包括嵌入式微控制器、主板、步进电动机、电动机驱动器、限位开关、热塑材料挤出机、打印平台、温度传感器等。

上位机可以是笔记本计算机或计算机，三维设计软件、切片软件和控制程序都在上位机上运行。底层控制结构主要负责执行打印命令，控制器主板将 3D 打印机需要的所有不同的硬件连接到微控制器。主板需要能承受大负载的转换硬件，要能读入温度传感器的输入信号，以便转换到打印平台和挤出器加热端的高电流环境。主板与每个轴的限位开关进行交互，并在打印前对喷头进行精准定位。微控制器可以和主板集成在一起，也可以分离开来，它可以读取并解析温度传感器、限位开关等传感器，也可以通过电动机驱动器控制电动机，并转换到高负载通过 MOSFET 晶体管电路。微控制器用分离的步进电动机驱动器来控制电动机。微控制器用 Arduino 开源硬件作为基础部件。电源采用的 ATX 电源等进行供电，电压范围为 12~24V，电流范围为 8A 以上。整个打印机电源消耗最大的部件是挤出器和打印平台。

4.3.2 设备附件

以北京太尔时代科技有限公司（以下简称太尔时代）Inspire 系列 D255 3D 打印机为例，其设备附件清单见表 4-1。

表 4-1 Inspire 系列 D255 3D 打印机产品附件清单

序号	名称	数量	备注
1	内六角扳手	1	
2	镊子	1	
3	黏结底板	40	
4	铲刀	1	
5	铜丝刷	1	
6	吹尘球	1	
7	喷嘴拆卸工具	1	
8	ABS 丝材	1	
9	防振垫块	4	部分机型无此项
10	用户手册	1	

（续）

序号	名称	数量	备注
11	喷头扳手	1	部分机型无此项
12	电源线	1	部分机型无此项
13	通用串行总线（USB）	1	部分机型无此项
14	ϕ0.3mm 钻头	5	
15	喷头清理工具	1	
16	0.2mm 塞尺	1	
17	十字螺钉旋具	1	

4.4 FDM 设备操作软件

下面仅介绍太尔时代 Inspire 系列 D255 3D 打印机的软件操作方法。

1. 软件功能简介

3D 打印机中的软件是指 3D 打印、快速成形软件，它通过载入 STL 格式模型，对其进行分层等处理后输出到 3D 打印机或快速成形系统，可以方便、快捷地得到模型实物。

3D 打印机操作软件具有如下功能：

（1）载入和输出文件　包括 STL 格式文件，CSM 格式文件（指压缩的 STL 格式文件，容量大小为源文件的 1/10），CLI 格式文件。数据读取速度快，能够处理上百万片面的超大 STL 格式模型。

（2）显示三维模型　在软件中可方便地查看 STL 格式模型的细节特征，并能对模型进行测量，可基于点、线、面三种基本元素快速测量（图 4-2a），自动计算、报告选择元素间各种几何关系，无须切换测量模式，操作简单。

（3）校验和修复　自动对 STL 格式模型进行修复，该软件同时提供手动编辑功能，大大提高了修复能力。

（4）成形准备功能　用户可对 STL 格式模型进行变形（如旋转、平移、镜像等）、分解、合并、切割等几何操作；软件中的自动排样功能可将多个零件快速地放在工作台上或成形空间内（图 4-2b），提高快速成形系统的效率。

（5）自动支撑功能　根据支撑角度和支撑结构等参数，自动创建工艺支撑。软件可根据模型自动选择支撑结构，智能化程度高。

（6）直接打印　STL 格式模型经软件处理后被直接传送给 3D 打印机或快速成形系统。该软件处理模型的算法准确且效率高，容错和修复能力强（图 4-2c），对三维模型上的裂缝和空洞等缺陷能进行自动修复。软件在打印模型的同时对 3D 打印机或快速成形系统进行状态监测，以保证系统的正常运行。

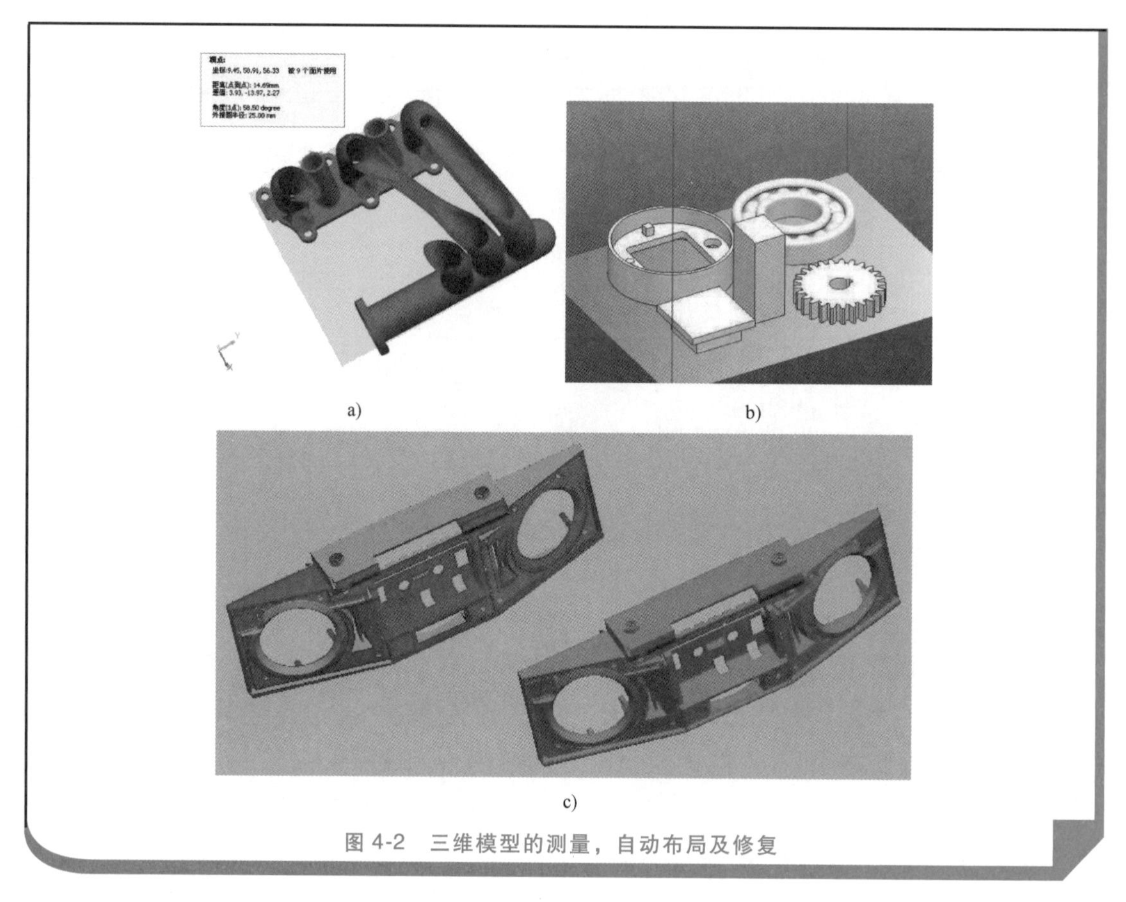

图 4-2　三维模型的测量，自动布局及修复

2. 软件的安装、启动和载入模型

（1）安装　双击软件安装包内的 Setup. exe（部分版本的程序安装名称可能略有不同，以软件实际安装程序名称为准）程序，如图 4-3 所示。依照提示即可完成软件的安装。安装完毕后，计算机系统桌面和【开始】菜单中会添加本软件的快捷方式。

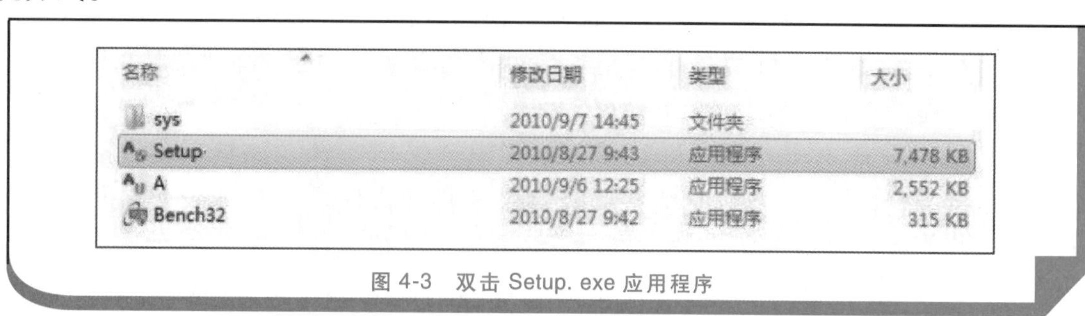

图 4-3　双击 Setup. exe 应用程序

（2）启动　从计算机系统桌面和【开始】菜单中的快捷方式都可以启动本软件。软件启动后的初始页面如图 4-4 所示。软件初始页面由三部分构成，上部为菜单和工具栏，左侧为工作区，有【三维模型】【二维模型】【三维打印机】三个窗口，显示 STL 格式模型列表等；右侧为图形区，显示三维 STL 格式或 CLI 格式模型文件，以及打印信息。

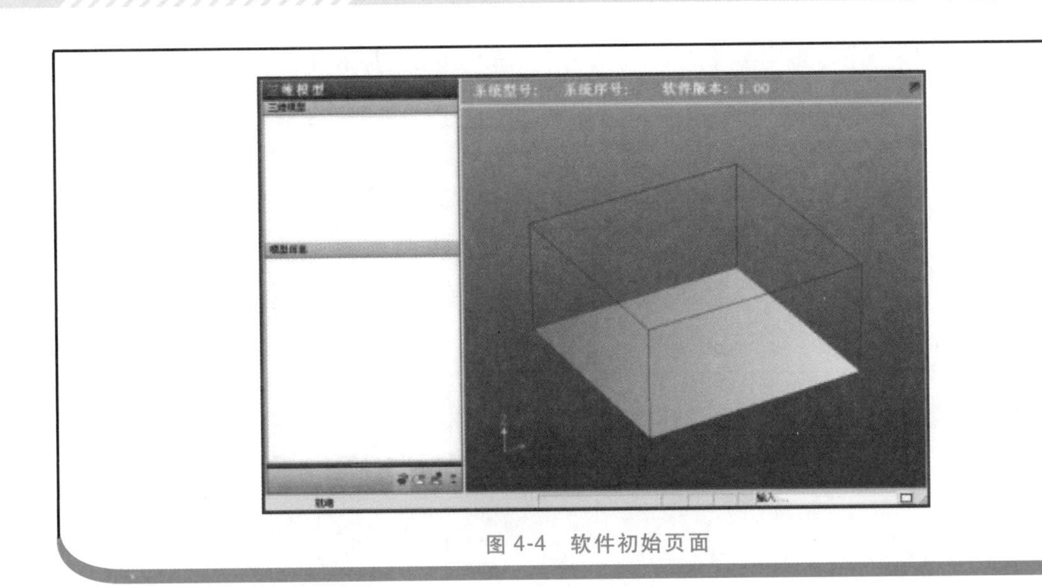

图 4-4　软件初始页面

第一次运行软件需要从 3D 打印机或快速成形系统中读取一些系统默认的参数设置信息。首先将 3D 打印机或快速成形系统与计算机连接好，然后打开计算机和 3D 打印机或快速成形系统，启动软件，选择菜单中的【文件】→【三维打印机】→【连接】命令，计算机系统自动和 3D 打印机或快速成形系统自动连接并读取其系统参数。3D 打印机或快速成形系统的系统参数自动保存到计算机中，如不更换计算机，不必在每次开机后进行读取。

（3）载入 STL 格式模型　STL 格式是快速成形领域的数据转换标准格式，几乎所有的商用 CAD 系统软件都支持该格式，如 UG NX、Creo、AutoCAD、SolidWorks 等软件。在 CAD 系统或反求系统软件中获得零件的三维模型后，就可以将其输出为 STL 格式文件，供快速成形系统使用。STL 格式模型是三维 CAD 模型的表面模型，由许多三角面片组成。将三维模型导出为 STL 格式文件时一般会有部分精度损失。

载入 STL 格式模型的方式有多种，可以选择菜单中的【文件】→【载入模型】命令，也可以在图形区中使用右键菜单，还可以在【三维模型】和【二维模型】列表区的右键菜单中选择【载入模型】命令，或者按快捷键<CTRL+L>，或单击【载入模型】按钮［载入模型］。选择命令后，系统弹出【打开文件】对话框，选择一个 STL（或 CSM 格式、CLI 格式）格式文件（软件会附带一个 STL 格式模型目录，位置为软件安装目录下的\example 目录中，里面有一些 STL 格式文件），选择一个或多个 STL 文件后，系统开始载入 STL 格式模型文件，并在最下端的状态条显示已读入的面片数（Facet）和顶点数（Vertex）。载入模型后，系统自动更新，显示 STL 格式的模型，如图 4-5 所示。

当系统载入 STL 格式的或 CLI 格式的模型后，会将其名称加入左侧的【三维模型】或【二维模型】列表区。用户可以在【三维模型】窗口内的文件树中单击选择 STL 格式模型文件，也可以在图形区单击选择 STL 格式模型文件。

在软件环境下可以同时载入多个三维模型，如图 4-6 所示。

需要注意的是，本软件中一些操作是针对单个模型的，如【旋转】【缩放】等命令。因此，在执行这些操作前，必须先选择一个模型作为当前模型，当前模型会以系统设定的特定颜色（默认为粉红色，用户可在【查看】→【色彩】命令中可根据个人喜好设定颜色）显示。

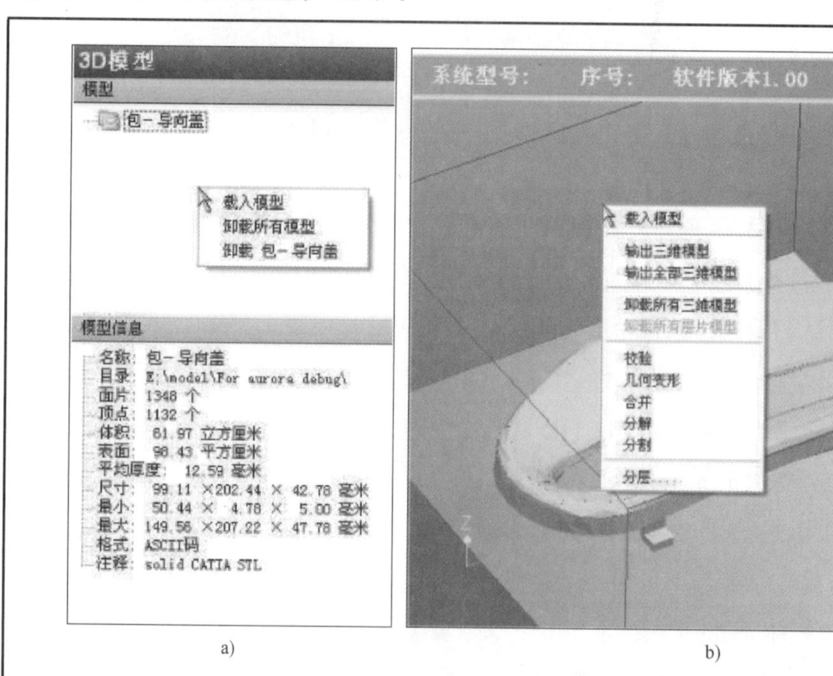

图 4-5　载入模型

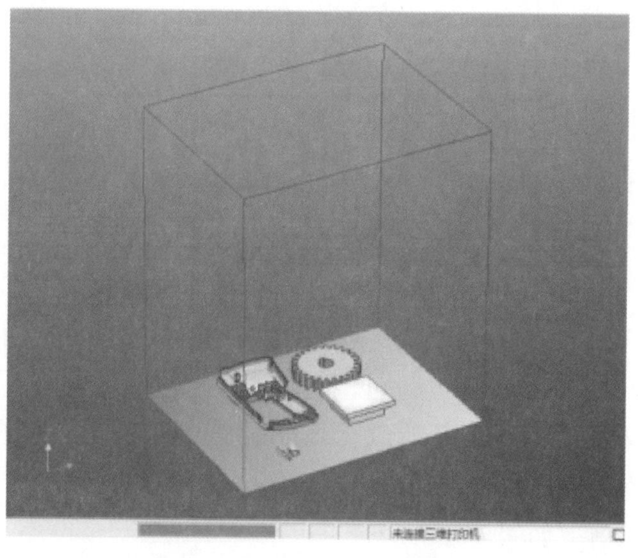

图 4-6　载入多个 STL 格式模型

（4）载入 CSM 和 CLI 格式模型文件　以相同的操作方式也可以在软件中载入 CSM 格式或 CLI 格式文件，不过要在图 4-7 所示对话框的【文件类型】列表框中选择合适的文件类型。

3. 打印

本软件可以打印【三维模型】列表区内容，并载入 STL 格式模型的信息。选择【文件】→【打印】命令，如图 4-8 所示。打印效果预览和打印模型报告如图 4-9 所示。

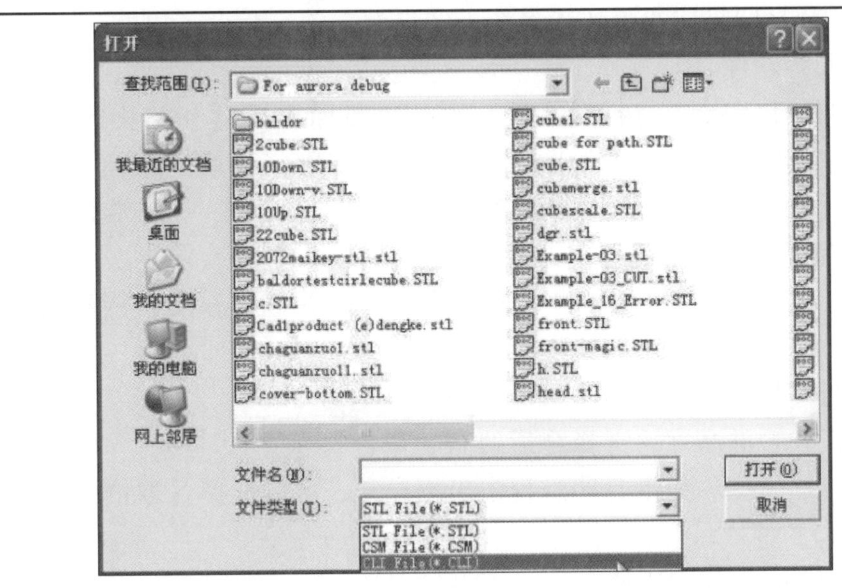

图 4-7　选择 CSM 格式模型或 CLI 格式模型文件

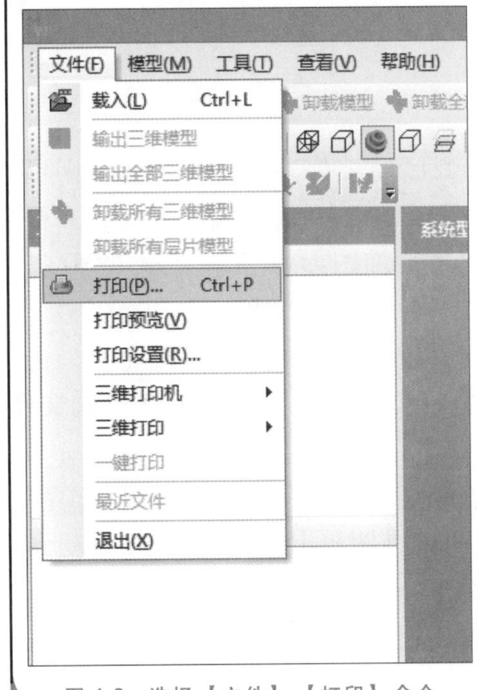

图 4-8　选择【文件】→【打印】命令

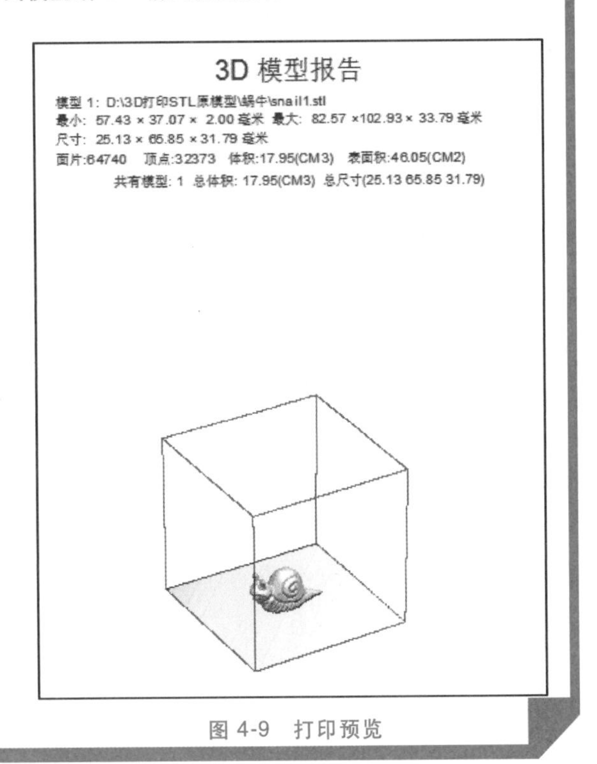

图 4-9　打印预览

4.5 FDM设备操作过程

4.5.1 打印模型流程

使用本软件打印模型的流程如下：

1）打开3D打印机或快速成形系统上的电源开关，为设备通电。

2）启动设备软件。

3）执行初始化命令，选择【文件】→【三维打印机】→【初始化】命令。让3D打印机或快速成形系统执行初始化操作。如果系统刚完成前一个模型的打印，或者刚修复好错误问题，则需要恢复就绪状态，选择【文件】→【三维打印机】→【恢复就绪状态】命令。

4）载入三维模型（STL格式），调整成形方向并进行分层，待系统分层结束后载入辅助支撑。

5）执行打印模型命令。

6）设定工作台的高度，选择合适的高度开始成形。

7）开始打印模型。如果打印过程中出现异常，可以选择【取消打印】或【暂停打印】命令。

8）打印完成，工作台下降，取出模型。

9）待系统温度降到室温后，关闭设备或重新开始制作另外一个模型。

4.5.2 准备打印

准备打印应包括如下几个步骤：

1）启动设备软件，载入三维模型。如果模型已经被处理成二维模型，则可省略本步骤。使用【变形】或【自动排放】等命令确定好模型的成形方向，并根据需要将模型放置到合适的位置。【三维图形】和【二维图形】窗口显示了3D打印机或快速成形系统的工作台，用户应根据需要放置到合理的位置。

2）分层处理。根据3D打印机或快速成形系统安装的喷头和实际需要，选择合适的参数集，对三维模型进行分层处理。系统将自动保存生成的CLI格式文件，该文件与STL格式文件在同一目录下。

3）载入辅助支撑。将辅助支撑移动到零件周围，不要间隔太远，以免浪费加工时间。如果模型成形位置有变动，则可以在【二维图形】窗口内将其移动到适宜的位置。

需要注意的是执行打印模型命令，系统将输出所有已载入的二维模型，并非选中的层片模型。

4.6　FDM工艺工程实例

1）连接设备（图4-10），载入设备的相关参数，如工作台高度和喷头偏置参数。设备连接完成后显示系统型号，如图4-11所示。

2）初始化设备，如图4-12和图4-13所示。

3）载入STL格式文件，如图4-14和图4-15所示。

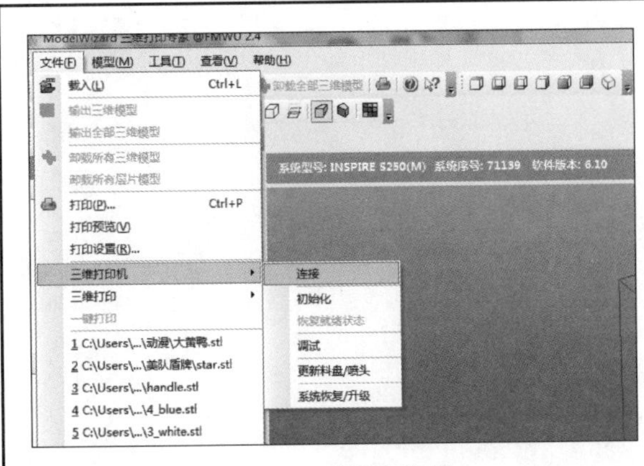

图4-10　连接打印机

图4-11　设备连接成功

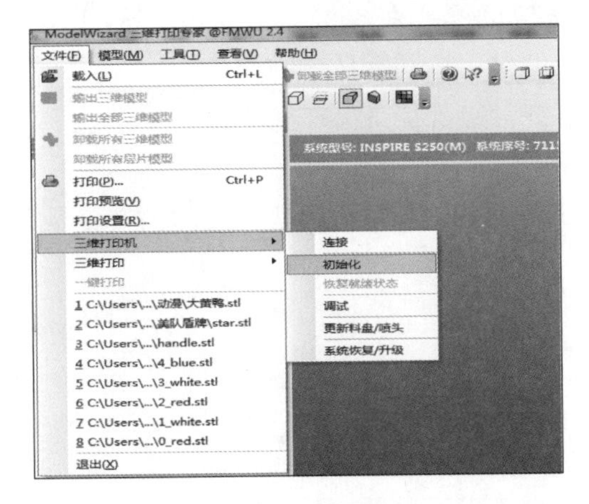

图4-12　初始化设备

图4-13　初始化完成

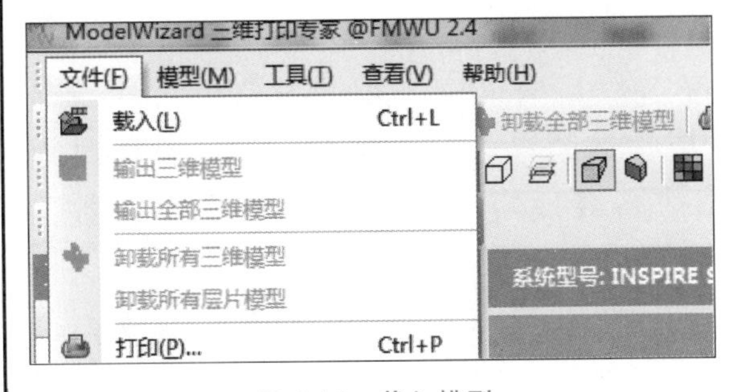

图4-14　载入模型

图4-15　打开模型

4）自动布局模型，模型自动摆放在打印空间的中心位置。布局过程及效果如图 4-16 和图 4-17 所示。

5）通过【变形】命令（图 4-18）可改变模型的大小和摆放角度。在【几何变换】对话框（图 4-19）中可改变模型的大小，也可以对模型进行移动、旋转和镜像操作。完成变形后的效果如图 4-20 所示。对模型进行旋转或缩放命令后可重新选择【模型】→【自动布局】命令。

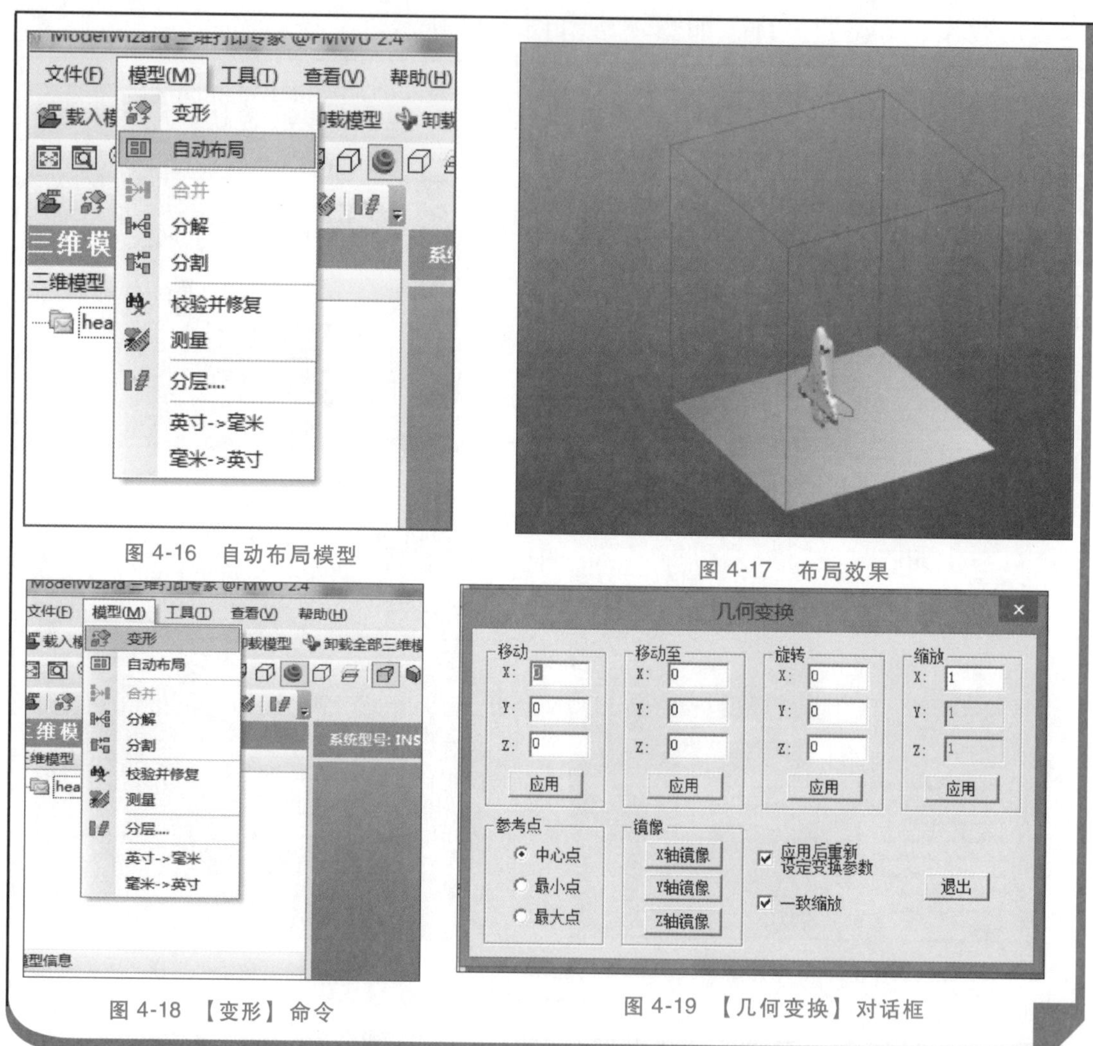

图 4-16 自动布局模型

图 4-17 布局效果

图 4-18 【变形】命令

图 4-19 【几何变换】对话框

6）单击【分层】按钮后弹出【分层参数】对话框，在【参数集】列表框中选择层片厚度（mm），如图 4-21 所示，层片数越小，打印精度越高，打印时间越长；反之打印越粗糙，时间越短。单击【高级设定】按钮后可以更改参数，如图 4-22 所示。

7）分层后自动跳转到二维模型页面。工业机主、副喷头交替打印，交换过程中会产生多余材料，因此需要预设辅助支撑，如图 4-23 和图 4-24 所示。未设置辅助支撑的打印效果如图 4-25 所示。

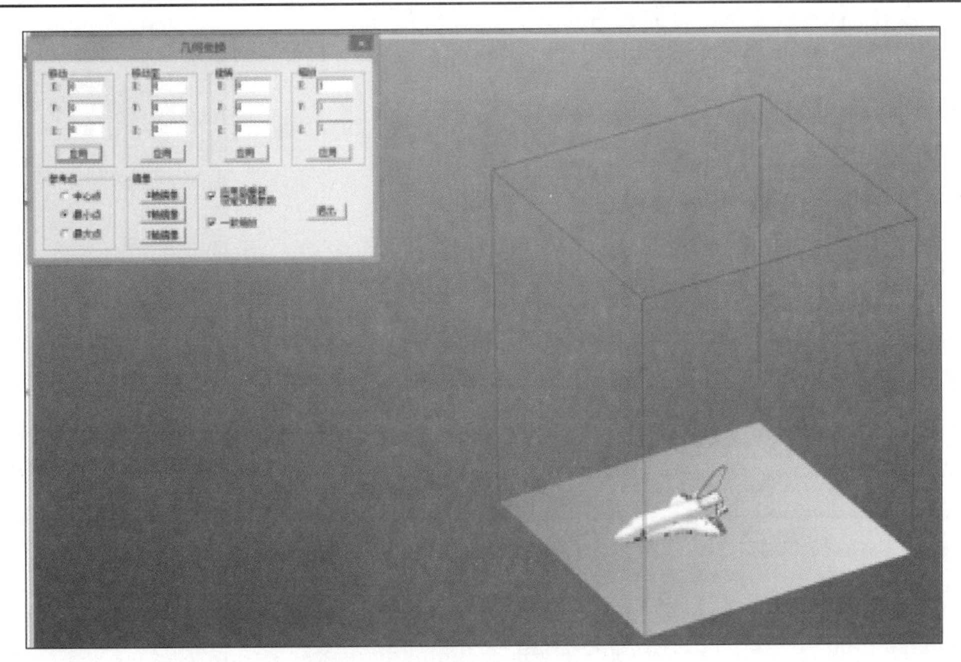

图 4-20　经几何变换后的布局效果

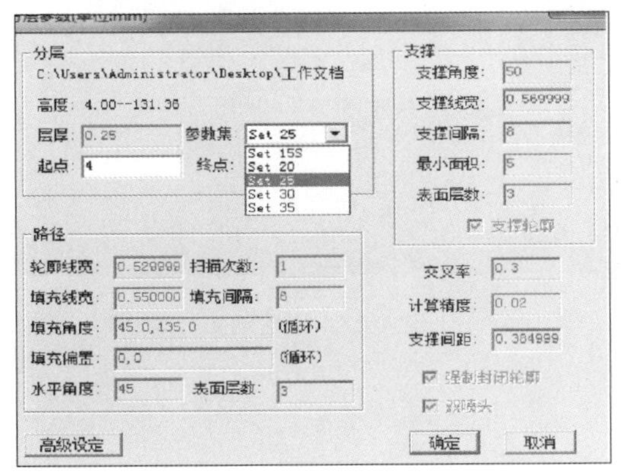

图 4-21　分层参数设置

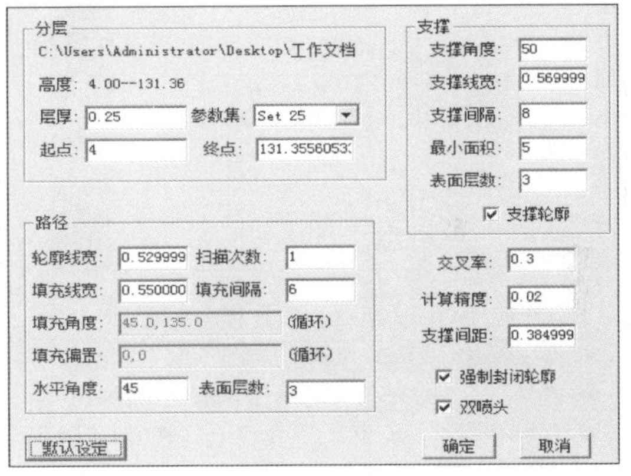

图 4-22　【高级设定】按钮

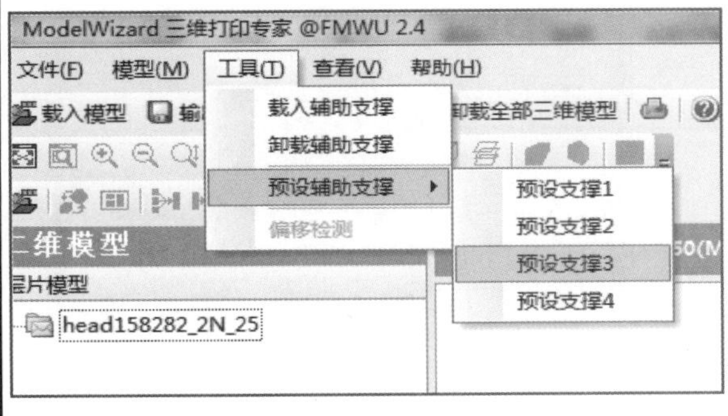

图 4-23　增加辅助支撑

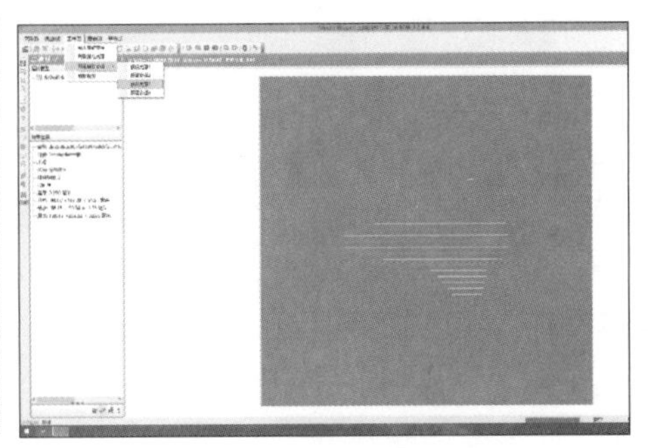

图 4-24　辅助支撑样式

8）选择【文件】→【三维打印】→【预估打印】命令，可以预算出打印模型需要的时间，如图 4-26 和图 4-27 所示。

9）预估完打印时间后进行打印。选择【文件】→【三维打印】→【打印模型】命令（图 4-28）后弹出【三维打印】对话框，如图 4-29 所示，若勾选【节省支撑】复选框，则将双喷头打印改成单喷头打印；若勾选【链接底板】复选框，则模型会被支撑包裹。设置完成后单击【确定】按钮，打印设备启动，开始逐层、逐道地打印模型，效果如图 4-30 所示。

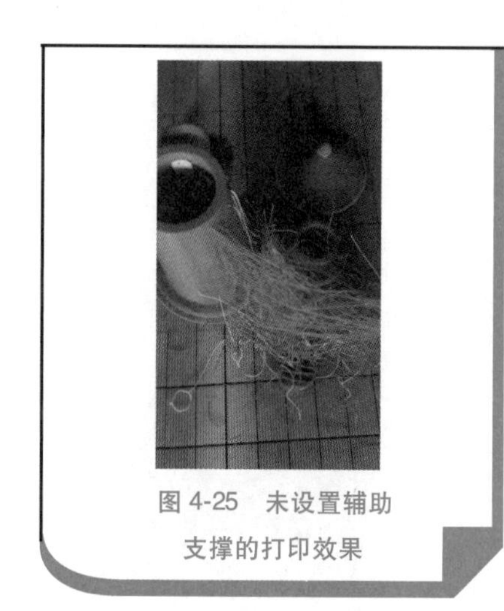

图 4-25　未设置辅助支撑的打印效果

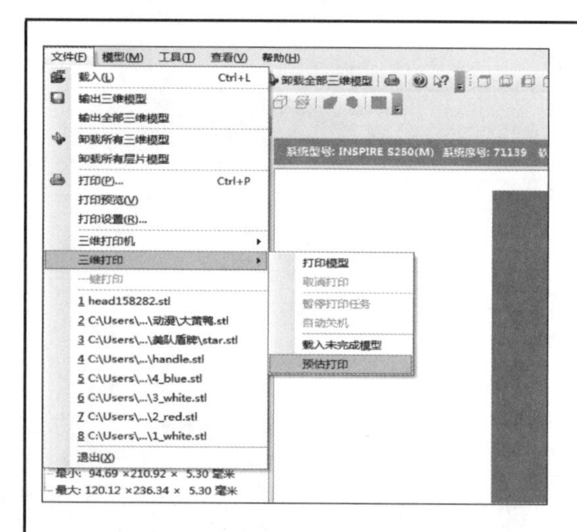

图 4-26 【预估打印】模型

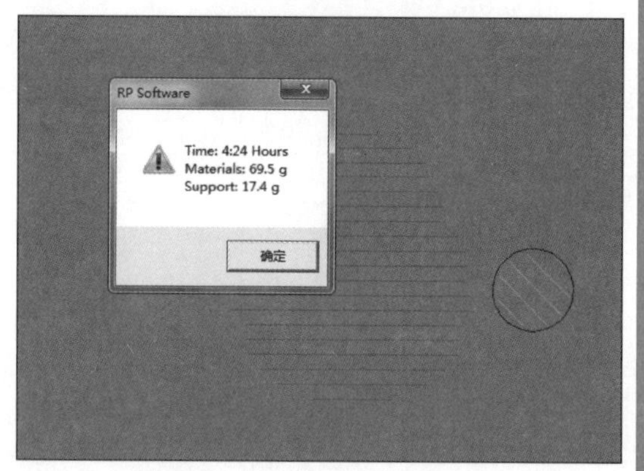

图 4-27　预估结果

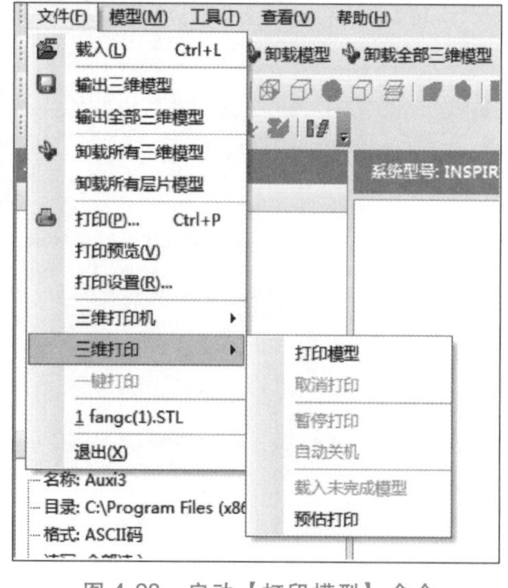

图 4-28　启动【打印模型】命令

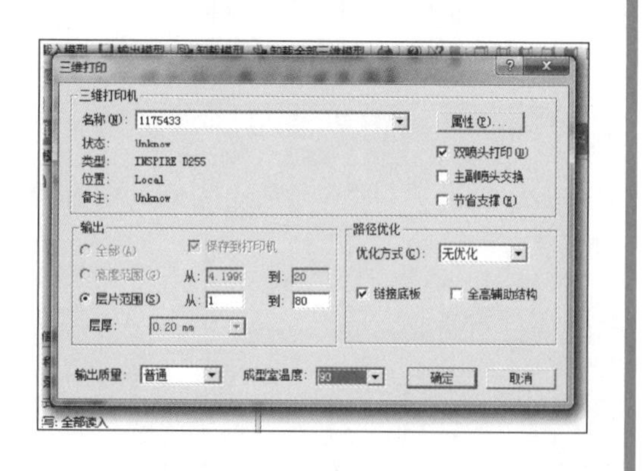

图 4-29 【三维打印】对话框

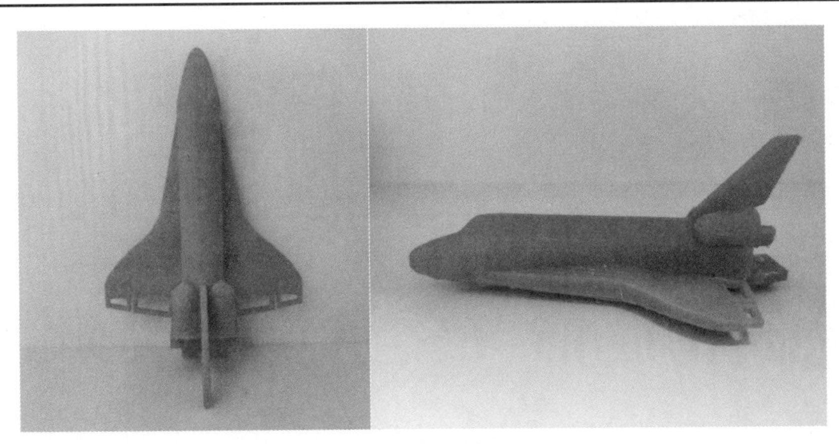

图 4-30　打印模型效果

项目5

光固化成形（SLA）工艺实训

教学目的：了解光固化成形工艺在数字口腔技术、义齿加工等领域的应用。
教学重点与难点：SLA 原理、分层方法与成形操作。
教学方法：采用多媒体课件与实训实验相结合的方式，以启发式教育为主。
教学主要内容：SLA 原理介绍、分层设计方法与成形设备操作。
教学要求：掌握 SLA 原理、分层设计与成形设备操作。

5.1 SLA 工艺概述

5.1.1 SLA 工艺原理

光固化成形（Stereo Lithography Apparatus，SLA）工艺的成形原理是激光束在计算机控制下根据分层数据逐行逐点地扫描液态光敏树脂表面，这时扫描区域的树脂薄层产生聚合反应而固化，形成工件的一个薄层。未被扫描到的树脂仍保持液态。一层固化后，工作台下移一段精确距离，继续扫描固化下一层，并且保证相邻层的可靠黏结，如此反复，层层固化光敏树脂，直到成形一个完整的零件。SLA 工艺过程如图 5-1 所示，光固化成形设备由伺服电动机驱动、丝杠传动实现工作台的升降运动，激光器的运动实现激光束的水平运动。打印制作过程全自动化。

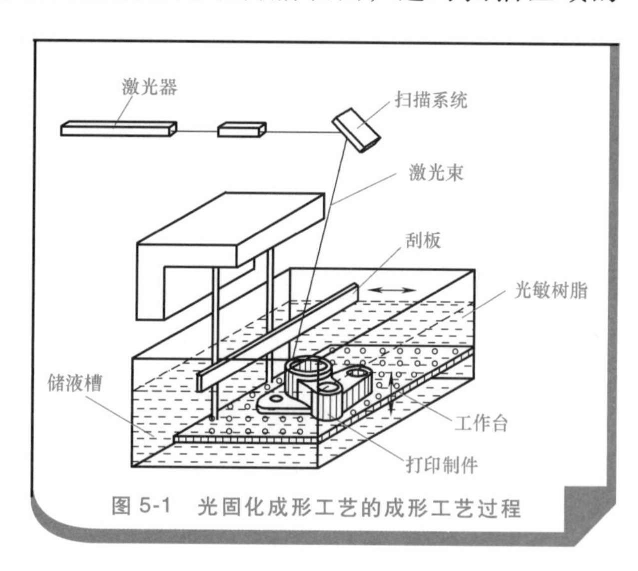

图 5-1　光固化成形工艺的成形工艺过程

5.1.2　SLA 工艺流程

SLA 工艺流程可分为三个部分：数据准备、快速成形制作及后处理。

1. 数据准备

数据准备包括在三维造型软件中完成三维模型的设计、STL 格式数据的转换、制作方向的选择、分层切片以及支撑设计等过程，从而完成制作零件的数据准备。

2. 快速成形制作

快速成形制作是将制作零件的数据传输到 3D 打印机中，快速打印出零件的过程。

3. 后处理

后处理是指在整个零件成形后进行的辅助处理工艺，包括零件的清洗、支撑的去除、后固化、修补、打磨和表面喷漆等，目的是获得一个表面质量与力学性能优越的零件。

5.2　SLA 材料简介

光固化树脂又称光敏树脂，是一种受光线照射后，能在较短的时间内迅速发生物理和化学变化，进而交联固化的低聚物。光固化树脂是一种相对分子质量较低的感光性树脂，具有可进行光固化的反应性基团，如不饱和双键或环氧基等。光固化树脂是光固化涂料的基体树脂，它与光引发剂、活性稀释剂以及各种助剂复配，即构成光固化涂料。

光固化树脂由低聚体（Oligomer）及活性单体（Monomer）组成，含有活性官能团，能在紫外光照射下由光敏剂（Light Initiator）引发聚合反应，生成不溶的涂膜。双酚 A 型环氧丙烯酸酯具有固化速度快、涂膜耐化学溶剂性能好、硬度高等特点。聚氨酯丙烯酸酯具有柔韧性好、耐磨等特点。由于光固化复合树脂的色泽美观，具有一定的抗压强度，所以在临床应用中起着重要的作用。

采用光固化成形工艺成形的零件也需要支撑结构，其 3D 打印材料包括支撑材料和光固化实体材料（光敏树脂），支撑材料又可分为相变蜡和光固化支撑材料。

1. 支撑材料

支撑材料用来填补成形制品的空洞或悬空部位，起到支撑的作用。固态的相变蜡在温度加热到高于其熔点时，转变为液态，并从喷嘴喷出，喷出后因温度降低再次转变为固态。作为支撑材料，相变蜡的原材料价格便宜，其堵塞喷头后易处理。

光固化支撑材料也是光敏树脂，具有在相对低的温度下进行喷射，制品收缩率低且稳定性高的优势。但该支撑材料容易堵塞喷头且很难除去，因此易将喷头损坏。

2. 光固化实体材料

光固化实体材料即光敏树脂，由低聚物、活性单体、光引发剂三种主要成分及少量其他助剂组成。

（1）低聚物　光敏树脂中的低聚物是含有不饱和官能团的低分子聚合物，低聚物的分子末端具有进行光固化反应的活性基团，主要是不饱和双键和环氧基团等，一经聚合，分子量快速上升，迅速固化为固体。在一个光敏树脂的配方中，低聚物是用量最大且最基础的组分，对光敏树脂的加工性能以及光固化制品的基本理化性能起决定性作用。因而在光敏树脂的配方体系中，选择合适的低聚物十分关键。实际使用的低聚物必须是无毒或低毒、气味小且不易挥发的低分子聚合物。常用的低聚物包括聚丙烯酸树脂、环氧丙烯酸树脂以及聚氨酯丙烯酸树脂等。

（2）活性单体　活性单体具有可反应的官能团，也称反应性稀释剂，在光敏树脂配方中也具有重要的作用和影响。活性单体可用来降低光敏树脂体系的黏度，以免堵塞喷头；并且还参与光固化反应过程的始末，对聚合反应的进程及成形制品的物理性质等有显著影响。活性单体主要包括丙烯酸酯类和乙烯基醚类等。

（3）光引发剂　光引发剂是起到引发聚合作用的化合物，对材料光固化反应的速度与光固化材料的质量起决定性作用，是光敏树脂配方中关键的组分。其引发机制为：光引发剂吸收适当能量的光子，或光敏剂吸收光能后将能量传递给光引发剂，光引发剂吸收能量后由基态被激发至某一激发态，若该激发态能量大于引发剂中弱键断裂的键能，则弱键断裂，产生初级活性种。根据光引发剂吸收光子能量的不同，可将光引发剂分为紫外光引发剂和可见光引发剂。根据所产生活性种的不同，又可将光引发剂分为自由基型和阳离子型两大类，自由基型光引发剂主要包括安息香及其醚类衍生物和二苯酮等；阳离子光引发剂包括重氮盐、二芳基碘翁盐、铁芳竖盐等。

（4）其他助剂　实际使用的光敏树脂的配方中除了低聚物、活性单体、光引发剂三种核心物质，还包含一些其他助剂。根据光敏树脂所用场合的不同，助剂也有所不同。如加入填料对提高树脂的力学性能及降低固化后的收缩率有一定作用，但会增加树脂的黏度，因此树脂不宜大量加入。流平剂可增加树脂的流动性，可适量加入，使光敏树脂的液面更为平整光滑。虽然这些助剂在光敏树脂的配方中不像以上三种成分那么重要，但是对于制品最终的品质依然很关键。目前光敏树脂常用的助剂有填料、流平剂、阻聚剂、颜料、分散剂、光稳定剂、表面活性剂和消光剂等。

5.3　SLA 设备及附件

5.3.1　定义相关坐标系

在操作设备的过程中，会经常接触到两个坐标系，工件坐标系和振镜坐标系。

1. 工件坐标系

工件坐标系是针对用户来规定的，采用右手坐标系，如图 5-2 所示，人站在设备正面，伸开右手，大拇指指示的方向即为 X 轴的正方向，食指指向 Y 轴的正方向，将中指朝上，则中指指向 Z 轴的正方向。

2. 振镜坐标系

激光扫描器也称激光振镜，振镜坐标系为激光扫描器的坐标系。由 X-Y 光学扫描头，电子驱动放大器和光学反射镜片组成。计算机控制器提供的信号通过电子驱动放大器驱动光学扫描头，从而在 X-Y 平面控制激光束的偏转。振镜坐标系是针对调试人员来规定的，便于调试人员在单独控制振镜时能按照振镜坐标系控制振镜运动位置。

如图 5-3 所示，定义振镜坐标系的 Y 轴为激光束输入的反方向，Z 轴为激光束输出的反方向，X 轴的方向则按照右手坐标系的规定来确定。参考坐标系的中心即为坐标原点（0，0，0）。

5.3.2　定义轴运动方向

如图 5-2 所示，工件坐标系中与用户面朝方向一致的方向为 Y 轴正方向，则用户背对的方向为 Y 轴负方向；向上的方向为 Z 轴正方向，向下的方向为 Z 轴负方向，则相关轴运动方向定义如下：

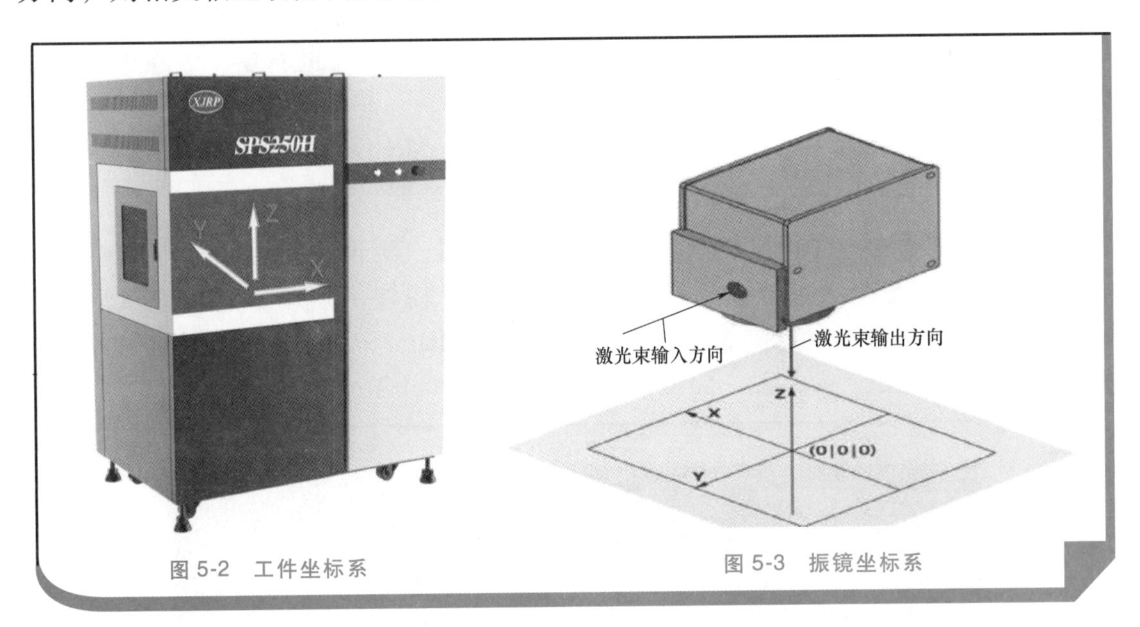

图 5-2　工件坐标系　　图 5-3　振镜坐标系

1）工作台：上正下负，定义为 Z 轴。

2）液位轴：上正下负，定义为 F 轴。

3）刮板：前正后负，定义为 B 轴。

5.3.3 定义报警灯、蜂鸣器等附件

报警灯、蜂鸣器状态的定义见表 5-1。

表 5-1 报警灯、蜂鸣器状态的定义

序号	状态	报警灯	蜂鸣器
1	未知状态、通信中断	红灯	
2	通信建立,未回参考点	黄灯闪烁	
3	设备初始化完成	绿灯	
4	设备运行中	绿灯	
5	打印制件完成	绿灯	可选择是否蜂鸣,无外界干预时蜂鸣 10s 后停止蜂鸣
6	设备运行中暂停	黄灯	
7	设备故障	红灯	蜂鸣器鸣叫,无外界干预时 蜂鸣 10s 后停止蜂鸣
8	页面或外部急停	红灯闪烁	蜂鸣器鸣叫,无外界干预时 蜂鸣 10s 后停止蜂鸣

5.4 SLA 设备操作软件

SLA 设备的操作软件 RPManager 运行于 Windows 操作系统下，软件集数据处理与设备操作为一体，分为文件处理、工艺设计、零件制作、设备操作、日志记录、通信等模块。本节主要介绍快速制作一个完整模型的过程。开始制作时，首先利用数据处理软件 RPdata 对 STL 格式的数据文件进行模型布局、支撑生成和模型分层等处理，再进行模型制作。

5.4.1 一键开机

在如图 5-4 所示控制面板上按下【启停】按钮，实现一键开机。电源指示灯显示为红色，设备控制系统控制设备自动完成各个模块的启动，启动完成后双击计算机桌面 RPManager 快捷方式图标打开软件，RPManager 软件主页面如图 5-5 所示。

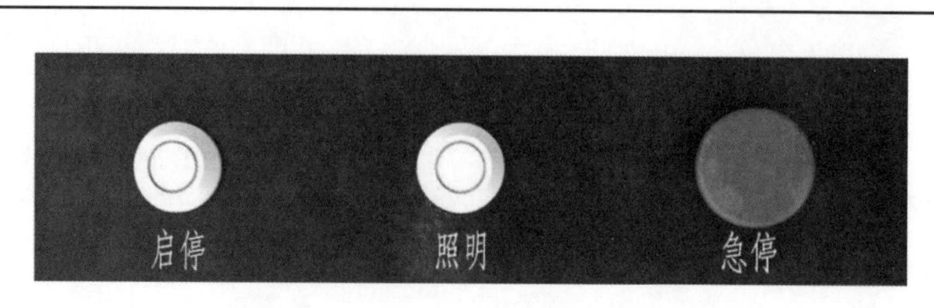

图 5-4 控制面板

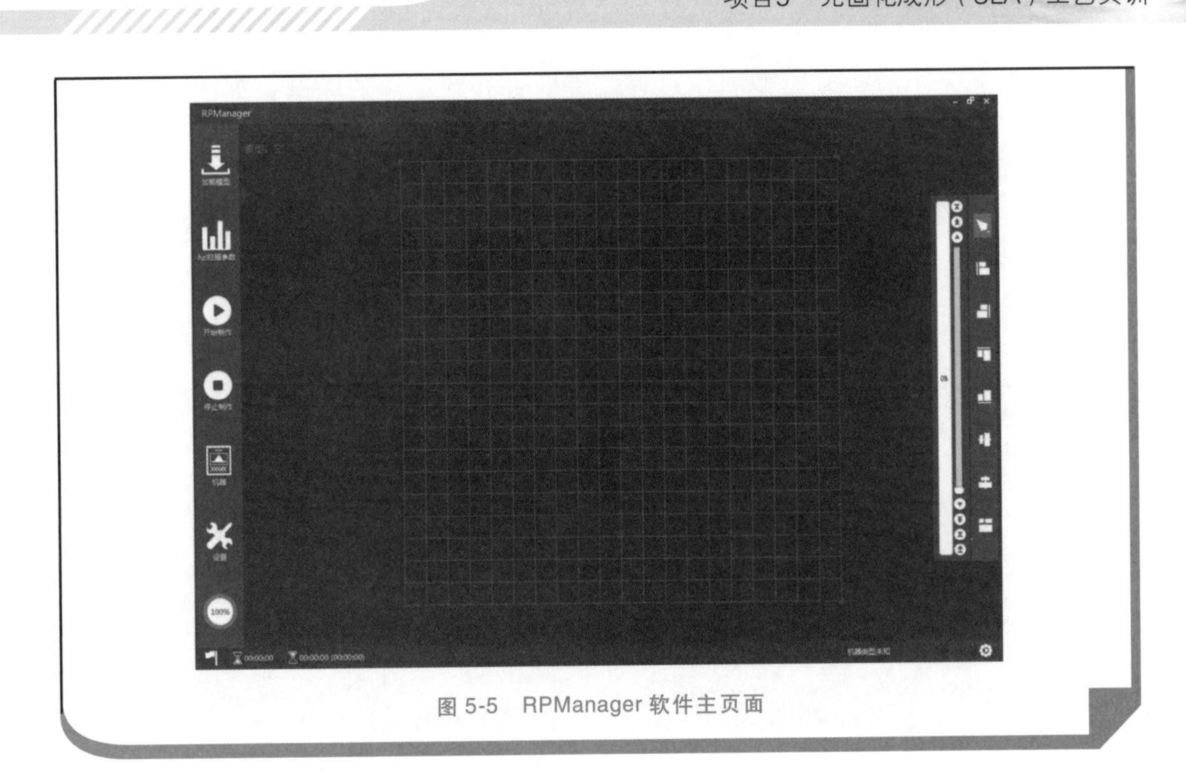

图 5-5　RPManager 软件主页面

5.4.2　模型加载

进入 RPManager 软件主页面之后，单击【加载模型】按钮，在弹出的【加载模型】对话框中选择【600 调试】文件进行模型的加载，如图 5-6 所示。

图 5-6　加载模型

模型加载完毕后，在模型制作过程监控区可看到零件的轮廓，如图 5-7 所示。

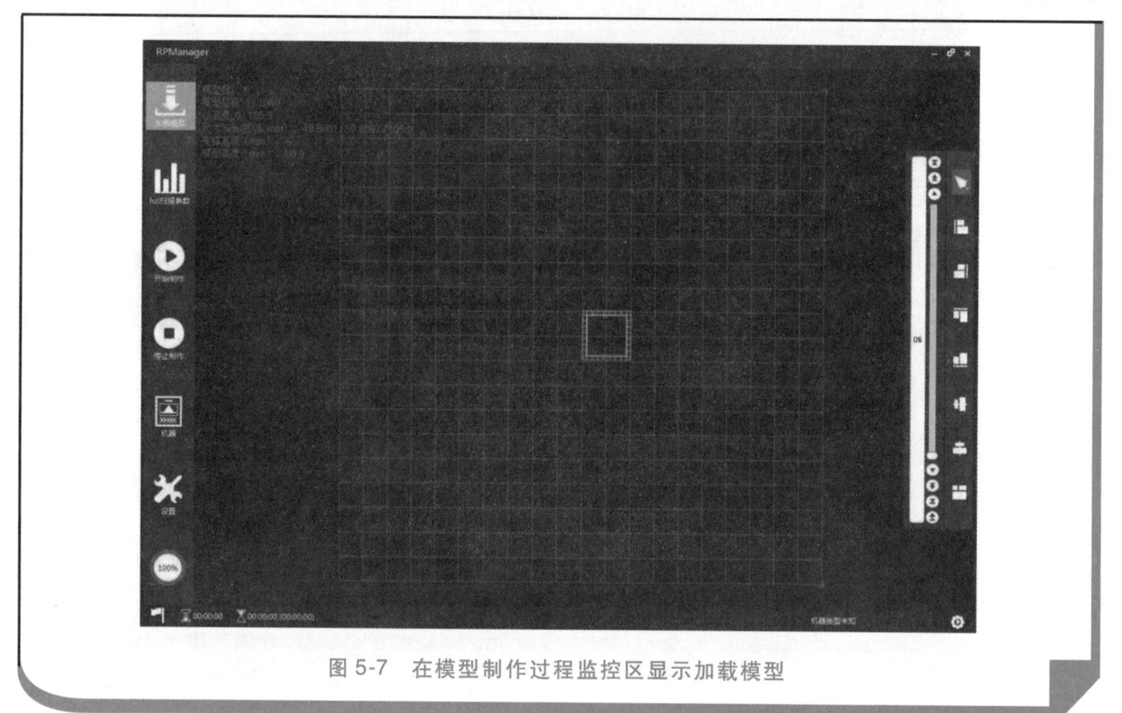

图 5-7 在模型制作过程监控区显示加载模型

5.4.3 工艺参数设置

模型加载完毕后，单击【hzl 扫描参数】按钮，弹出【工艺参数】对话框，如图 5-8 所示。

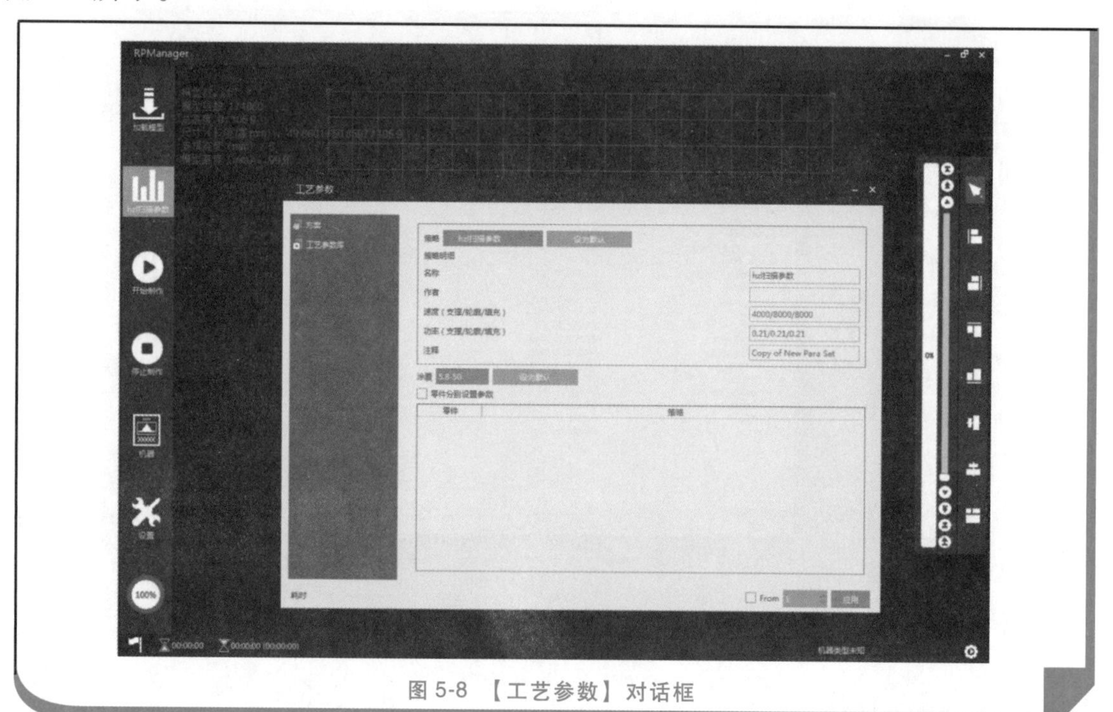

图 5-8 【工艺参数】对话框

在【工艺参数】对话框中，用户不但可选择系统提供的几种默认工艺类型，还可自行添加工艺类型。在选择、编辑完工艺库并保存后，即可为当前加载的模型选择某种工艺。大部分情况下，无须修改工艺参数，直接选择默认的工艺类型进行零件制作。

5.4.4 模型制作

工艺类型设置完后，单击【开始制作】按钮，如图 5-9 所示。在制件过程中支持暂停制件和继续制件的操作。制作完成后，工作台升出液面，屏幕出现“制作完成”提示。此时可进行取件和清洗制作等后处理工作。

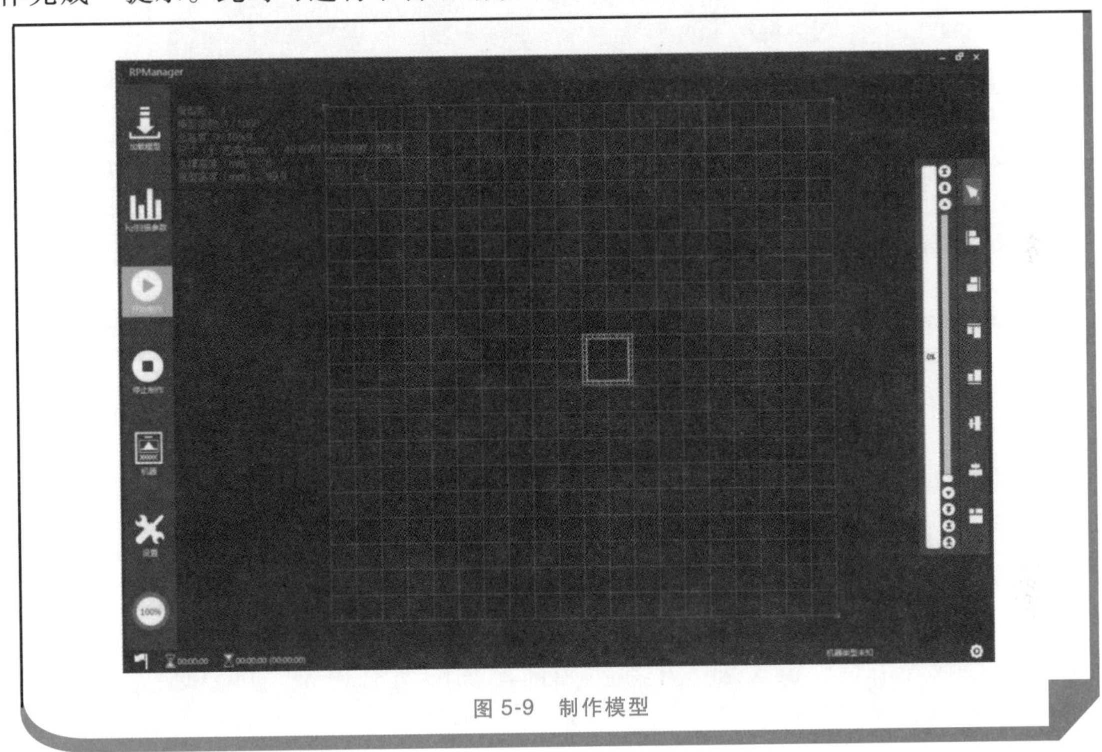

图 5-9 制作模型

5.4.5 关机

完成模型的制作后，先关闭激光器电源，再关闭 RPManager 软件，最后按下控制面板上的【启停】按钮，即可关闭设备。若长时间不使用设备，应关闭各电源开关，最后关闭总电源。

5.5 SLA 设备操作

设备控制软件页面如图 5-10 所示，分为文件处理、工艺设置、制件、机器控制、设置等模块。

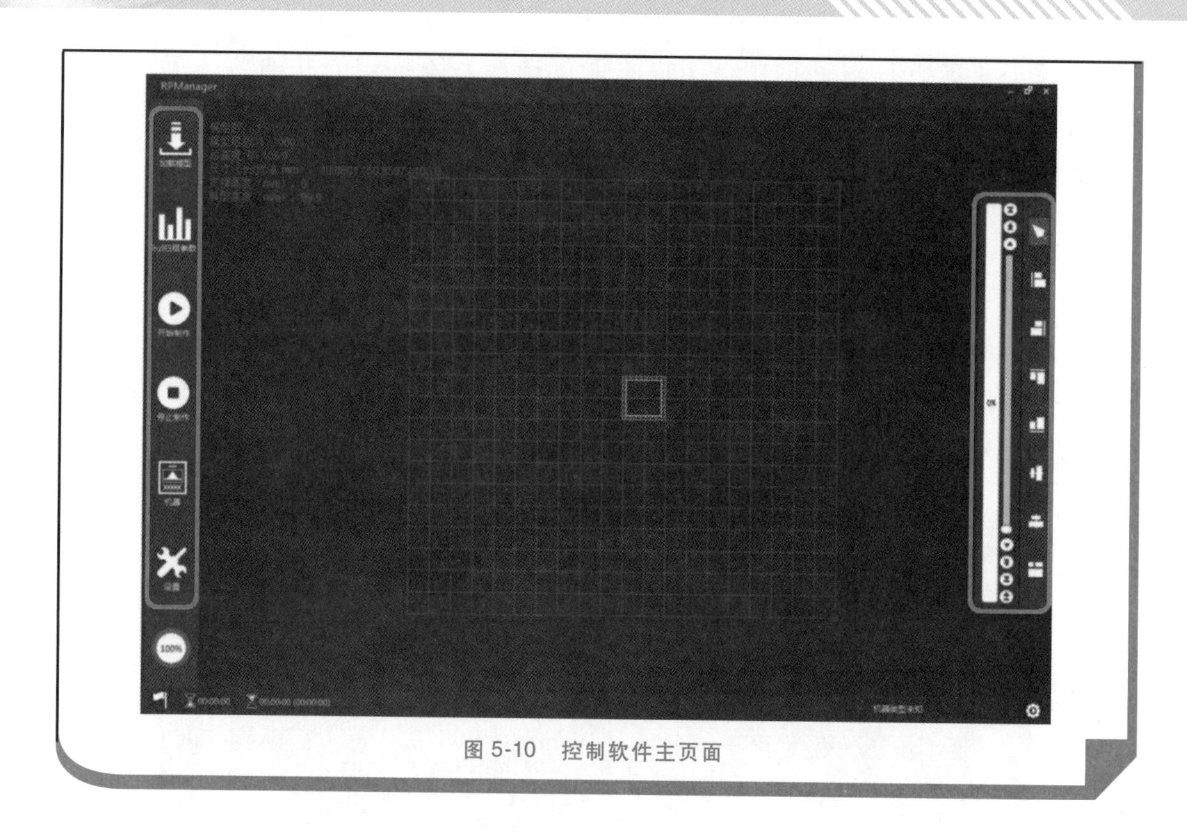

图 5-10　控制软件主页面

5.5.1　文件处理

文件处理模块主要完成模型的加载、复制、删除以及位置调整等，页面如图5-10所示。分为模型显示区、信息栏以及文件工具栏。

（1）模型显示区　显示当前加载文件二维的某层信息。

（2）信息栏　工程信息中显示当前所添加的模型共同组成的集合的长、宽、高以及总层数等信息；模型列表中显示当前添加的所有模型，可以通过添加、复制、删除等命令进行管理；模型信息显示当前选中模型的长、宽、高以及在场景中的位置信息等。

（3）文件工具栏　文件工具栏细分为鼠标状态栏、视图栏、布局栏以及制作进度条。

1）鼠标状态栏：完成鼠标功能的切换。

2）视图栏：实现放大、缩小以及全局查看场景区等。

3）布局区：完成对已加载模型的位置调整。

4）制作进度条：显示当前模型制作状态。

5.5.2　工艺菜单

在如图5-11所示【工艺参数】对话框中主要设置扫描工艺、填充方式、涂覆等参数。

图 5-11 【工艺参数】对话框

1. 扫描工艺参数库

通过扫描工艺参数库，用户能够快速地从库中提取某种扫描工艺，直接对模型进行设置，而不必每次为模型指定许多的参数，减少了用户操作时间，提高工作效率。

扫描工艺参数库由多种扫描工艺项组成，系统默认提供了常规、高速和高精度三种扫描工艺项，用户可以根据自己的实际需求通过新建、复制、删除、设置模型工艺项等操作对该工艺参数库进行管理。

工艺参数包括支撑扫描速度、轮廓扫描速度、填充扫描速度、支撑扫描功率、轮廓扫描功率、填充扫描功率以及填充方式，共 7 种参数。这 7 种参数共同决定了所生成模型上的一个点所需要的能量总和，为最终生成模型的硬度以及韧度等提供了参考。

2. 填充方式

由于原始 SLC 格式文件（用来生成三维立体模型切片数据的一种树状文件格式）只有轮廓线，所以设备控制软件需要在内部为 SLC 格式文件生成填充。填充原本属于扫描工艺的一部分，但因其较为复杂，所以单独作为一部分扩展出来。

填充方式包括 Offset、ZigZag、ZigzagEnhanced、Grid、SkinCore 5 种类型，每种类型中包括了不同的参数。用户可根据实际需求，对填充库进行管理，如添加新的填充方式，复制、编辑现有填充方式等。需要注意的是，如果某种填充方式在扫描工艺参数库中被引用，则其在填充库中是无法被删除的。

3. 涂铺

由于树脂是黏度较大的液体，在工作台下沉再上升运动后，树脂会在已固化零件的表面中央形成凸起部分。为了实现树脂的均匀涂敷，需要将凸起部分刮去。

一般需要根据制作模型的特点、设备的状态以及制成模型的情况来选择相应的工艺参数。其中，模型的特点主要考虑模型的最大高度、横截面积、支撑数量等；设备的状态主要考虑外部环境因素；根据已制成模型的固化情况、边界、棱角及误差大小等方面的情况来修改工艺参数。

系统自带几种工艺参数，用户可以选择其中的一种进行加工，也可自行进行工艺参数的添加、复制和删除。当用户需要添加一种新的工艺参数时，可单击【添加】按钮，系统会默认复制上一条工艺参数，并在这条复制的工艺参数上进行修改，修改完毕后保存。若想要使用新的工艺参数进行模型的制作，需要把新的工艺参数设置为默认的工艺参数。

5.5.3 制件菜单

图 5-12 所示为模型制作页面，分为模型制作区、制件信息栏以及开关控制区。制件模块主要完成模型的制作。

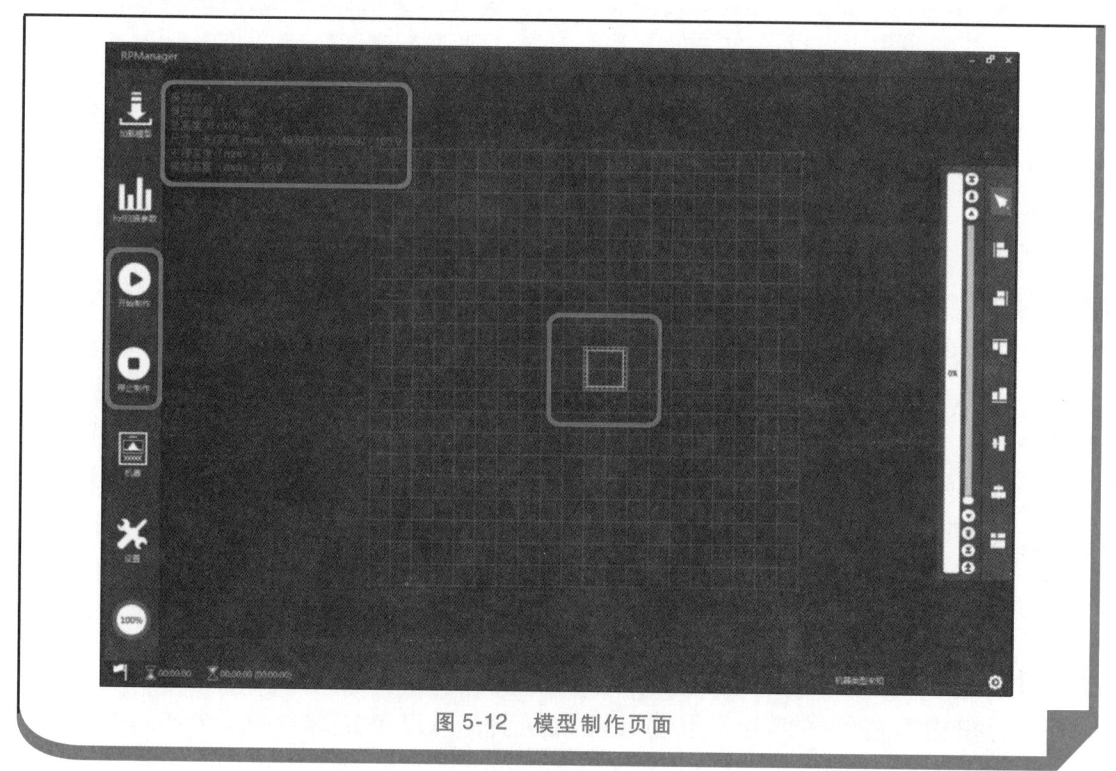

图 5-12 模型制作页面

（1）模型制作区　显示模型制作二维进程状态。

（2）制件信息栏　文件信息显示当前所添加模型的总层数、基础支撑高度、实体高度、总高度以及层厚度；时间数据显示当前层号、开始时间、预估时间、制作时间以及完成时间；制作设置为用户提供两种选择：制作完成升起工作台以及制作完成蜂鸣器报警。

（3）开关控制区　控制模型制作状态。单击【开始制作】按钮进行模型的制作，单击【停止制作】按钮强制性终止模型制作过程。

5.5.4　机器菜单

图 5-13 所示【机器】对话框中包含了对设备进行控制的 3 个子菜单，具体为【基础控制】选项卡、【高级控制】选项卡以及【机器调试】选项卡。

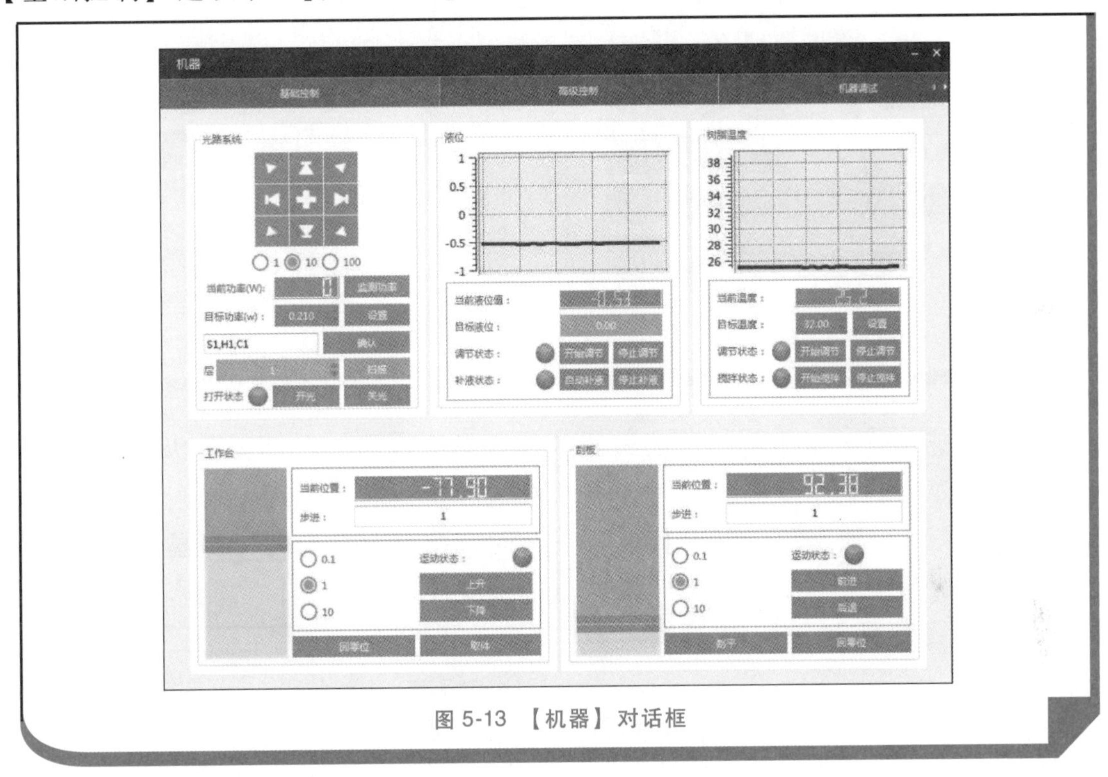

图 5-13　【机器】对话框

1.【基础控制】选项卡

（1）光路系统　光路系统包括激光器、反射镜、扫描器以及聚焦镜，主要完成光束的动态聚焦、静态调整，以满足光斑质量的要求，减少光路的衰减。通过控制【机器】对话框【光路系统】选项组中的按钮，调整光斑打到工作台的位置、检测当前激光器功率、实现用户目标功率、得到当前扫描层号、控制激光器的发光状态等，如图 5-14 所示。

（2）液位　SLA 设备要求树脂液面保持在固定的位置，由于在制作模型的过程中，树脂由液体变为固体，待模型制作完成取出后，液槽的树脂减少，液面高度下降，导致液面高度不稳定，而液面高度的不稳定会影响制件的精度。液位控制系统的作用是保持液面高度稳定不变。当发现当前液位与目标液位不符时，通过【调节状态】功能可实现对液面位置的调节，直到当前液位与目标液位相符，如图 5-15 所示。

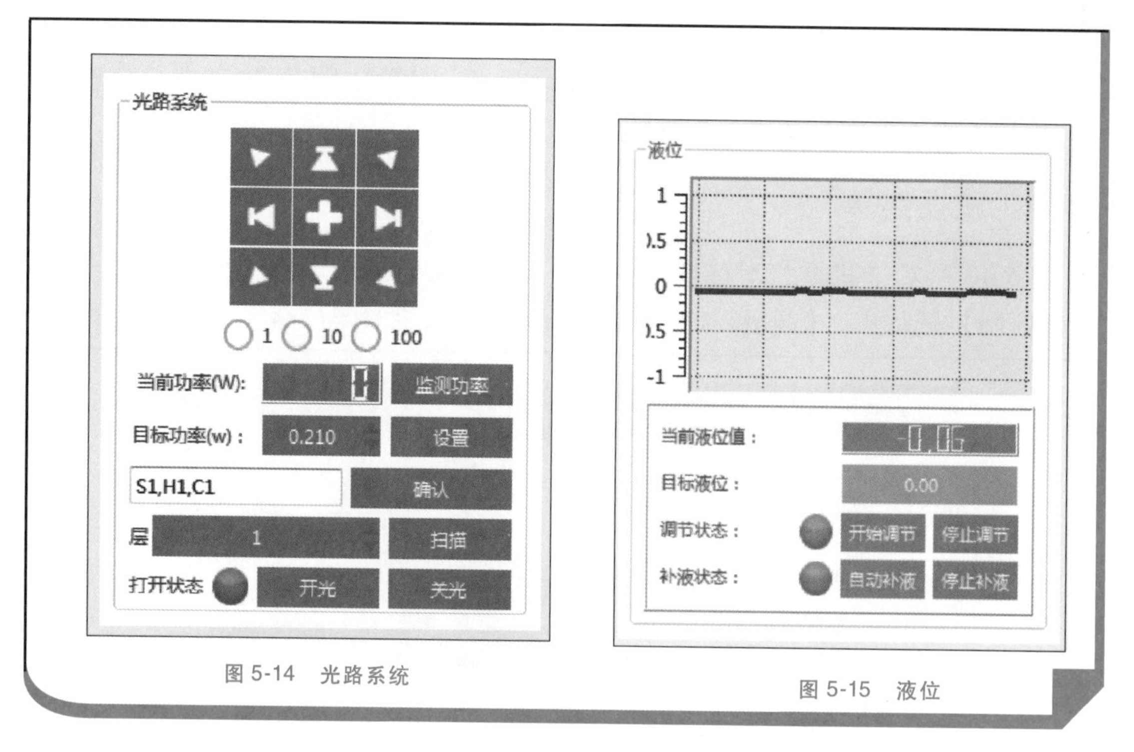

图 5-14　光路系统

图 5-15　液位

（3）树脂温度　由于制件所需树脂的温度是一定的，所以为了达到需要的树脂温度，需要对树脂温度进行实时控制。系统为模型制作过程中树脂的温度变化设置了趋势图。一般来说，当设备运行正常时，系统会自动将树脂温度调节到制件所需温度；当温度不能满足制件温度时，通过【调节状态】功能来调节当前树脂温度，使之达到制件所需温度，如图 5-16 所示。

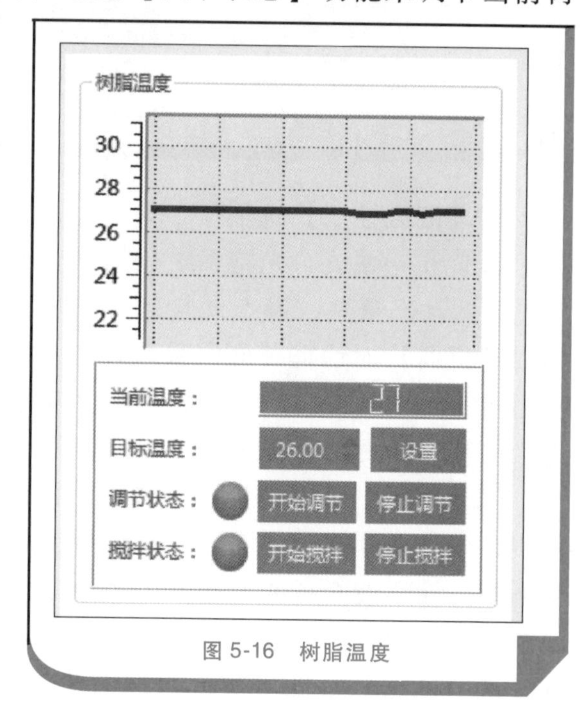

图 5-16　树脂温度

（4）工作台　工作台的作用是支撑固化零件、带动已固化部分完成每一层厚的步进和快速升降，实现模型堆积。在制作模型前，需要通过工作台模块将工作台移回零位。零位应该高于树脂液面的稳态位置约 0.3mm。在此模块可以完成工作台的上升、下降等相关操作，如图 5-17 所示。

（5）刮板　刮板主要起到刮平树脂液面的作用。由于树脂的黏度及已固化树脂表面张力的作用，如果完全依赖树脂的自然流动使液面达到平整状态，则需要较长的时间，特别是已固化层面积较大时，而借助刮板沿液面的刮平运动，辅助液面尽快平整，可提高涂覆效率。刮板利用不锈钢材料制作，距液面高度可微量调节。刮板的控制模块同工作台的基础控制一样，刮板的基础控制也可实现相应的功能，如图 5-18 所示。

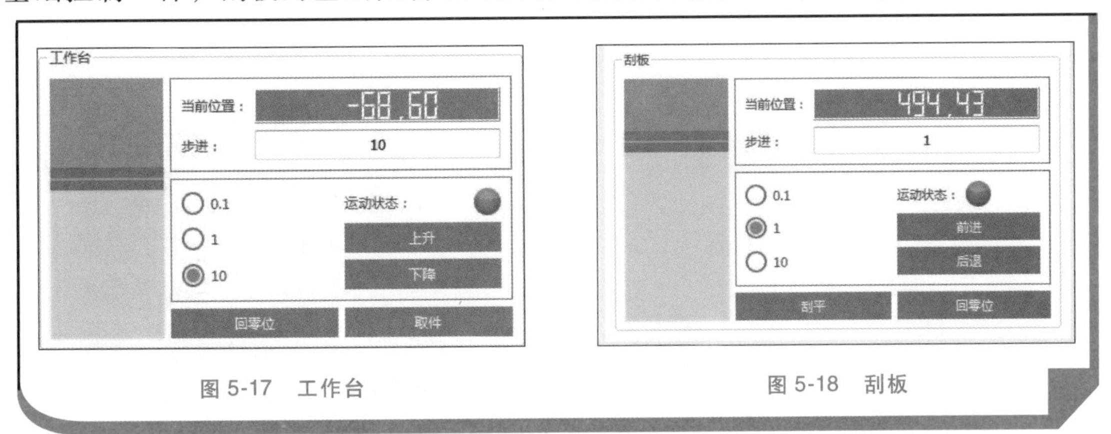

图 5-17 工作台　　图 5-18 刮板

2. 高级控制

【高级控制】选项卡如图 5-19 所示。

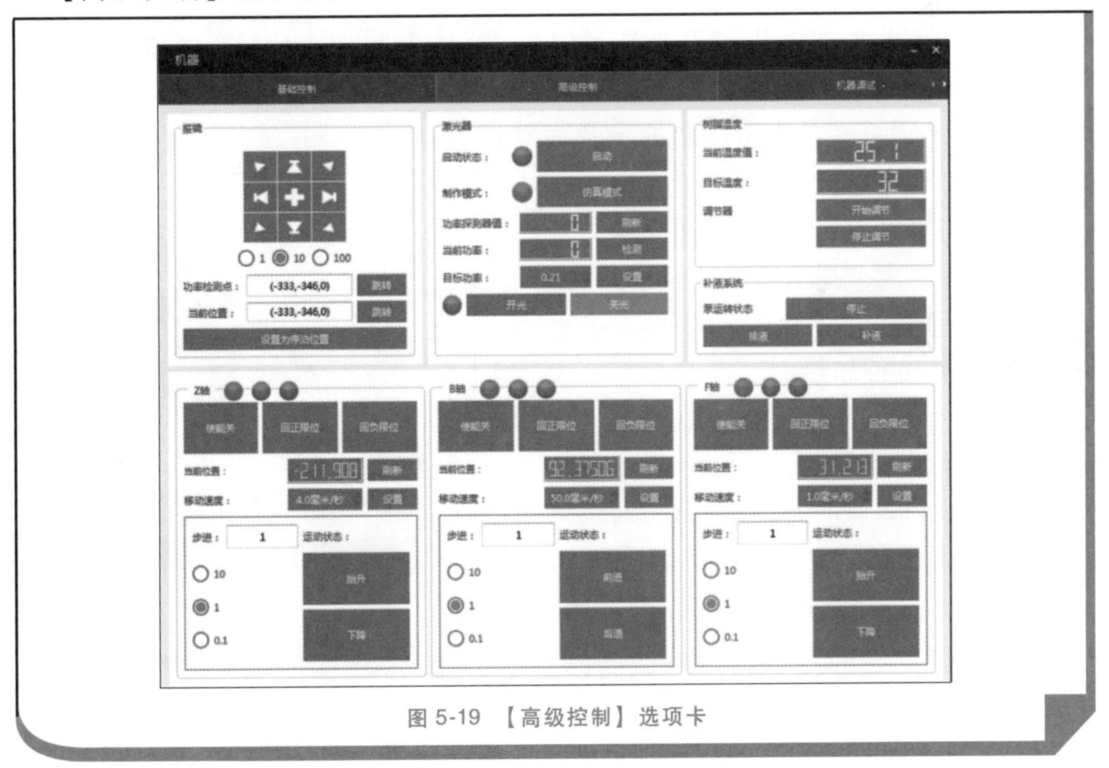

图 5-19 【高级控制】选项卡

（1）振镜控制　在振镜坐标系下，通过指定目标位置控制振镜的偏转角度，获得不同的光斑投影位置。【振镜】选项区域如图 5-20 所示。输入目标位置有两种操作方法：

1）精确操作：通过跳转至编辑框中输入目标位置。

2）快速操作：先快速跳转至四个拐角或中心位置，然后向指定方向移动一个单位距离。

（2）激光器　激光器控制着当前激光器的功率，通过调节激光器功率来调节光的强度，如图 5-21 所示。

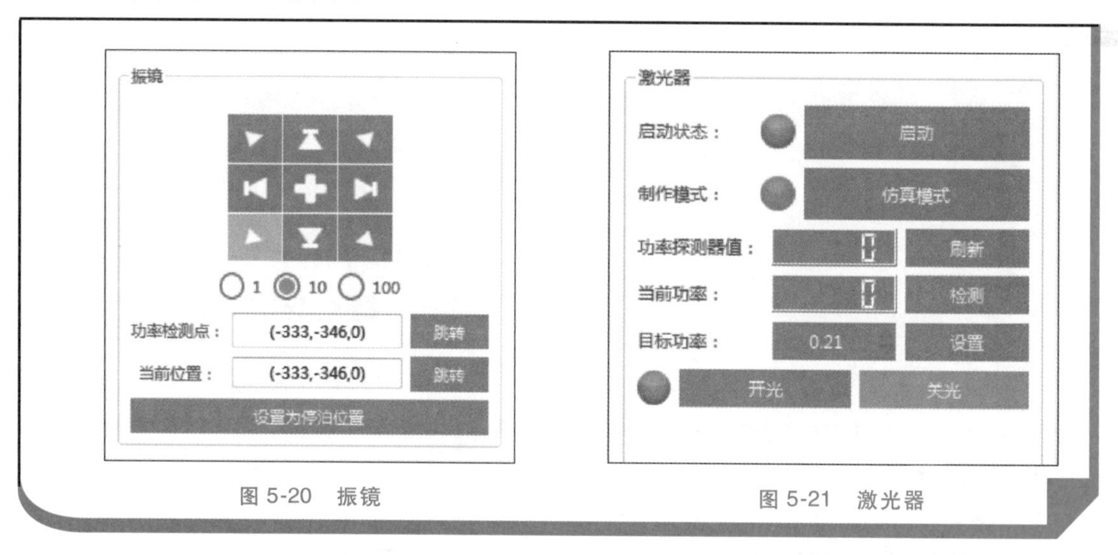

图 5-20　振镜

图 5-21　激光器

1）开光或关光 。单击【开光】按钮或【关光】按钮，控制激光器输出激光。

2）检测激光器功率。单击【检测】按钮，显示功率探测器值及功率值。

（3）树脂温度　控制树脂温度大致与目标温度相同，开机后系统自动按默认设置进行调节，如图 5-22 所示。

1）当前温度值：指树脂当前温度。

2）目标温度：指温度调节的目标值。

3）开始调节：指启动温度调节器，当树脂温度低时进行加热。

4）停止调节：指停止调节温度，树脂自然冷却逐渐接近室温。

图 5-22　树脂温度

（4）轴控制　控制升降系统、液位调整系统和刮平系统的运动，如图 5-23 所示。

1）轴使能。使能开：轴电动机通电，由软件控制电动机。使能关：轴电动机断电，可手动拖拽轴运动。

2）运动至限位。回正限位：轴运动至正限位位置。回负限位：轴运动至负限位位置。

3）指定距离运动。选择步进类型或输入步进距离，单击【前进】按钮。

3. 机器调试

机器调试功能一般由调试人员所用，建议用户不要打开，否则容易改变系统设定的初始参数。【机器调试】选项卡如图 5-24 所示。

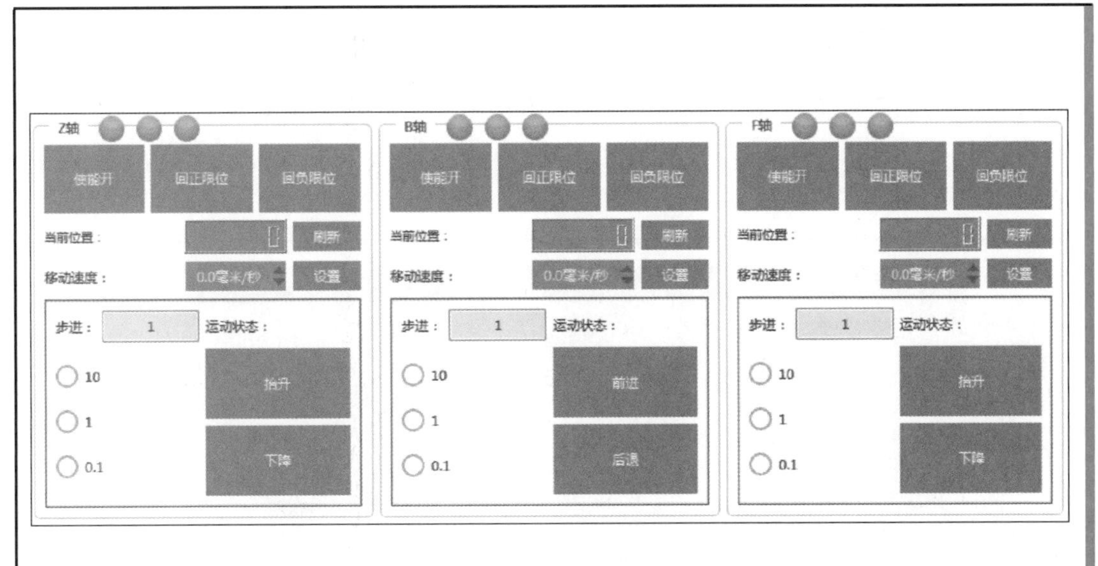

图 5-23　轴控制

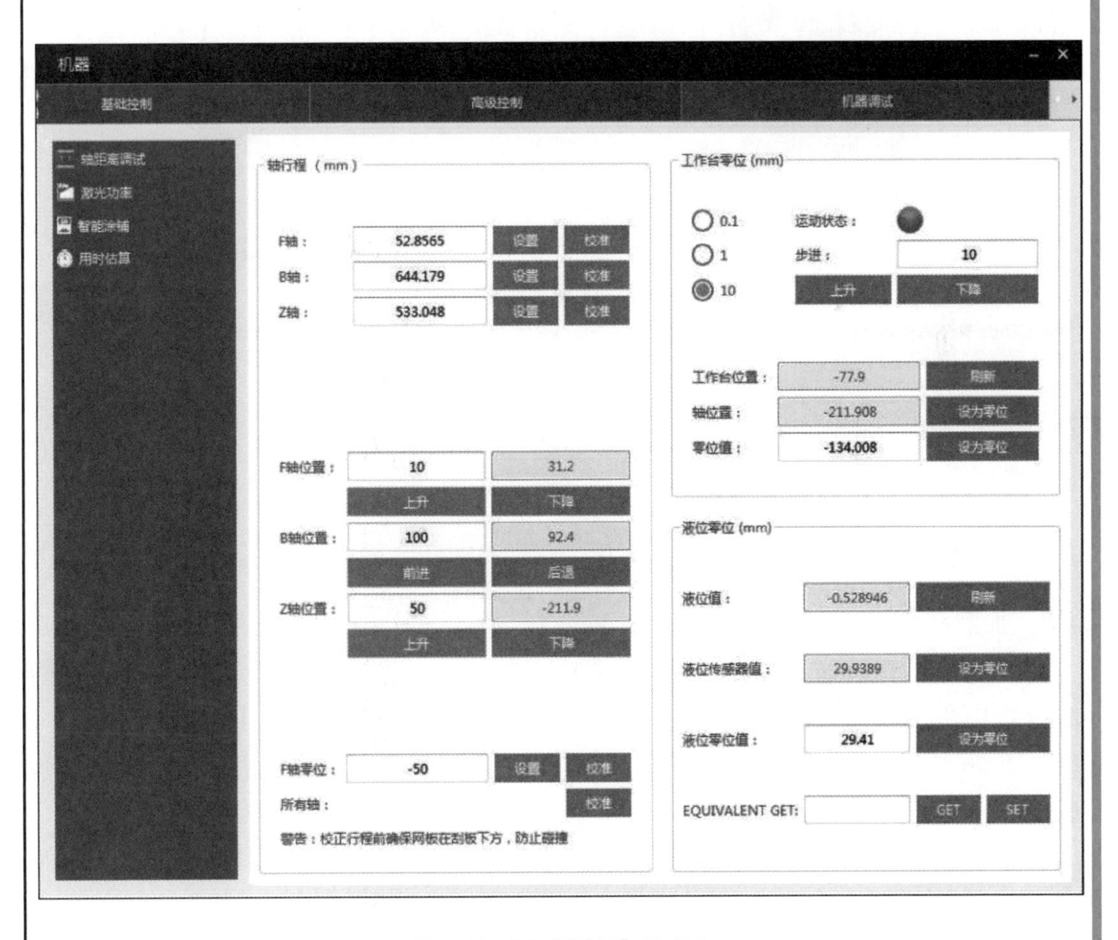

图 5-24　【机器调试】选项卡

5.5.5 设置菜单

【设置】对话框如图 5-25 所示，包括【常用】【机器】【关于】选项卡，主要在加载和制作文件时对一些常用参数进行设置，以及显示软件的版本及授权信息等。

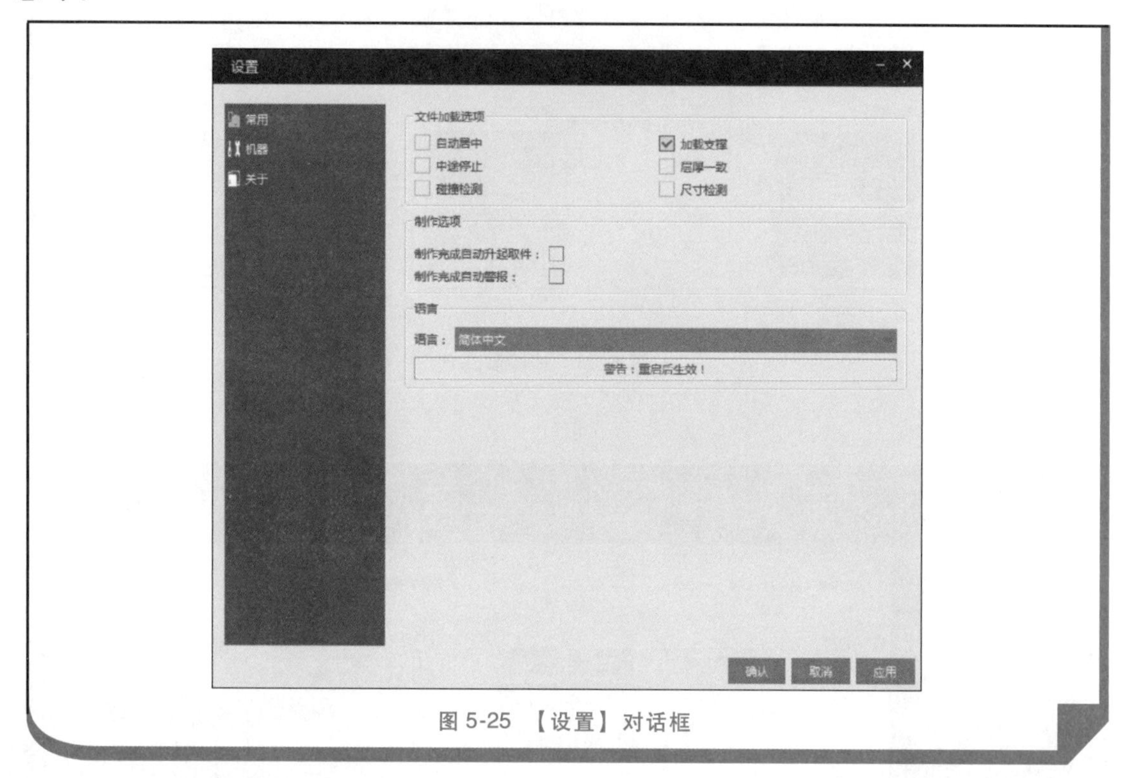

图 5-25 【设置】对话框

5.6 SLA 工艺工程实例

5.6.1 模型操作

1. 加载模型

加载模型有两种方式，一种是直接从本地磁盘中添加模型，另一种是从外部存储设备中添加模型。先将外部存储设备连接到设备时，单击【添加】按钮，将出现图 5-26 所示对话框，此时用户选择需要添加的模型文件，即可实现模型的加载。

制作模型时，为了节省时间，需要多个模型共同制作，即同时加载多个模型。单击【添加】按钮，在弹出的对话框里，可进行以下两种操作：

1）如图 5-27a 所示，按<Ctrl>键的同时选择需要加载的多个文件，单击【确认】按钮，实现多个模型的加载。

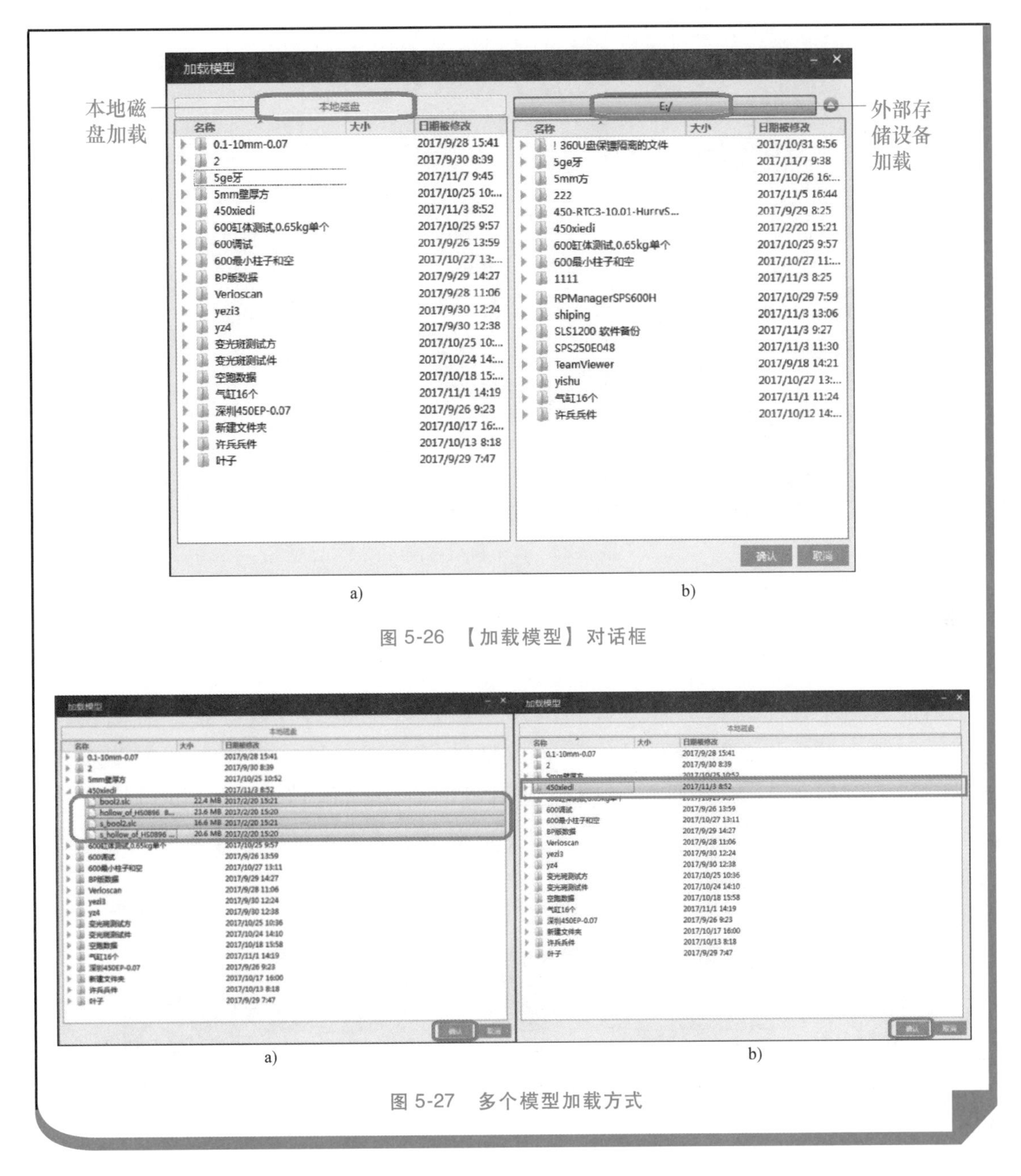

a)　　　　　　　　b)

图 5-26　【加载模型】对话框

a)　　　　　　　　b)

图 5-27　多个模型加载方式

2）如图 5-27b 所示，选中包含了多个文件的文件夹，单击【确认】按钮，实现文件夹中所有文件的加载。

加载模型完毕后，单击模型中间的绿色小点与页面右侧布局栏中的调节按钮，将多个模型合理分配在模型加载区内，如图 5-28 所示。

2. 复制和删除模型

当需要进行零件的复制时，首先将已经转化好的 SLC 格式文件进行复制，再单击【加载模型】控制，选中复制好的模型文件。如果想要删除模型，则选中模型，单击鼠标右键在弹出的菜单中选择【删除】命令。

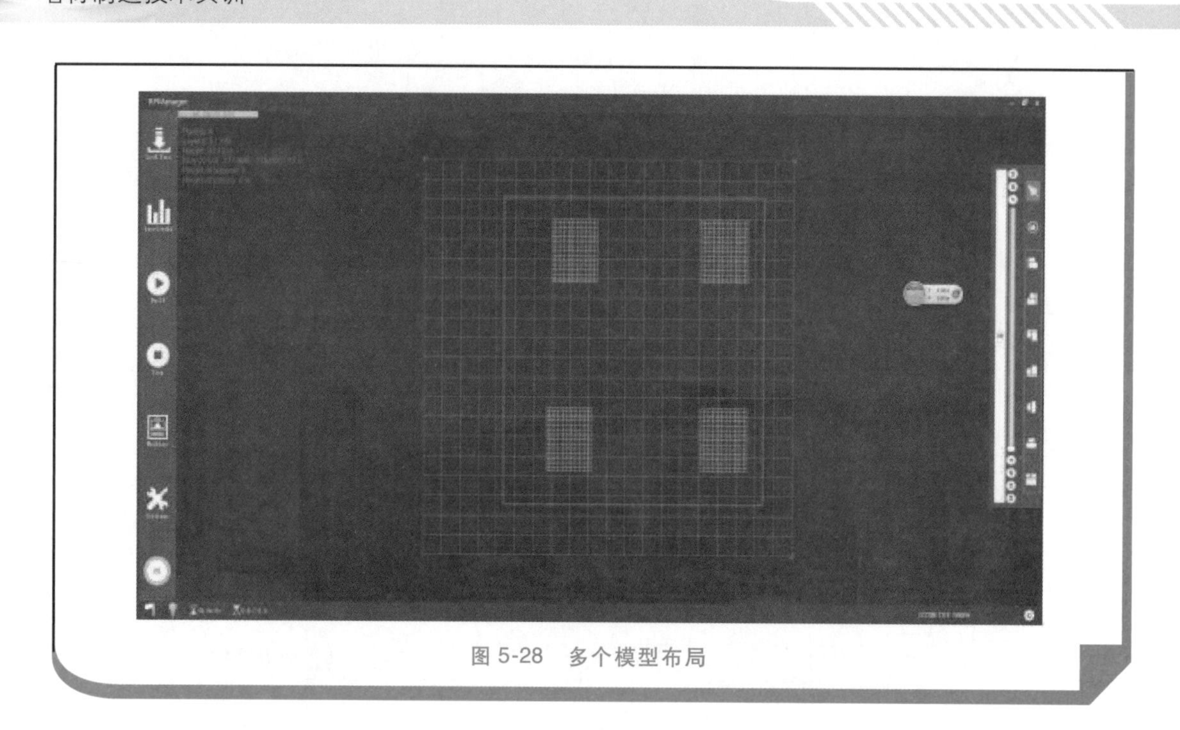

图 5-28　多个模型布局

5.6.2　模型布局

当加载多个模型时，为了充分利用模型显示区网板的有效位置，需要将模型合理地加载到网板上，即需要对加载的模型进行合理布局。软件中有关调整模型布局的功能按钮如图 5-29 所示（图片已沿逆时针方向旋转 90°），按钮依次表示【选中】【左对齐】【右对齐】【上对齐】【下对齐】【水平同轴】【垂直同轴】【自动布局】。

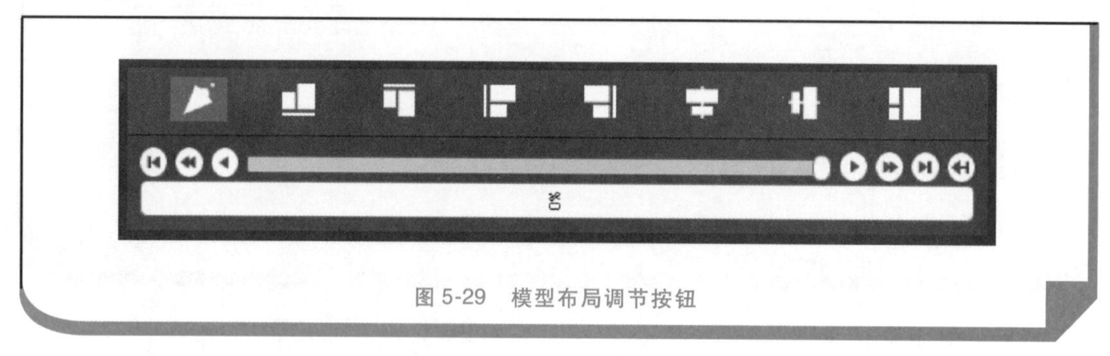

图 5-29　模型布局调节按钮

首先在模型显示区加载多个模型，如图 5-30 所示；其次选择需要布局的模型；最后根据自身需求选择布局种类，即可实现模型的合理布局，这里以“上对齐”为例进行操作，效果如图 5-31 所示。

5.6.3　参数库管理

SLA 设备的参数库管理主要包括技术参数库管理和工艺参数库管理，其中技术参数库管理参见设备操作手册，下面简要介绍工艺参数库管理。

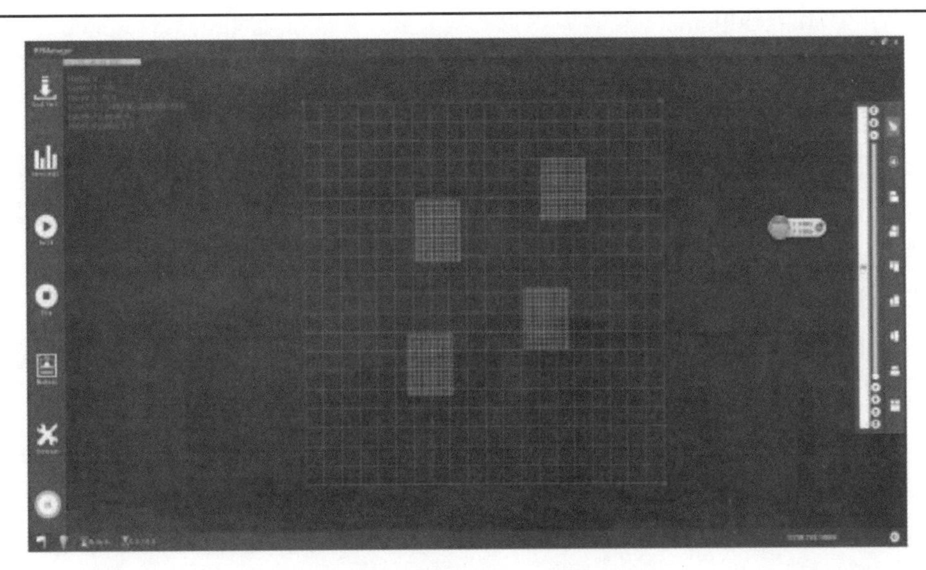

图 5-30　加载多个模型

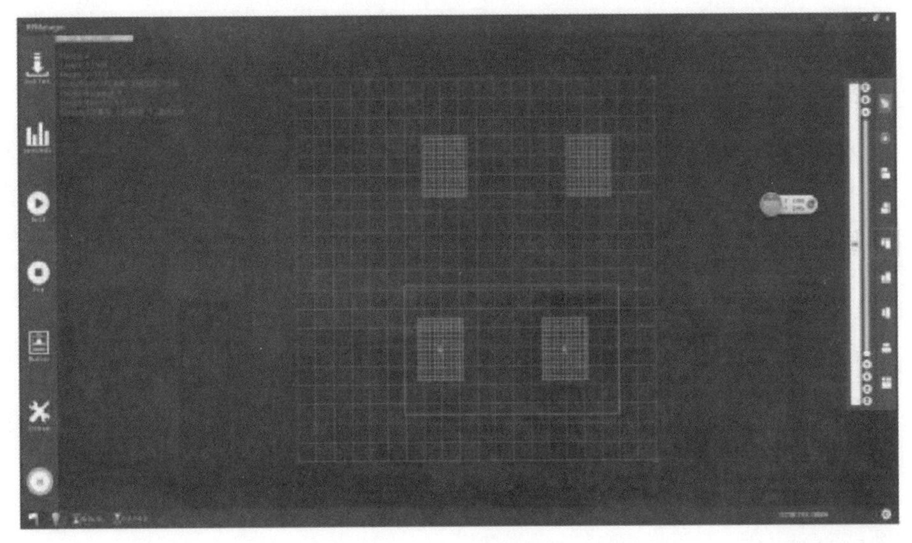

图 5-31　布局模型

工艺参数主要包括支撑扫描速度、轮廓扫描速度和填充扫描速度。

1）支撑扫描速度：指激光束扫描支撑线的速度，单位为 mm/s。

2）轮廓扫描速度：指激光束扫描二维轮廓线的速度，单位为 mm/s。

3）填充扫描速度：指激光束填充扫描二维成片的速度，单位为 mm/s。

填充扫描速度和支撑扫描速度与激光束的强度有关，而激光束的强度可以从已制作零件的固化情况反映出来。如果已制作的零件较软，说明激光束的强度较小，为了达到较好的固化效果，需要降低扫描速度。填充扫描速度是扫描实体部分区域的速度，可根据已制作的零件实体部分的固化情况而定；支撑扫描速度是扫描支撑时的速度，可根据已制作的零件支撑部分的强度而定。常用填充扫描速度的范围为3000~6000mm/s。

5.6.4 模型参数设置

有时候需要测试模型的多组工艺参数数据并从中选取最优结果，如果分批测试，需要花费较多的时间。为此设备控制软件设置了一次可为相同模型设置不同工艺参数的功能，具体操作步骤如下：

1）选择添加需要测试的数据模型。

2）根据需要测试的工艺类型种类，对数据模型进行复制，数据模型总数与需要测试的工艺类型种类总数相同。

3）勾选【工艺参数】对话框中的【零件分别设置参数】复选框，【零件】文本框中显示需要测试的数据模型，在【策略】列表框中为每种数据模型进行工艺参数设置，即可实现为同种模型设置不同参数的操作，进而测试出每种工艺参数的效果，如图5-32所示。

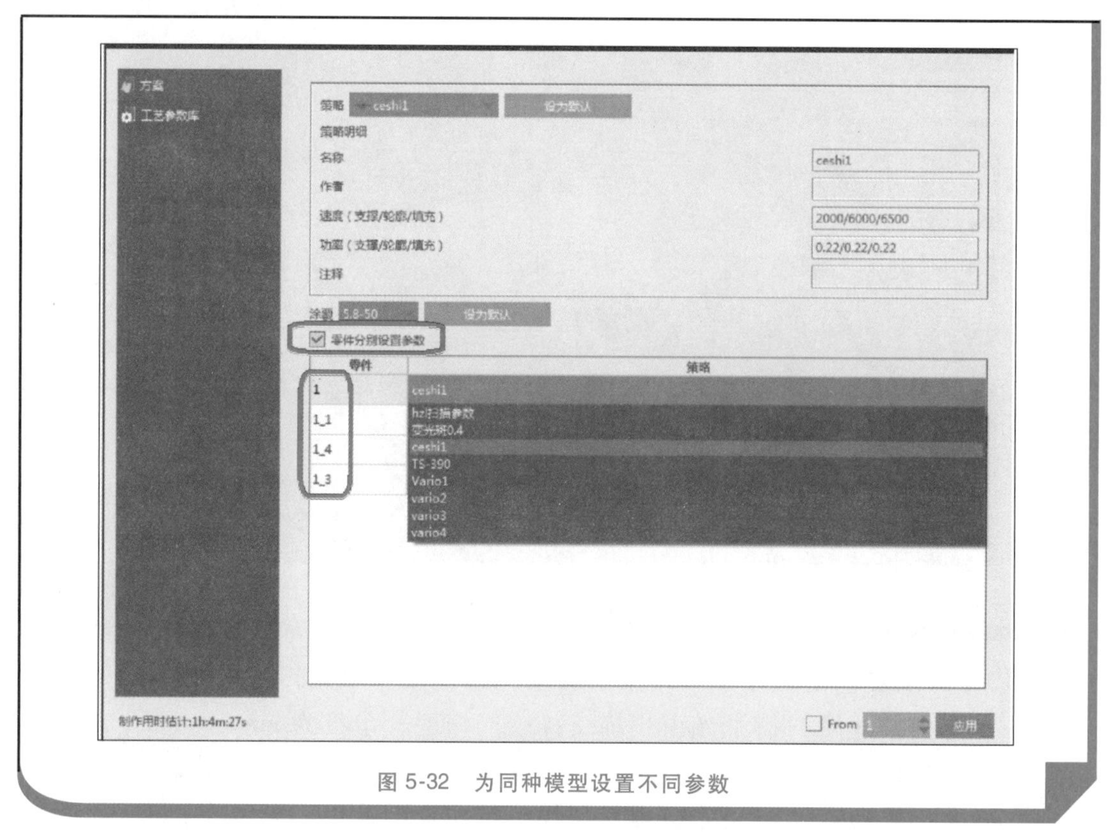

图5-32 为同种模型设置不同参数

完成以上操作后，单击【应用】按钮，设备按照分层数据，逐层向下沉积成形被加工的零件。

项目6

复合材料成形工艺实训

教学目的：了解复合材料在工具扳手成形中的应用。
教学重点与难点：复合材料成形原理、分层方法与成形操作。
教学方法：采用多媒体课件与实训实验相结合的方法，以启发式教育为主。
教学主要内容：复合材料成形原理介绍、分层设计方法与成形设备操作。
教学要求：掌握复合材料成形原理、分层设计与设备成形操作。
学生练习：复合材料零件成形实训。

6.1 工艺概述

由于复合材料具有优于原组成材料的力学性能，所以在普通塑料增材制造的基础上，近年来开始探索复合材料成形技术。一般情况下，复合材料的成形原理如图6-1所示。复合材料成形是在基本FDM工艺的基础上，增加了纤维材

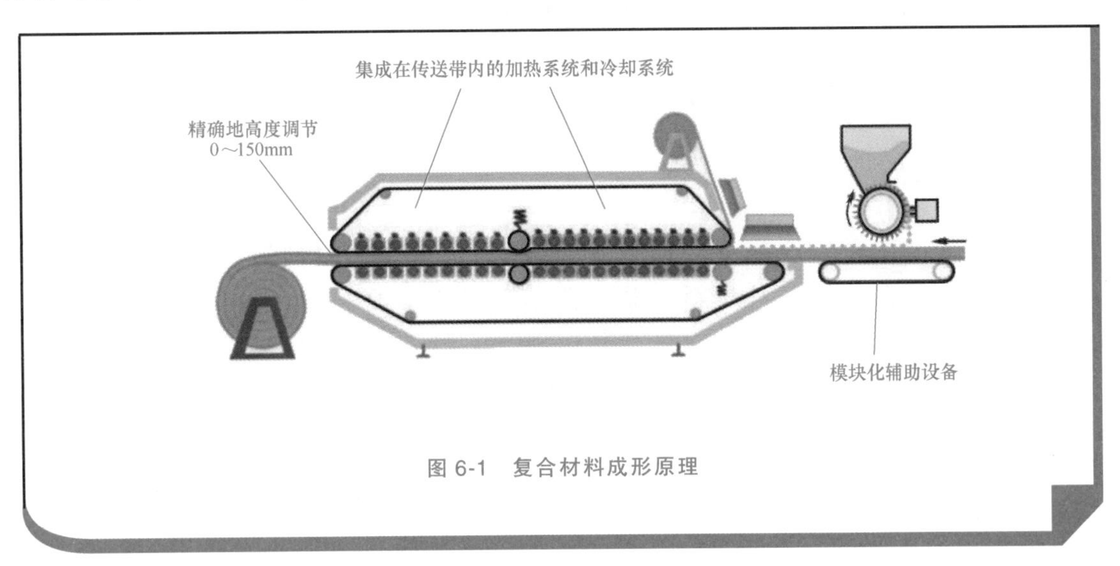

图6-1　复合材料成形原理

料的专用材料输送系统，可以根据需要由控制系统控制纤维材料的铺设和塑料材料的铺设，以使纤维材料埋放在塑料材料中，达到复合材料成形的目的。其设备的工作原理如图 6-2 所示。

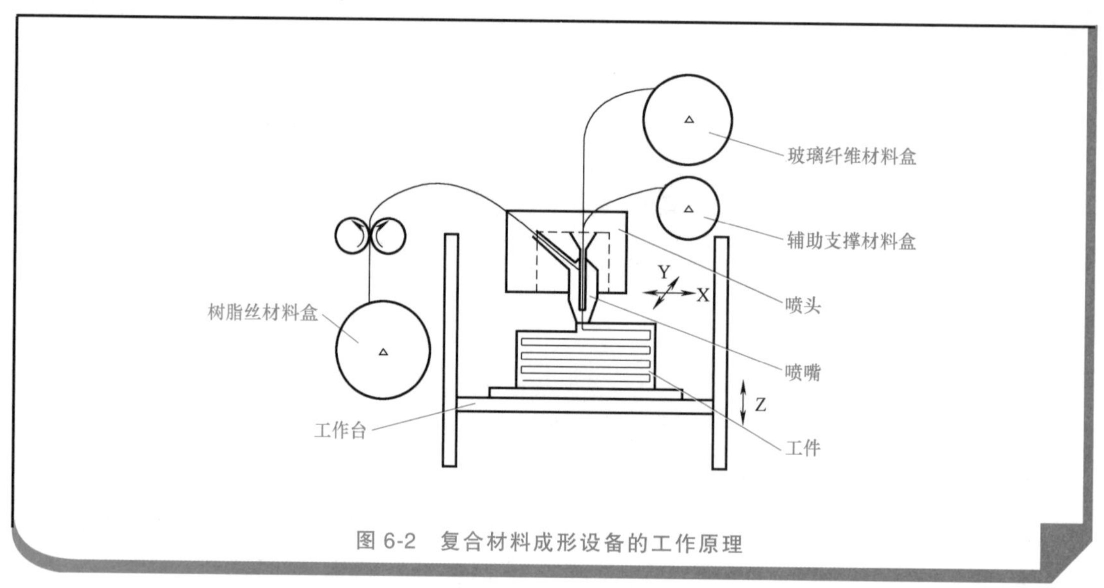

图 6-2 复合材料成形设备的工作原理

6.2 复合材料

复合材料是指由两种或两种以上不同性质的材料，通过物理或化学的方法，在宏观（微观）上组成具有新的性能的材料。各种材料在性能上取长补短，使复合材料的综合性能优于原组成材料而满足各种不同的要求。

复合材料的基体材料分为金属和非金属两大类。金属基体常用的有铝、镁、铜、钛及其合金。非金属基体主要有合成树脂、橡胶、陶瓷、石墨、碳等。

复合材料的增强材料主要有玻璃纤维、碳纤维、硼纤维、芳纶纤维、碳化硅纤维、石棉纤维、晶须、金属丝和硬质细粒等。

6.2.1 复合材料分类

复合材料是一种混合物。按其组成的不同，可将复合材料分为金属与金属复合材料、非金属与金属复合材料、非金属与非金属复合材料。按其结构特点的不同，可将复合材料进行如下分类：

1）纤维增强复合材料：将各种纤维增强体置于基体材料内复合而成。例如纤维增强塑料、纤维增强金属等。

2）夹层复合材料：由性质不同的表面材料和芯材组合而成。通常表面材料强度高、厚度薄，芯材质轻、强度低，但具有一定刚度和厚度。分为实心夹层和蜂窝夹层两种。

3）细粒复合材料：将硬质细粒均匀分布于基体中，例如弥散强化合金、金属陶瓷等。

4）混杂复合材料：由两种或两种以上增强相材料混杂于一种基体相材料中构成。与普通单增强相复合材料相比，其冲击强度、疲劳强度和断裂韧性显著提高，并具有特殊的热膨胀性能。分为层内混杂、层间混杂、夹芯混杂、层内/层间混杂和超混杂复合材料。

复合材料又可分为结构复合材料和功能复合材料两大类。

结构复合材料是作为承力结构使用的材料，基本上由能承受载荷的增强体组元，与能连接增强体成为整体材料同时又起传递力作用的基体组元构成。增强体包括各种玻璃、陶瓷、高聚物、金属以及天然纤维、织物、晶须、片材和颗粒等，基体则有高聚物（树脂）、金属、陶瓷、玻璃、碳和水泥等。不同的增强体和不同基体即可组成多种结构复合材料，并以所用的基体来命名，如高聚物（树脂）基复合材料等。结构复合材料的特点是可根据材料在使用中受力的要求进行组元选材设计，更重要的是还可进行复合结构设计，即增强体排布设计，能合理地满足需要并节约用材。

功能复合材料一般由功能体组元和基体组元组成，基体不仅起到构成整体的作用，而且能产生协同或加强功能的作用。功能复合材料是指除力学性能以外而提供其他物理性能的复合材料，例如导电性、超导体性、半导体性、磁性、压电性、阻尼性、吸波性、透波性、屏蔽性、阻燃性、防热性、吸声性、隔热性等凸显某一功能，统称为功能复合材料。功能复合材料主要由功能体、增强体及基体组成。功能体可由一种或一种以上功能材料组成。多元功能体的复合材料可以具有多种功能，同时还有可能由于复合效应而产生新的功能。多功能复合材料是功能复合材料的发展方向。

6.2.2　复合材料性能

复合材料中以纤维增强材料应用最广、用量最大，其特点是比重小、比强度和比模量大。例如碳纤维与环氧树脂复合的材料，其比强度和比模量均比钢和铝合金大数倍，还具有优良的化学稳定性、减摩耐磨、自润滑、耐热、耐疲劳、耐蠕变、消声、电绝缘等性能。复合材料具有以下性能：

1）复合材料的比强度和比刚度较高。材料的强度与密度之比称为比强度；材料的刚度与密度之比称为比刚度。这两个参数是衡量材料承载能力的重要指标。比强度和比刚度较高，说明材料重量轻，但强度和刚度大。这是通用结构设计，特别是航空、航天设备结构设计对材料的重要要求。现代飞机、导弹和卫星等机体结构正逐渐扩大使用纤维增强复合材料的比例。

2）复合材料的力学性能可以设计，即可以通过选择合适的原材料和合理的铺层形式，使复合材料构件或复合材料结构满足使用要求。例如，在某种铺层形式下，材料在某一方向受拉而伸长时，在垂直于受拉的方向上材料也伸长，这与常用材料的性能完全不同。又如利用复合材料的耦合效应，在平板模上铺层制作层板，加温固化后，层板就自动成为所需要的曲板或壳体。

3）复合材料的抗疲劳性能良好。一般金属的疲劳强度为其抗拉强度的40%~50%，而某些复合材料可高达70%~80%。复合材料的疲劳断裂是从基体开始，逐渐扩展到纤维和基体的界面上，没有突发性的变化。因此，复合材料在破坏前有预兆，可以对其进行检查和补救。纤维复合材料还具有较好的抗声振疲劳性能。用复合材料制成的直升机旋翼，其疲劳寿命比用金属所制的延长数倍。

4）复合材料的减振性能良好。纤维复合材料的纤维和基体界面的阻尼较大，因此具有较好的减振性能。用同形状和同大小的两种梁分别做振动试验，碳纤维复合材料梁的振动衰减时间比轻金属梁要短得多。

5）复合材料通常都能耐高温。在高温下，用碳纤维或硼纤维增强的金属其强度和刚度都比原金属的强度和刚度高很多。普通铝合金在温度为400℃时，弹性模量大幅度下降，强度也下降；而在同一温度下，用碳纤维或硼纤维增强的铝合金的强度和弹性模量基本不变。由于复合材料的热导率一般都小，所以它的瞬时耐超高温性能比较好。

6）复合材料的安全性好。在纤维增强复合材料的基体中有成千上万根独立的纤维。当用这种材料制成的构件超载，并有少量纤维断裂时，载荷会迅速重新分配并传递到未破坏的纤维，因此整个构件不至于在短时间内丧失承载能力。

7）复合材料的成形工艺简单。由于纤维增强复合材料一般适合于整体成形，所以减少了零部件的数目，从而可减少设计计算工作量并有利于提高计算的准确性。另外，制作纤维增强复合材料部件的步骤是把纤维和基体黏结在一起，先用模具成形，而后加温固化，在制作过程中基体由流体变为固体，不易在材料中造成微小裂纹，并且固化后残余应力很小。

6.2.3 复合材料成形方法

复合材料的成形方法因基体材料的不同而各异。树脂基复合材料的成形方法较多，有手糊成形、喷射成形、纤维缠绕成形、模压成形、拉挤成形、RTM成形（低黏度树脂在闭合模具中流动、浸润增强材料并固化成形的一种工艺）、热压罐成形、隔膜成形、迁移成形、反应注射成形、软膜膨胀成形、冲压成形等。金属基复合材料成形方法分为固相成形法和液相成形法。前者是在低于基体熔点温度下，通过施加压力实现成形，包括扩散焊接、粉末冶金、热轧、热拔、热等静压和爆炸焊接等；后者是将基体熔化后，充填到增强体材料中，包括传统铸造、真空吸铸、真空反压铸造、挤压铸造及喷铸等。陶瓷基复合材料的成形方法主要有固相烧结、化学气相浸渗成形、化学气相沉积成形等。

6.2.4 复合材料应用领域

复合材料主要有以下应用领域：

1）航空航天领域。由于复合材料热稳定性好，比强度、比刚度高，故可用于制造飞机机翼和前机身、卫星天线及其支撑结构、太阳能电池翼和外壳、大型运载火箭壳体、发动机壳体、航天飞机结构件等。

2）汽车工业。由于复合材料具有特殊的振动阻尼特性，可减振和降低噪声、抗疲劳性能好，损伤后易修理，便于整体成形，故可用于制造汽车车身、受力构件、传动轴、发动机架及其内部构件。

3）化工、纺织和装备制造领域。由良好耐蚀性的碳纤维与树脂基体复合而成的材料，可用于制造化工设备、纺织机、造纸机、复印机、高速机床、精密仪器等。

4）医学领域。碳纤维复合材料具有优异的力学性能和不吸收X射线特性，可用于制造医用X光机和矫形支架等。碳纤维复合材料还具有生物组织相容性和血液相容性，生物环境下稳定性好，也用作生物医学材料。

此外，复合材料还用于制造体育运动器件和用作建筑材料等。

6.3 分层软件

本节以BFslicer软件为例，介绍其分层操作过程及后续工程实践案例。

1）打开计算机桌面上的BFslicer软件快捷图标，如图6-3所示。

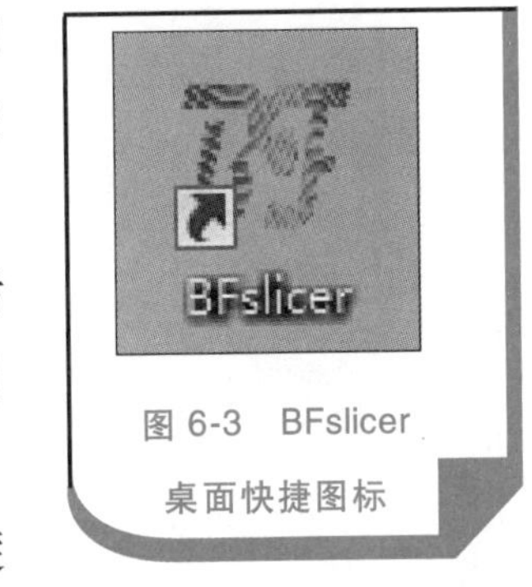

图6-3 BFslicer桌面快捷图标

2）打开BFslicer软件并导入模型，软件初始页面如图6-4所示，分为左侧初始三维显示区和右侧切片控制区。

选择【文件】→【打开】命令，弹出【选择文件】对话框，如图6-5所示，选择*.STL格式文件，单击【打开】按钮。

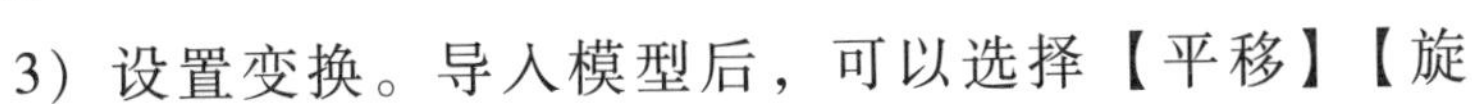

3）设置变换。导入模型后，可以选择【平移】【旋转】【缩放】等功能对导入的模型进行变换，以调整其在工作台中的位置及姿态，如图6-6所示。还可选择【视图】→【三维视图】或【主视图】或【顶视图】命令进行视图的调整，以在不同角度显示模型，一般选择默认视图和默认显示方式，也可以根据个人使用情况选择。导入后的模型以及调整好位置后如图6-7所示。

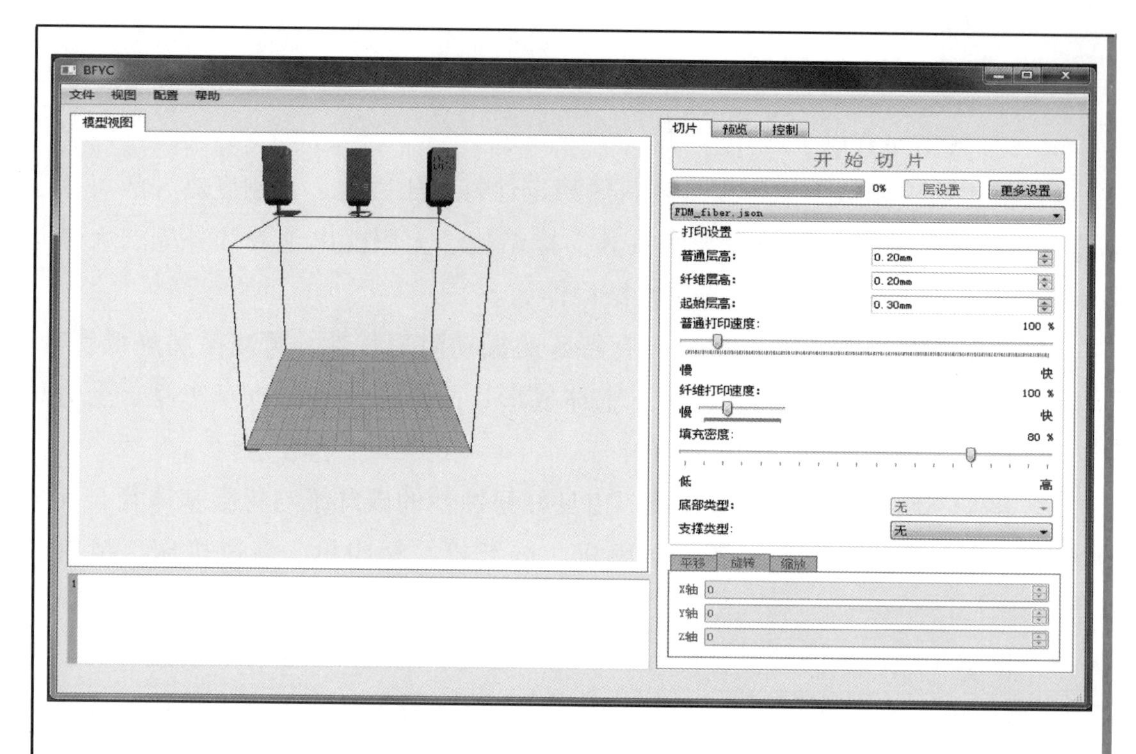

图 6-4　软件初始页面

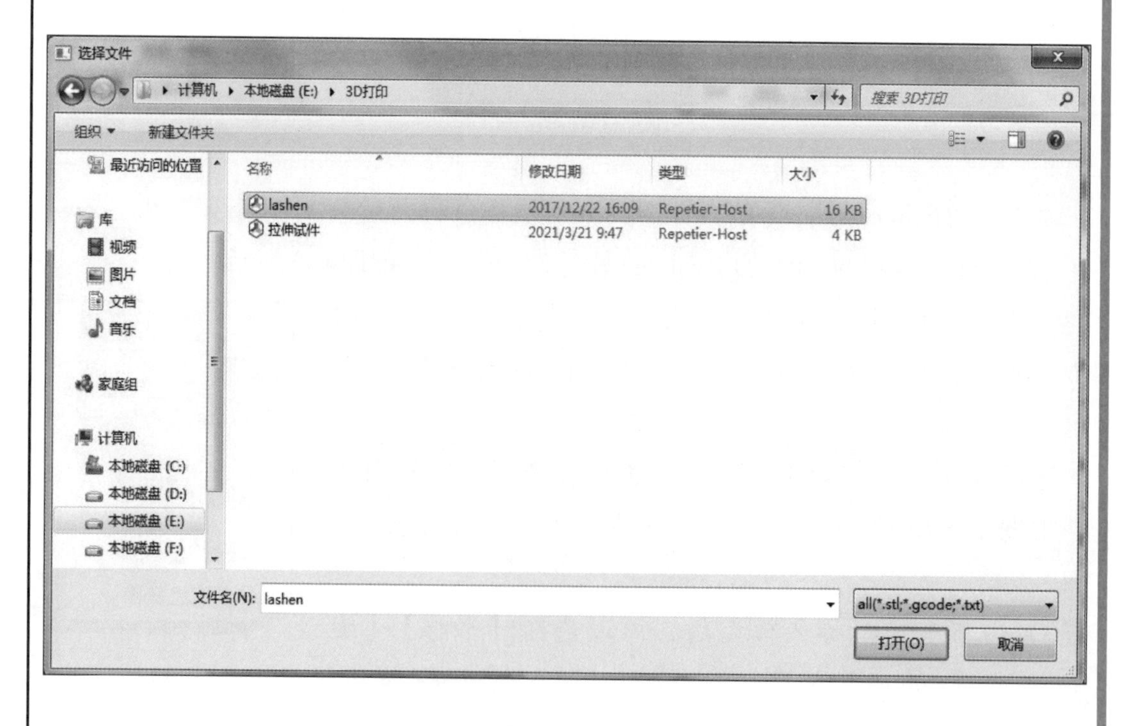

图 6-5 【选择文件】对话框

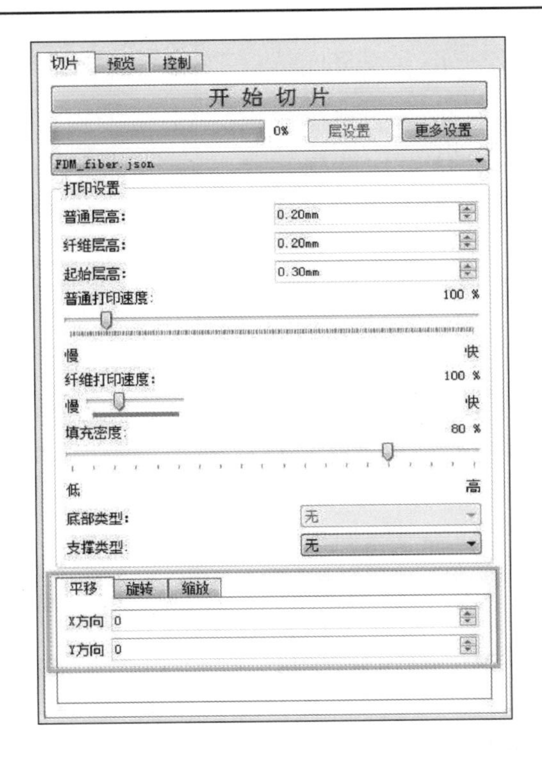

图 6-6　调整模型位置及姿态

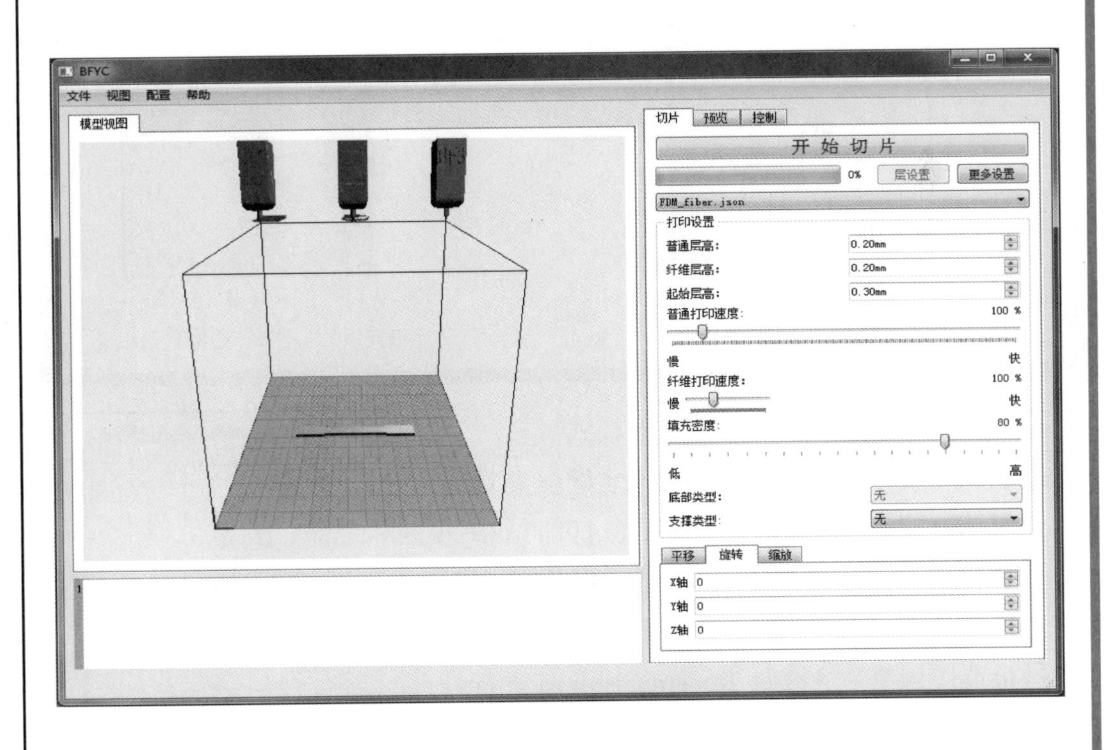

图 6-7　导入模型后的效果

4）切片分层。

① 选择参数文件。在切片控制区中，选择【FDM. json】选项，表示为纯基体配置参数；选择【FDM_fiber. json】选项，表示为带纤维配置参数，并对图 6-8 所示基体打印参数进行设置，包括打印速率、纤维打印速率、层高、基体密度、是否配置支撑。

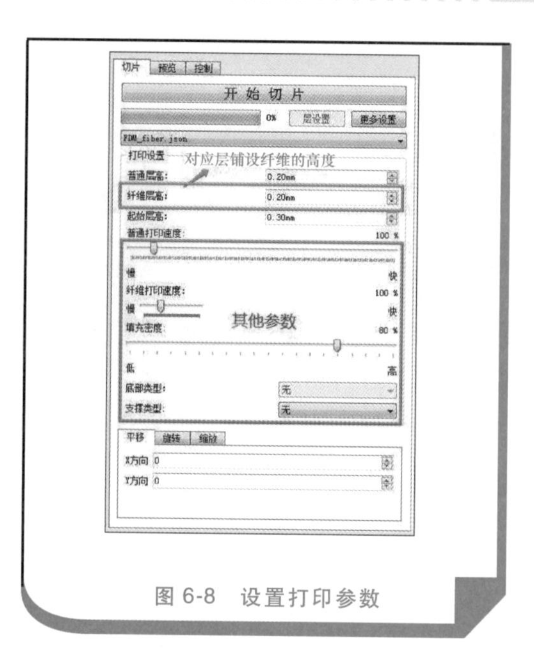

图 6-8　设置打印参数

② 配置更多参数。单击【切片】选项卡下的【更多设置】按钮，可对具体打印参数进行设置，包括打印速度与质量、打印结构、纤维喉管长度（需要打印前测试）、纤维外墙增强数量、是否填充增强（填充内部进行纤维填充）、纤维隔层数量（间隔多少层为纤维层）等，如图 6-9~图 6-11 所示。

图 6-9　【打印速度与质量】选项卡

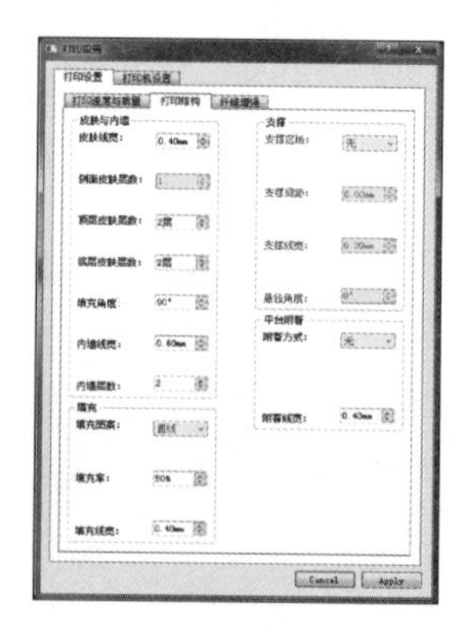

图 6-10　【打印结构】选项卡

在 BFslicer 软件中，有两种成形模式：

a. 纤维成形：在不进行任何纤维增强参数设置的情况下，进行打印速度及质量、打印结构的参数设置，如图 6-9 和图 6-10 所示，所有的参数设置完成后单击【应用】按钮。无纤维的纯基体填充，也可调用第三方软件 Repetier Host 等进行分层设置，生成加工 G 代码进行打印。

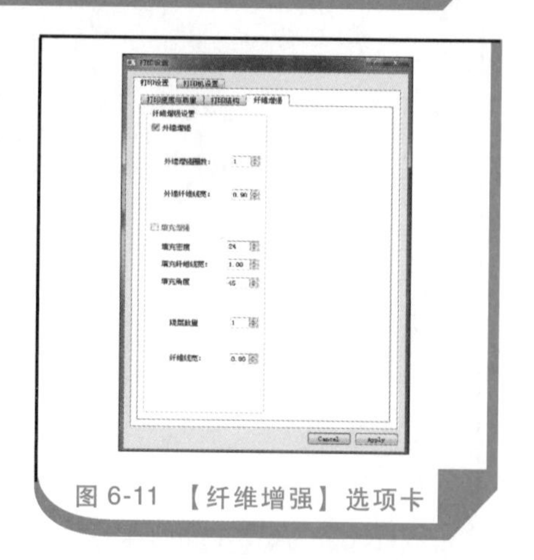

图 6-11　【纤维增强】选项卡

b. 纤维增强成形：纤维增强方式分为外墙增强和填充增强，选择所需纤维增强方式（取其中一种或同时增强均可），设置相关参数，切片后可分层查看纤维分布效果。

③ 开始切片。以上所有参数设置完成后单击【开始切片】按钮，由进度条显示分层进度，如图 6-12 所示。

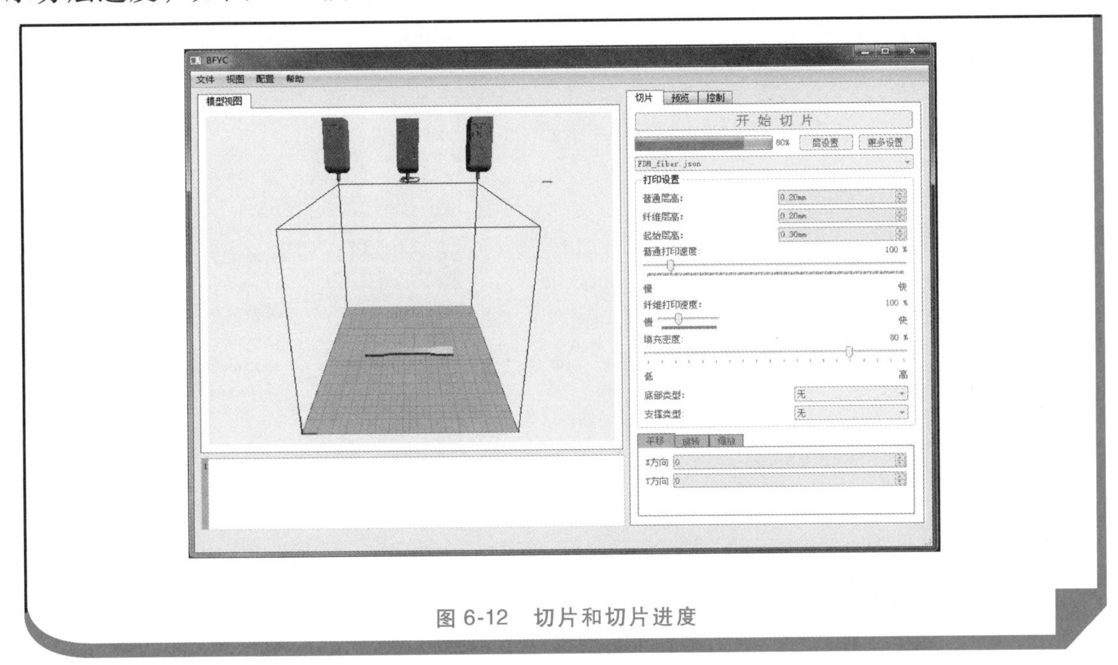

图 6-12　切片和切片进度

④ 观察层切片情况。完成切片后，【模型视图】选项卡下方应答记录中显示【切片完成】。单击【预览】选项卡，查看 G 代码，也可进行分层后查看指定层，且查看指定层时可变换视图，如图 6-13～图 6-15 所示。

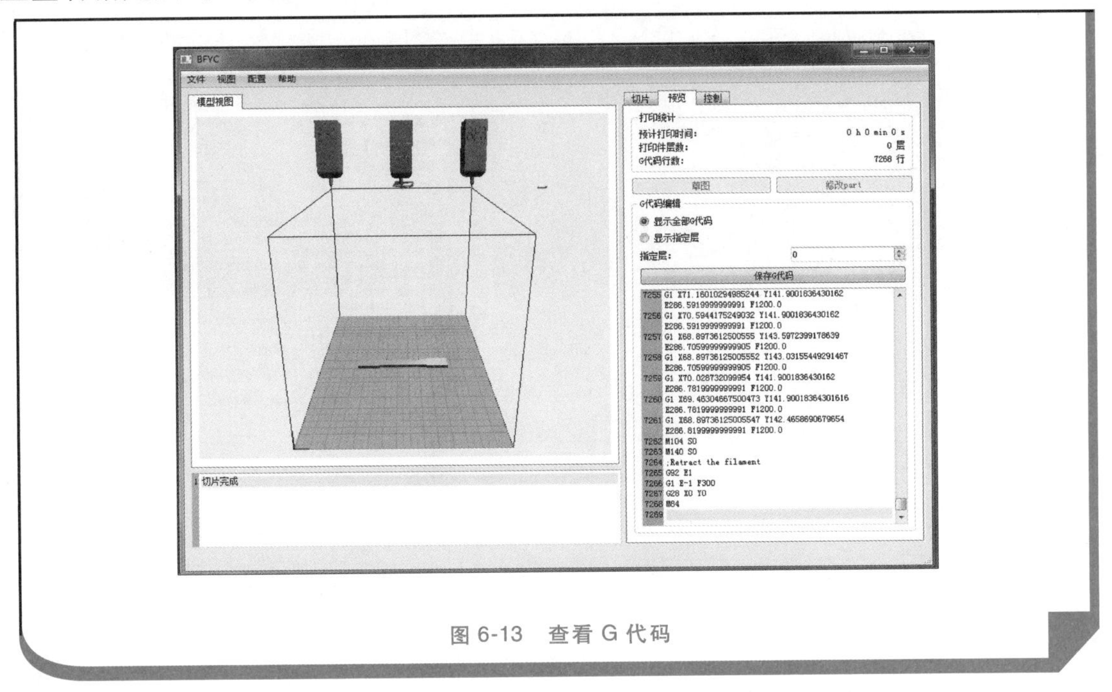

图 6-13　查看 G 代码

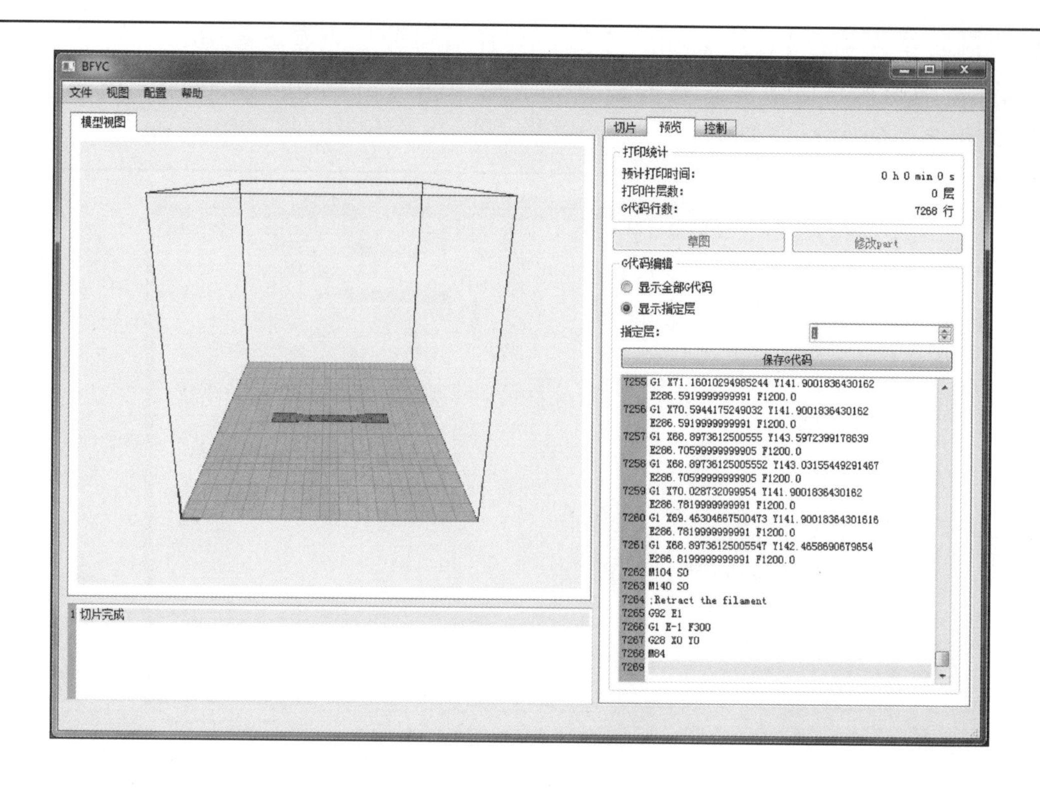

图 6-14　显示指定层

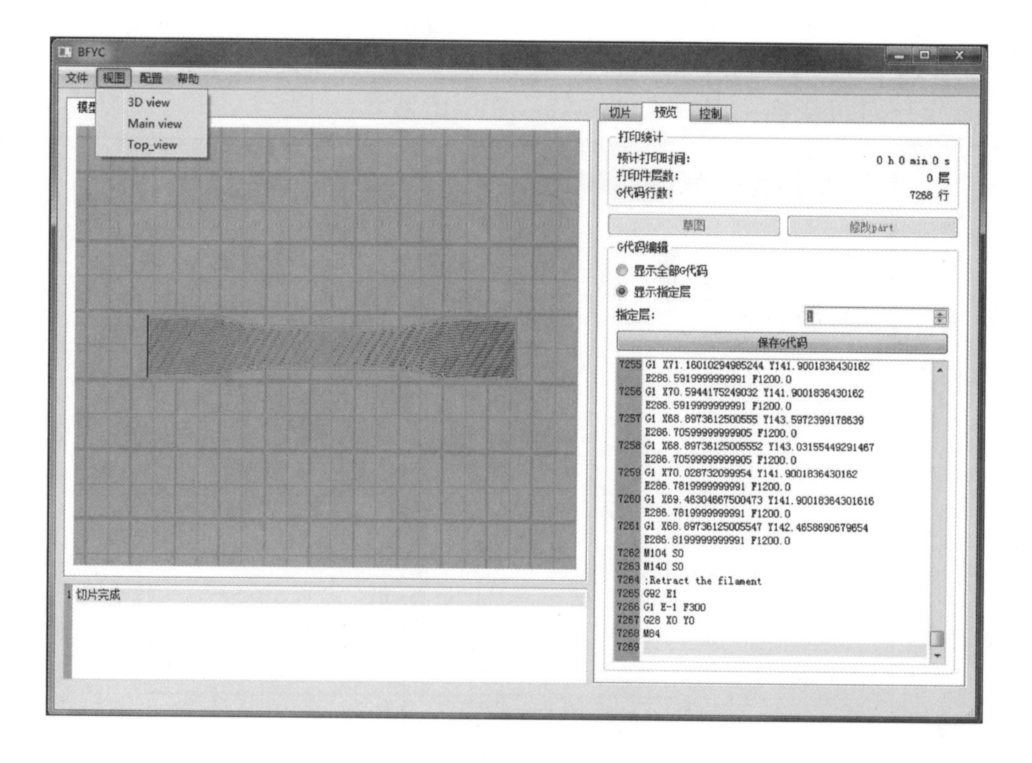

图 6-15　变换视图查看指定层

利用鼠标滚轮将视图放大，可分层查看纤维层内纤维轨迹，当前设置为外墙纤维增强，如图 6-16 所示，红色为纤维层（第 4 层）。

图 6-16　纤维层内纤维轨迹（外墙增强）

5）保存并打印。单击【保存 G 代码】按钮，弹出图 6-17 所示【文件保存】对话框，将其保存至指定的存储位置或直接连接设备进行打印。

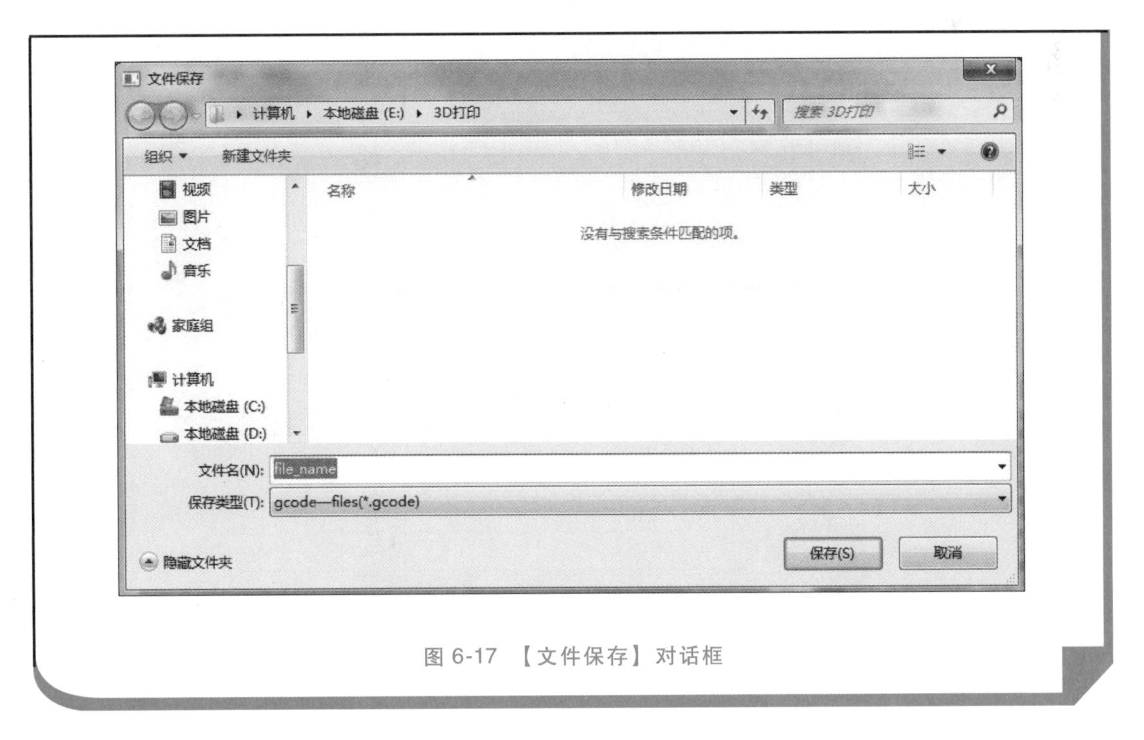

图 6-17　【文件保存】对话框

6.4 设备操作

复合材料成形可用第三方软件连接设备进行打印，也可利用 BFslicer 软件完成切片后直接联机打印，下面对这两种方式的具体操作步骤分别介绍。

图 6-18 Repetier Host 2.0 软件快捷图标

6.4.1 通过第三方软件成形

1）双击计算机桌面 Repetier Host 2.0 软件快捷图标，如图 6-18 所示。

Repetier Host 2.0 软件初始页面如图 6-19 所示。

2）设置打印机。单击【打印机设置】按钮，在【打印机设置】对话框中设置通信接口为【COM4】（串口端可自定义，此处默认为 COM4），单击【打印机设置】对话框中的【应用】按钮，单击页面左上角的【连接】按钮，将主机与打印机进行连接，如图 6-20 所示。

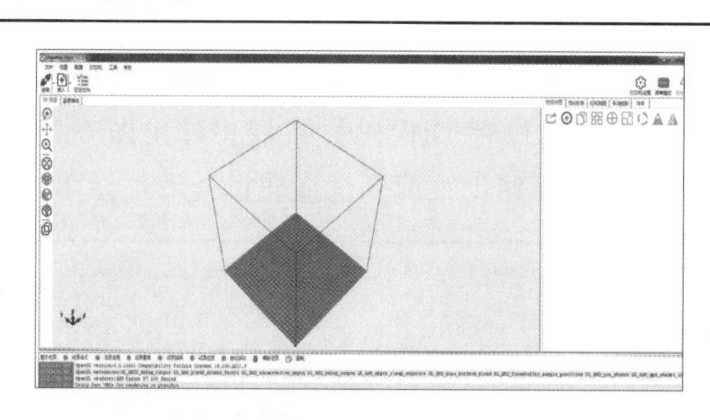

图 6-19 Repetier Host 2.0 软件初始页面

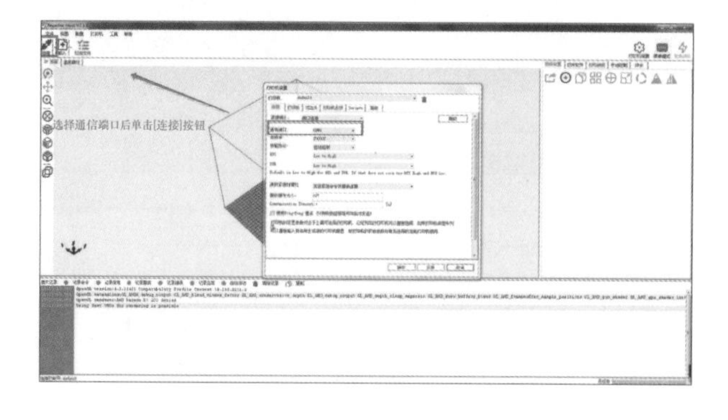

图 6-20 打印机连接设置

3）载入文件。单击图 6-21 所示的【载入】按钮，选择前面保存的 G 代码文件打开并载入，如图 6-22 所示。

图 6-21　【载入】按钮

图 6-22　打开并载入对应的 G 代码文件

4）手动控制。单击【手动控制】按钮，可在 X、Y、Z 三个方向调节打印机的位置，如图 6-23 所示。

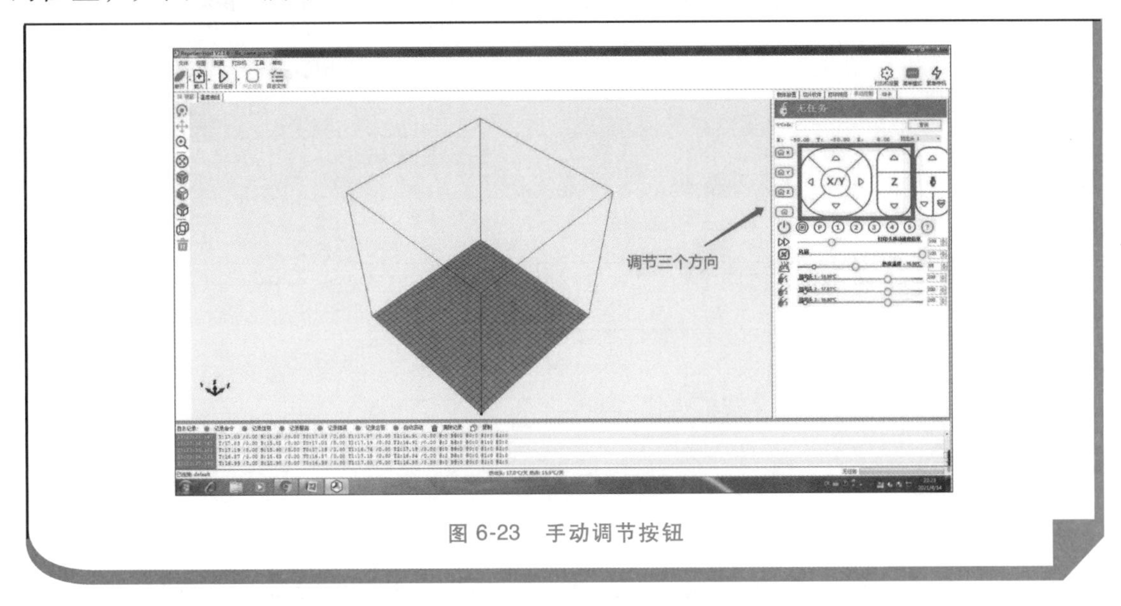

图 6-23　手动调节按钮

设置风扇、热床温度和 3 个挤出头（喷头）的温度等，如图 6-24 所示。

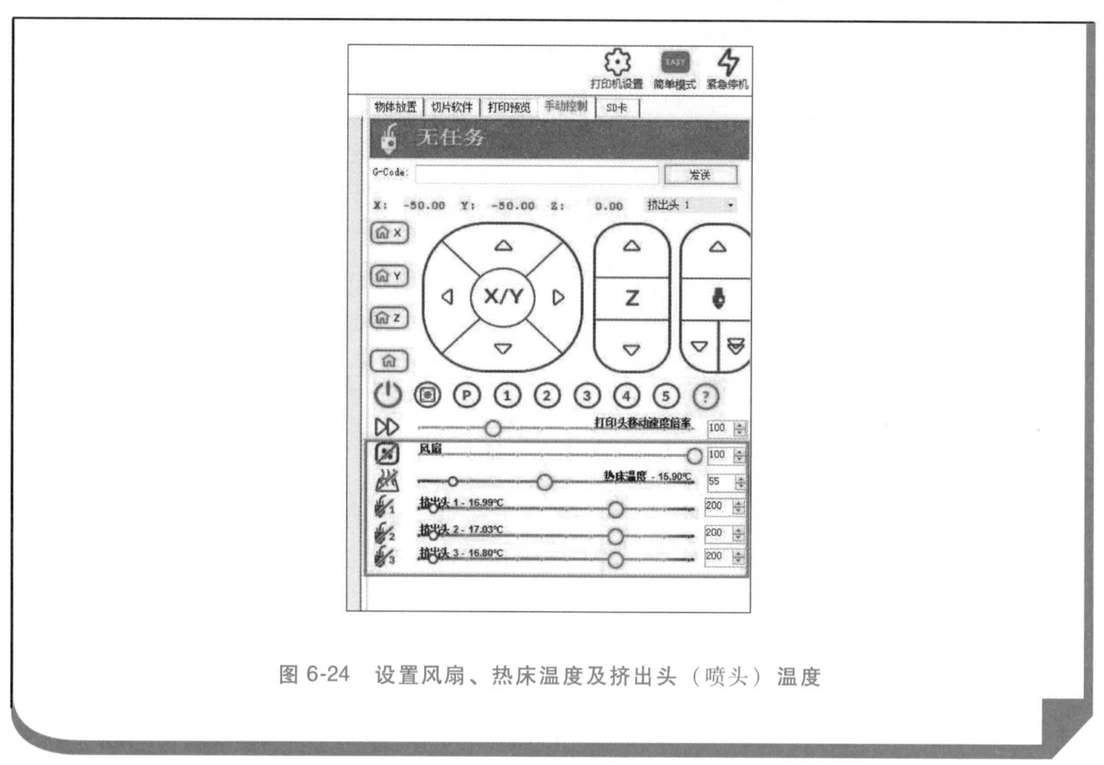

图 6-24　设置风扇、热床温度及挤出头（喷头）温度

单击【挤出头】图标，打开挤出头，查看挤出头是否出丝，挤出头正常出丝证明打印机正常。需要注意的是，打印机照明开关按钮在触摸屏旁边，打印机电源按钮是右侧后方红色按钮。

5）单击图 6-25 所示温度曲线可实时监测温度的变化。

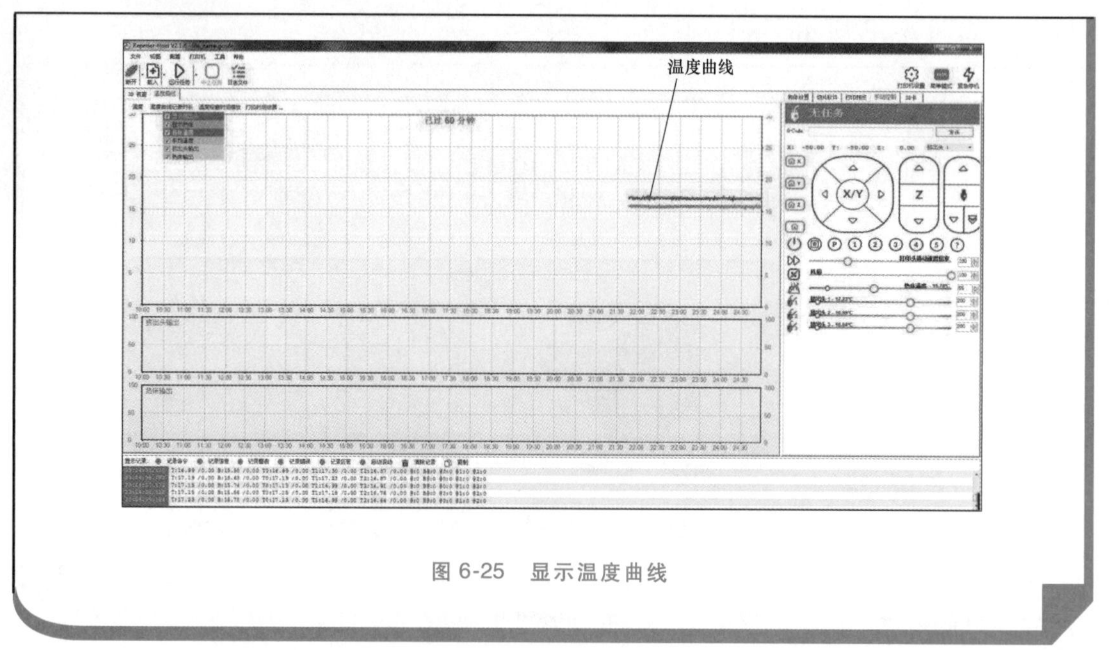

图 6-25　显示温度曲线

6）运行任务。单击【运行任务】按钮，系统开始运行程序，打印机开始打印，如图 6-26 所示。

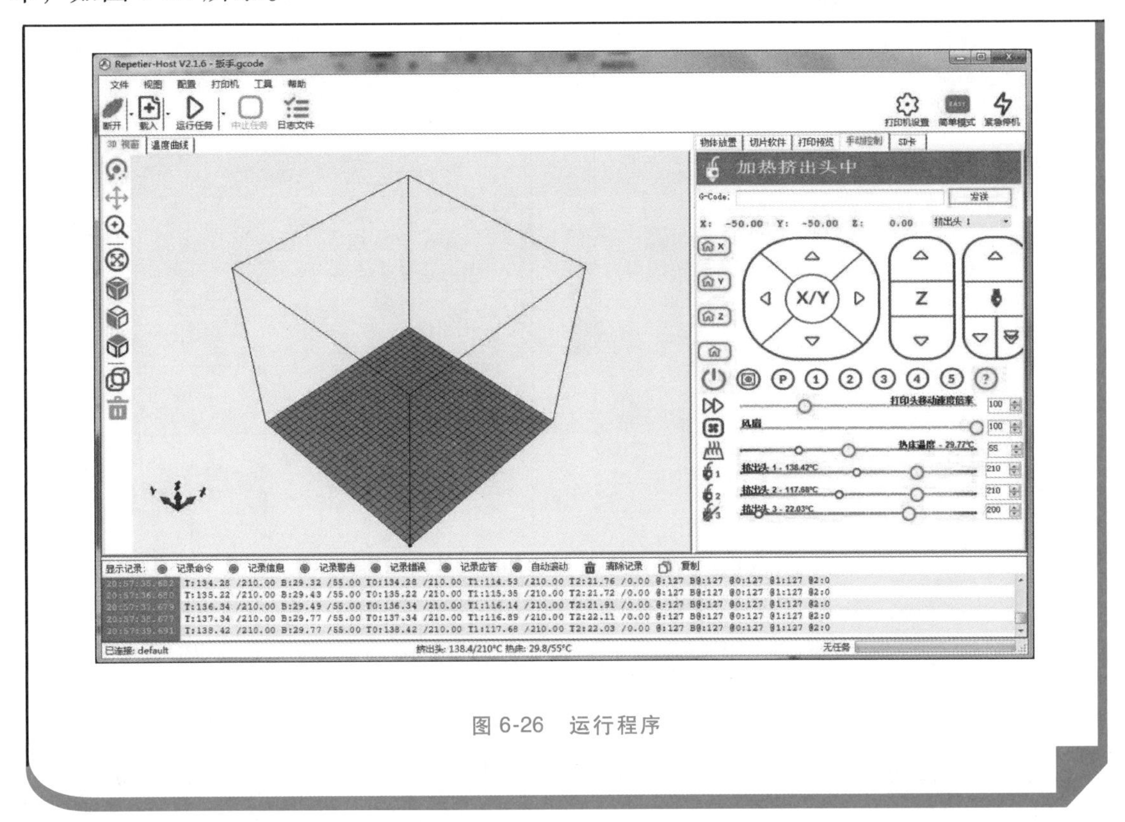

图 6-26　运行程序

程序开始运行后页面会出现【暂停任务】按钮和【终止任务】等按钮，以防在特殊情况发生时，可以随时停止打印机。

6.4.2　切片软件成形

1. 连接设备

利用 BFslicer 软件将模型切片生成 G 代码后，可直接单击【控制】选项卡进入控制页面，单击【连接】按钮连接设备，成功后【连接】按钮状态变为【已打开】，应答记录提示串口连接成功，如图 6-27 所示。

2. 运动控制和温度控制

通过【控制】选项卡中的【运动控制】选项区域可手动调试挤出电动机 X、Y、Z 三个方向运行情况，以检测打印机是否运行正常，在【温度】选项区域，设置热床温度和两个打印头的目标温度，如图 6-28 所示。

3. 开始打印

温度设置成功后，在【控制】选项卡下单击【打印】按钮，当热床温度和打印头温度升至目标温度后，打印机开始进行复合材料成形打印工作。

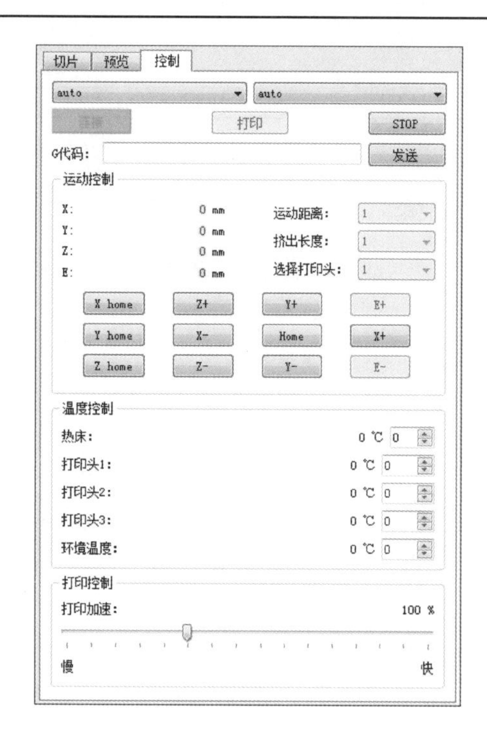

图 6-27　连接设备

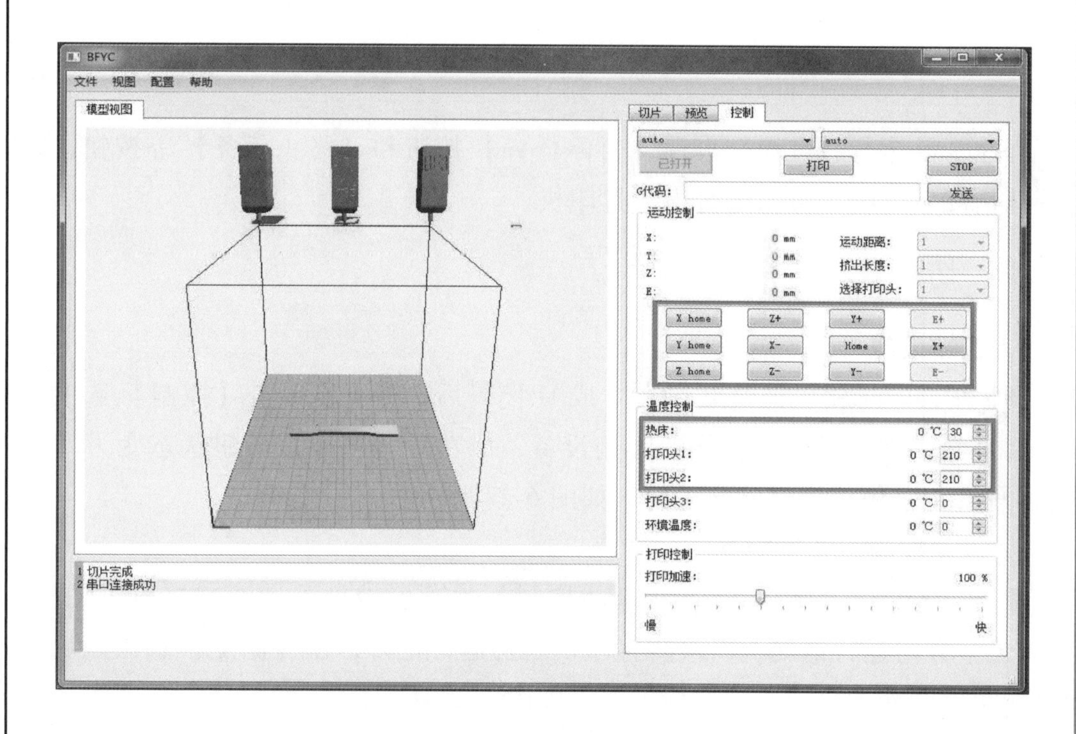

图 6-28　运动控制和温度控制

6.5 复合材料成形工程实例

本节主要以扳手为实例，讲解扳手切片文件 G 代码的生成以及成形步骤。

6.5.1 打开软件导入模型

打开 BFslicer 软件，选择【文件】→【打开】命令，弹出【选择文件】对话框，选择【扳手.STL】文件，单击【打开】按钮，如图 6-29 所示，将扳手模型导入 BFslicer 软件，如图 6-30 所示。

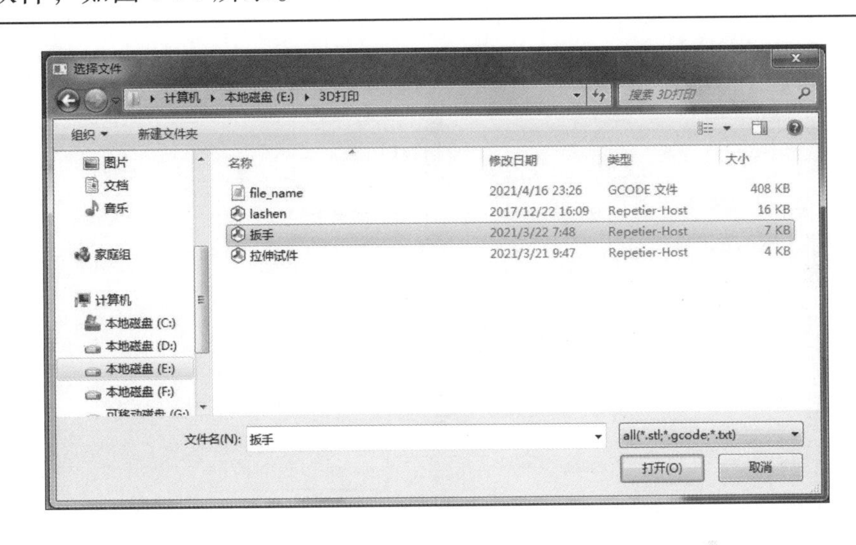

图 6-29 打开【扳手.STL】文件

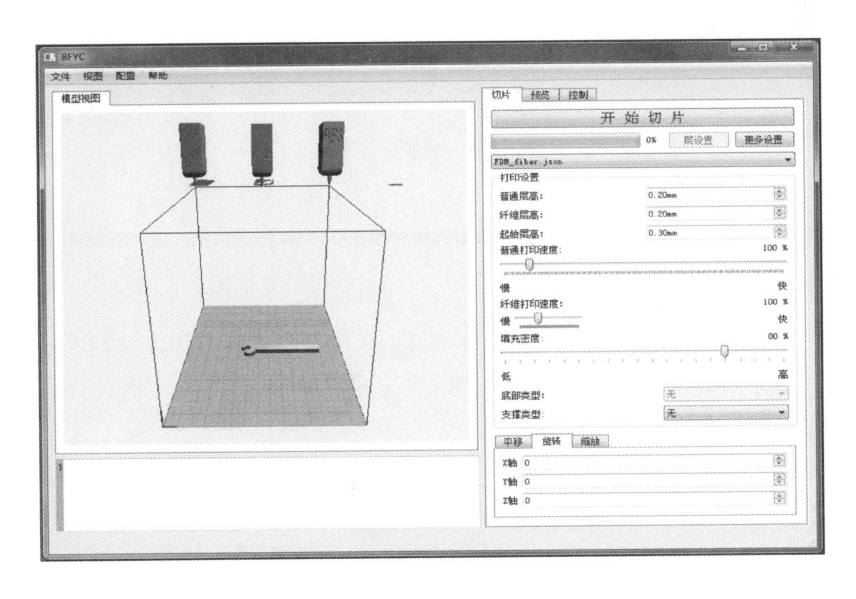

图 6-30 导入扳手模型

6.5.2 切片分层

1. 设置打印参数

在【切片】选项卡中，选择【FDM_fiber.json】选项，即设置带纤维参数。单击【更多设置】按钮，进入【打印设置】→【打印结构】选项卡，设置顶层皮肤数和底层皮肤数为【1 层】，内墙层数为【2】，再进入【打印设置】→【纤维增强】选项卡，勾选【外墙增强】复选框，设置外墙增强圈数为【1】，隔层数量为【1】，其他参数保持不变，如图 6-31 所示，单击【OK】按钮后，关闭【打印设置】对话框。

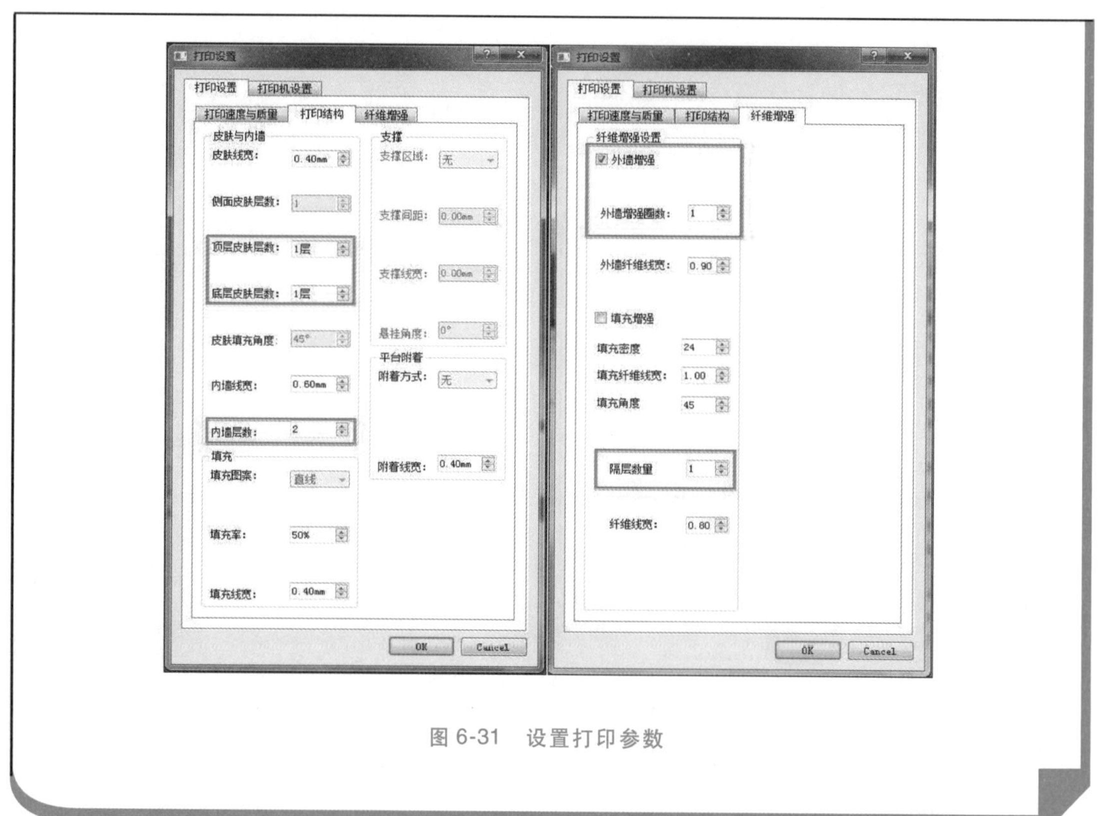

图 6-31 设置打印参数

2. 开始切片

设置完参数后单击【开始切片】按钮，由进度条显示分层进度，进度条完成至 100%后，在【模型视图】区显示【切片完成】，如图 6-32 所示。

3. 观察层切片情况

单击【预览】选项卡，查看 G 代码和分层后指定层的轨迹。图 6-33 和图 6-34 所示为第 1 层皮肤层轨迹和第 3 层纤维层轨迹。

4. 保存当前 G 代码文件

单击【保存 G 代码】按钮，弹出图 6-35 所示【文件保存】对话框，将生成的*.Gcode 格式文件保存至所需位置。

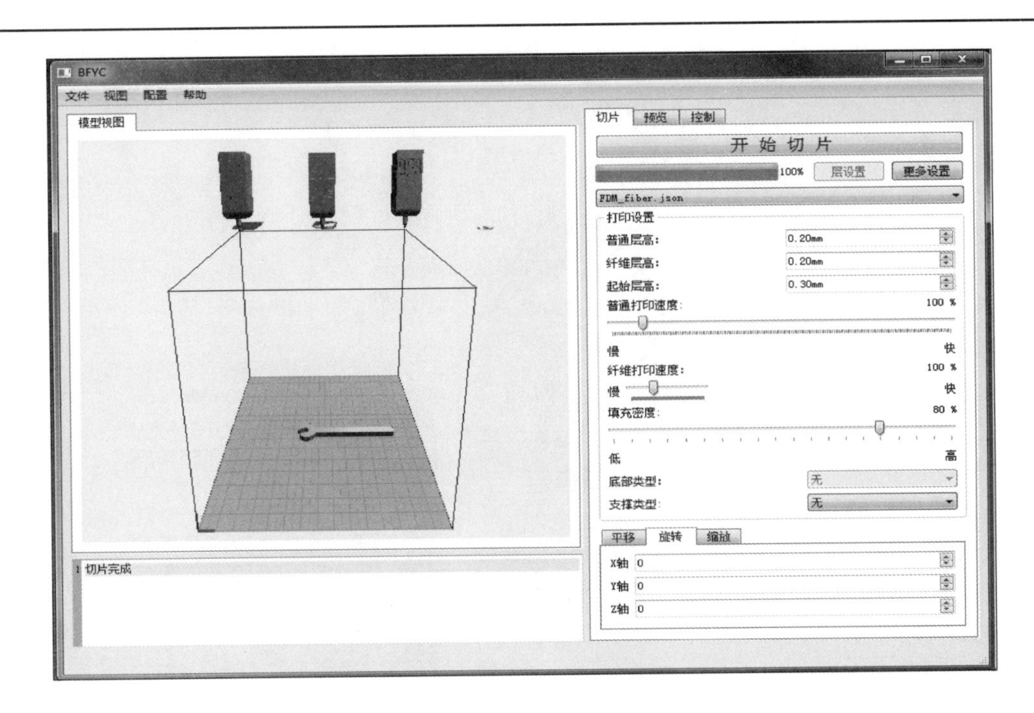

图 6-32 开始切片并显示切片进度

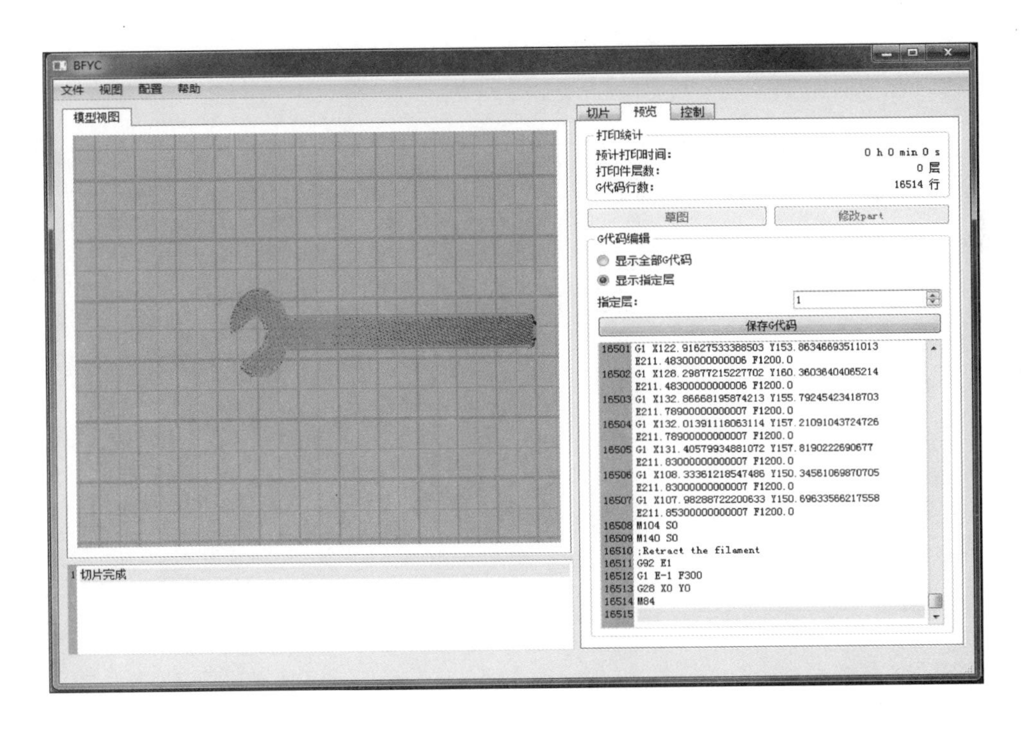

图 6-33 分层后查看第 1 层轨迹

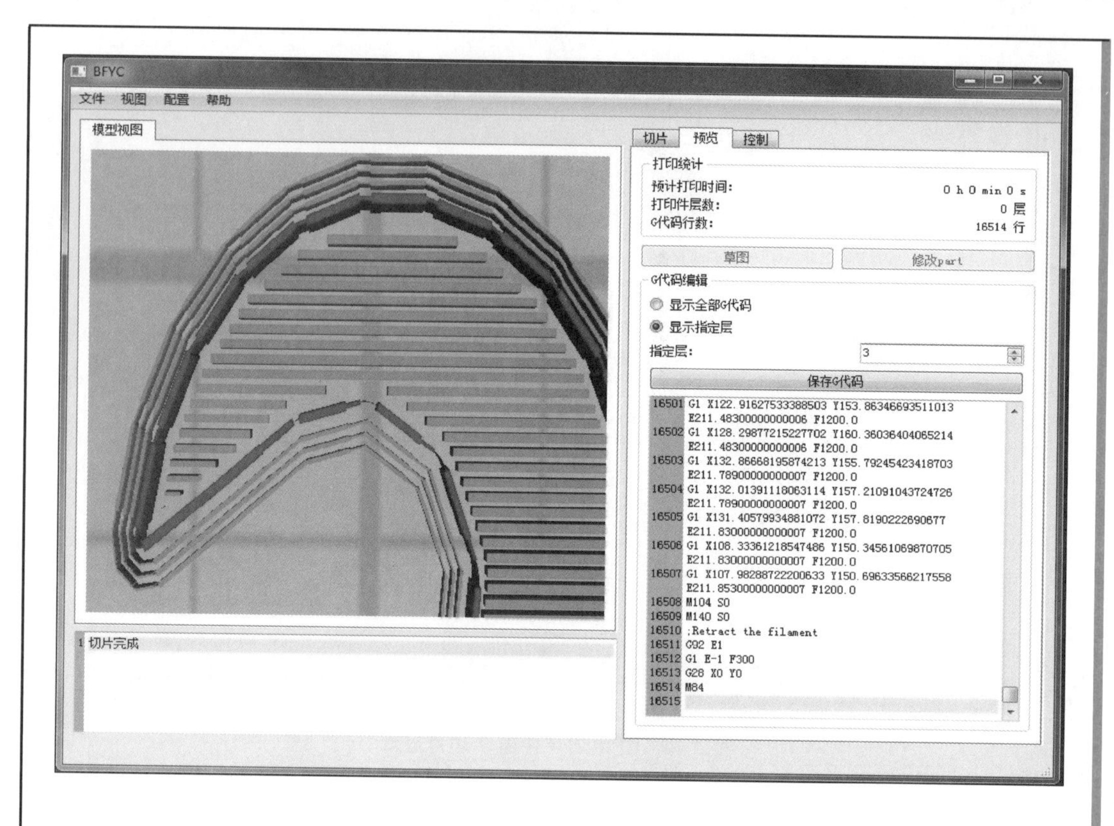

图 6-34　分层后查看第 3 层（增强层）局部轨迹

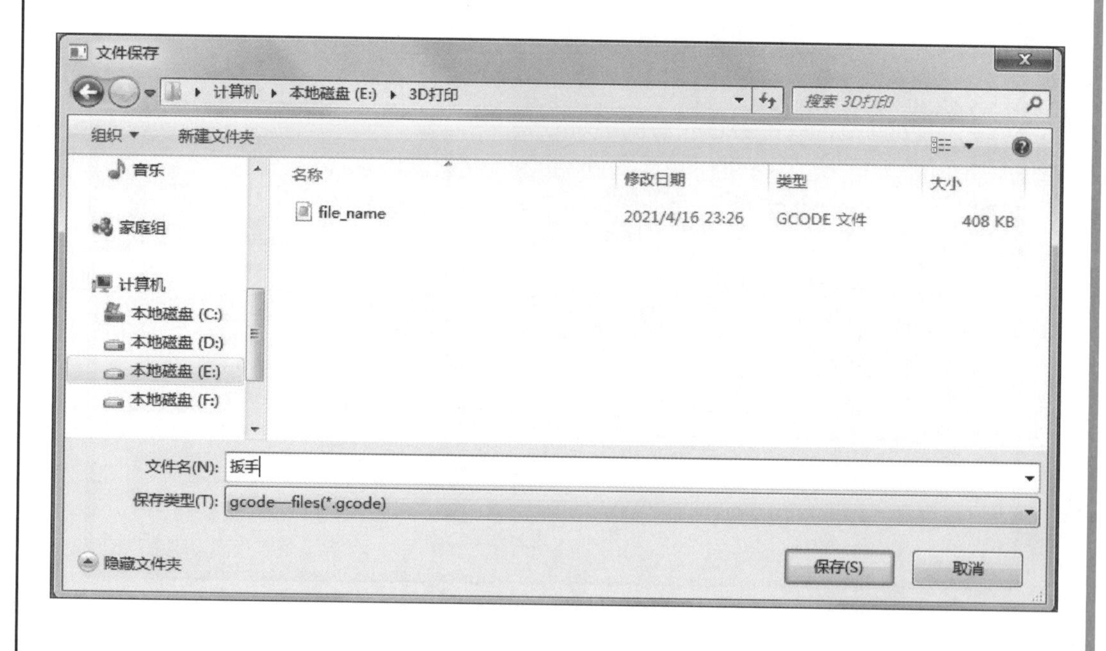

图 6-35　保存 G 代码文件

6.5.3　零件成形

1. 连接打印机

启动打印设备，打开 Repetier Host 2.0 软件，单击页面右上角的【打印机设置】按钮，出现【打印机设置】对话框，设置通信接口为【COM4】，单击【应用】按钮【确定】按钮，最后单击页面左上角的【连接】按钮，将主机与打印机进行连接，如图 6-36 所示。

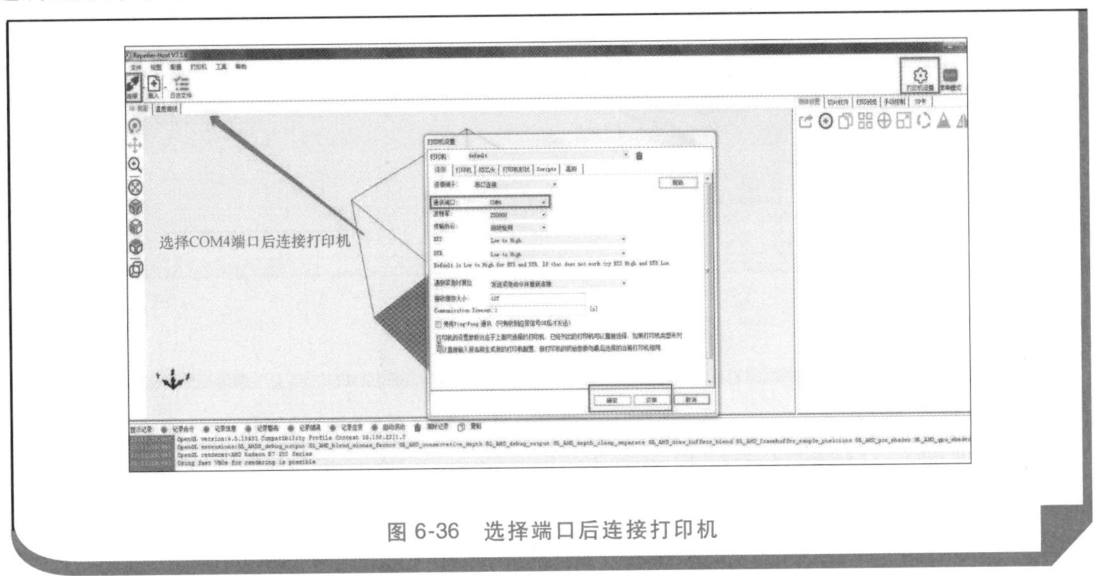

图 6-36　选择端口后连接打印机

2. 载入文件

单击软件页面左上方的【载入】按钮，弹出图 6-37 所示【导入 Gcode 文件】对话框，选择前面保存的 G 代码文件【扳手 . gcode】打开并将其导入软件。单击页面右上角的【打印预览】按钮，可浏览打印统计信息以及查看指定层，如图 6-38 所示。

图 6-37　导入【扳手 . gcode】文件

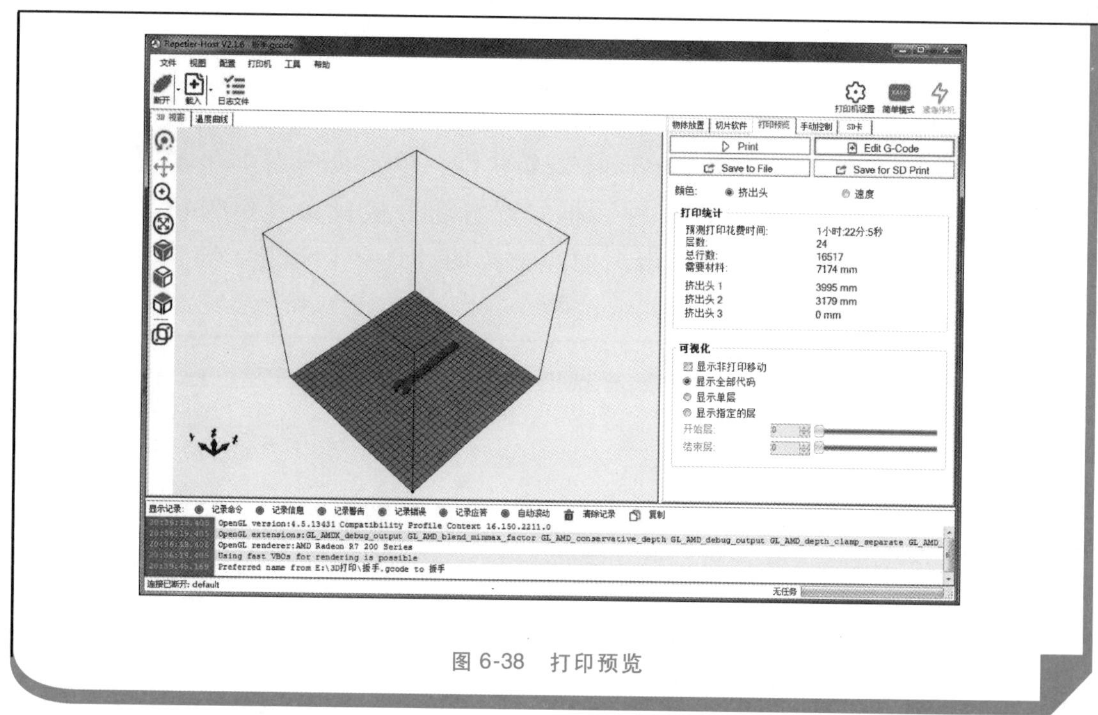

图 6-38　打印预览

3. 手动控制检查

单击页面右上角的【手动控制】按钮，在图 6-39 所示页面中解除两个挤出头和热床的温度锁定，设置热床温度、挤出头 1、挤出头 2 的温度分别为【55】【210】【210】，此时切片控制区显示【加热热床中】或【加热挤出头中】。打开风扇，待温度上升至设置温度后，依次切换挤出头 1、挤出头 2，通过给一定长度出

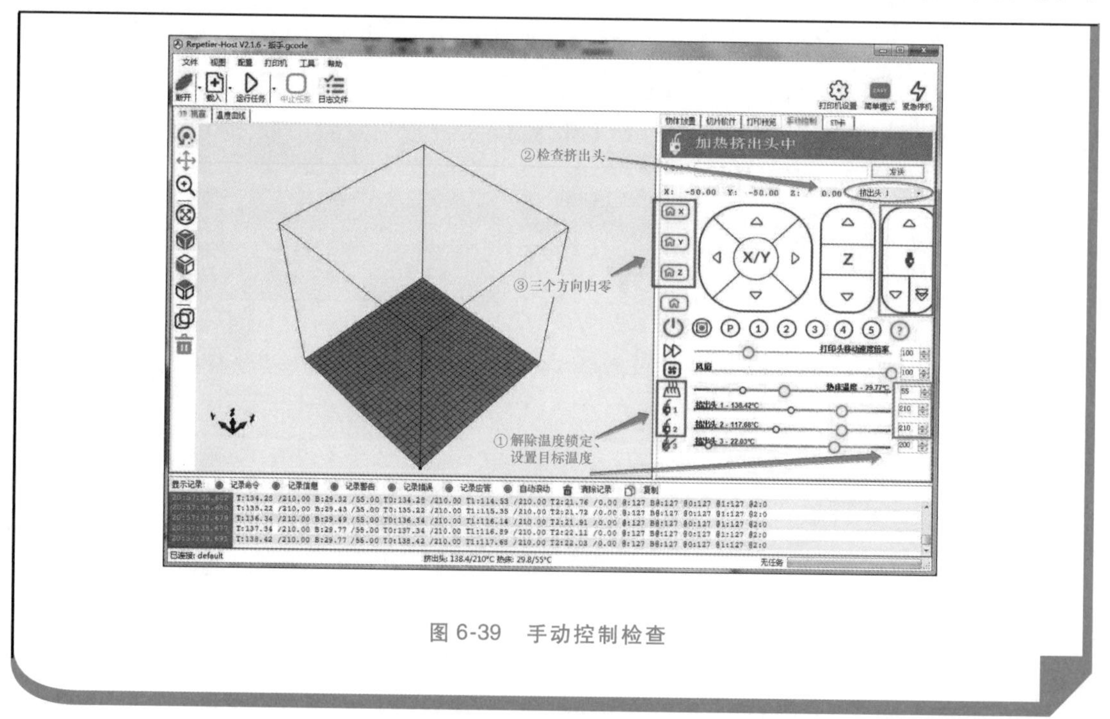

图 6-39　手动控制检查

丝量，检查喷头能否正常挤出，完成后依次单击回零按钮 X 、 Y 、 Z ，将挤出头电动机 X、Y、Z 三个方向位移归零。

4. 运行文件

单击页面左上方的【运行任务】按钮，开始运行程序，打印机开始打印，如图 6-40 所示。选择【视图】命令可切换不同视图，观察当前打印层的成形轨迹，如图 6-41 所示。

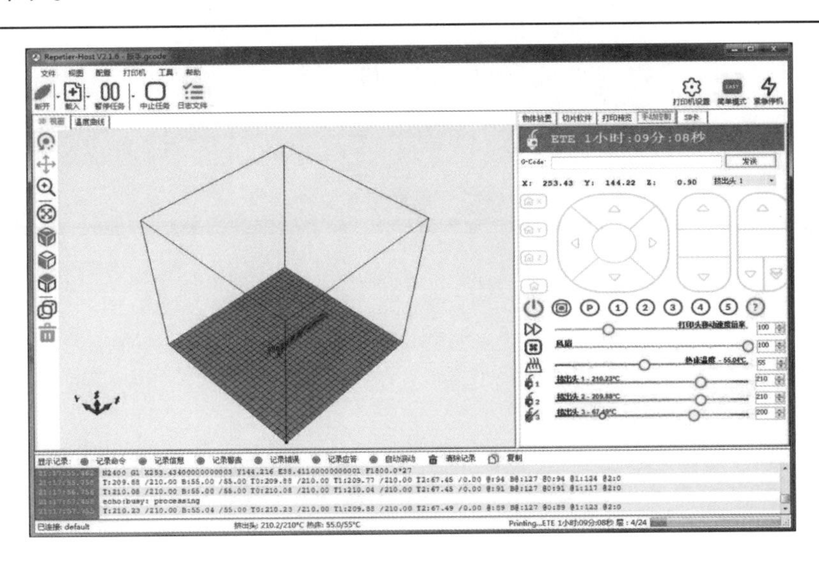

图 6-40　打印机开始打印

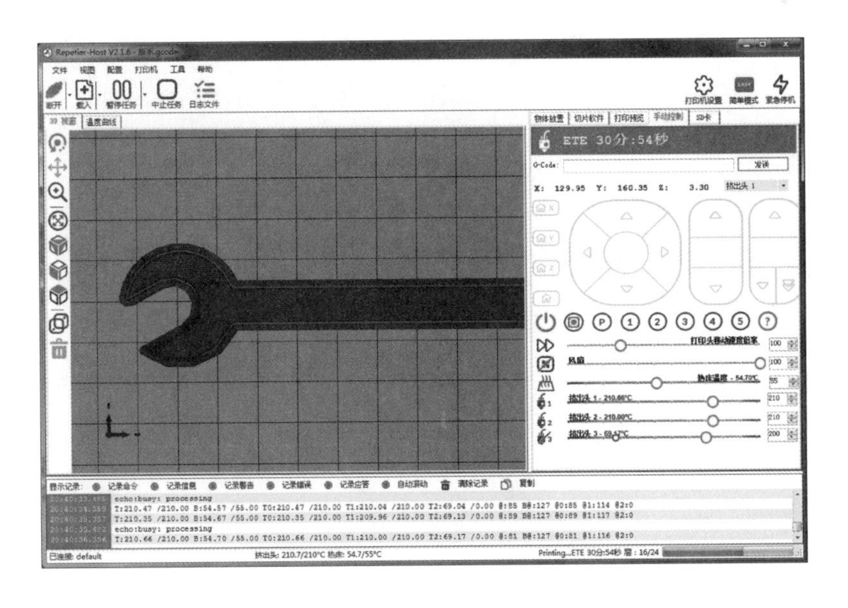

图 6-41　切换为俯视图查看成形轨迹

5. 成形完毕

执行完打印任务，程序自动终止，依次关闭软件和设备。取下成形扳手实物，如图 6-42 所示。

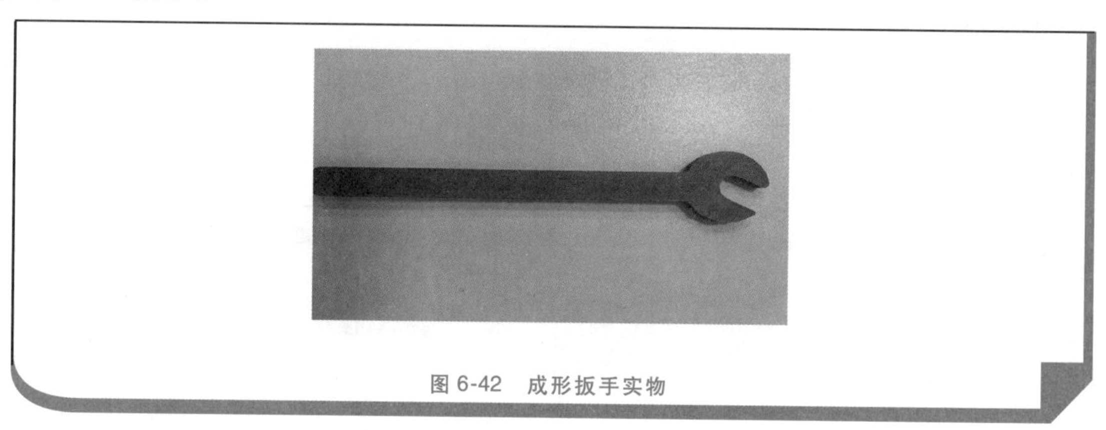

图 6-42　成形扳手实物

项目7

选区激光熔化成形(SLM)工艺实训

教学目的： 了解选区激光熔化工艺在涡喷发动机领域中的应用。
教学重点与难点： SLM 原理、分层方法与成形操作。
教学方法： 采用多媒体课件与实训实验相结合的方式，以启发式教育为主。
教学主要内容： SLM 原理介绍、分层设计方法与成形设备操作。
教学要求： 掌握 SLM 原理、分层设计方法与设备成形操作。
学生练习： SLM 成形零件实训。

7.1 SLM 工艺概述

7.1.1 SLM 工艺原理

选区激光熔化（Selective Laser Melting，SLM）工艺作为金属增材制造技术的主要工艺，它是在三维数字模型的基础上，由切片分层软件获得各层二维轨迹等数据信息，利用激光能量对选定轨迹区域的金属粉末进行照射，使金属粉末熔化成形[5]。其工作原理如图 7-1 所示，首先通过刮板推送金属粉末将其铺设到基板上，同时在成形室注入惰性气体防止粉末被氧化，保证传热性能及成形质量，并通过激光器的振镜偏转保证激光束照射在成形件的当前轨迹位置，并以扫描速度移动激光束，按照扫描轨迹连续熔化金属粉末。随着激光束的移动，熔融态金属迅速散热并冷却凝固，实现与前层金属冶金焊接成形，从而实现金属粉末熔融——凝固成形。

由于 SLM 工艺是将金属粉末完全融熔成形，属于冶金结合，不需要特殊的黏结剂，其成形后的材料组织细腻，孔隙率低，力学性能较好，在许多小批量、难加工、高附加值的零件制造中成为首选的加工制造工艺方案。

7.1.2 SLM 工艺优势

SLM 工艺的特点如下：

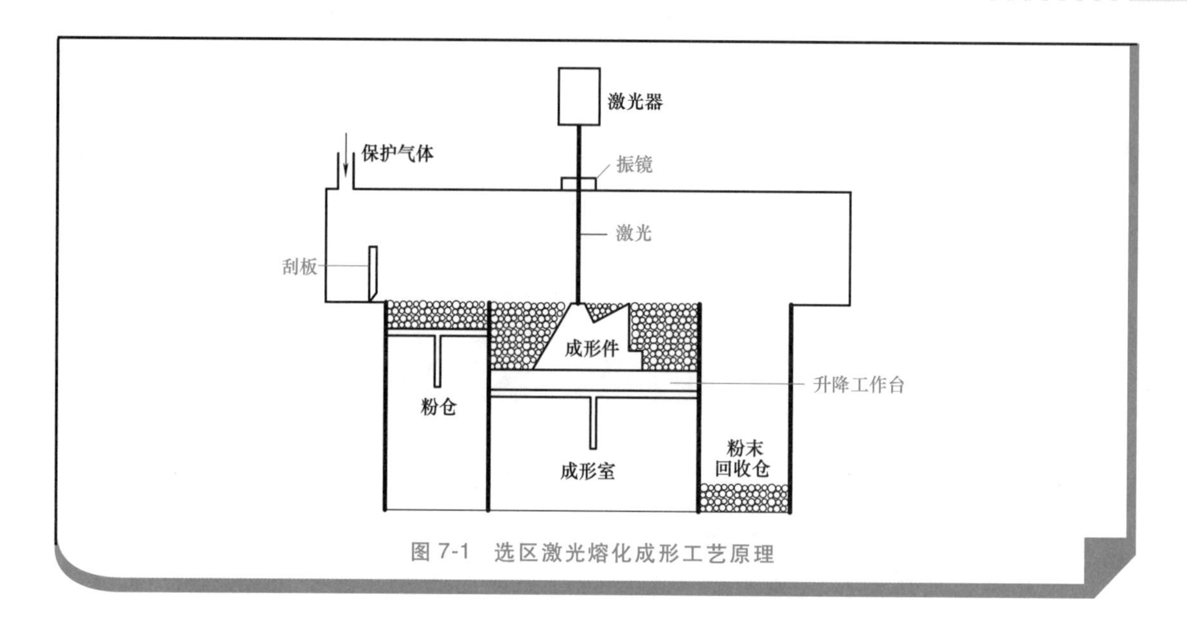

图 7-1 选区激光熔化成形工艺原理

1）直接制成终端金属产品，省掉中间过渡环节。由于采用 SLM 工艺成形的金属零件具有较高的尺寸精度和表面质量（表面粗糙度值为 Ra 30～50μm），一般不需要或仅需要简单的喷砂或抛光处理即可投入使用。

2）制造出来的金属零件是具有完全冶金结合的实体，其相对密度接近或达到 100%，且具有快速凝固的组织，这使得采用 SLM 工艺成形的金属零件的力学性能可达到锻件的水平，一般无须热处理即可投入使用。

3）成形材料来源广泛，可直接采用金属粉末，也可采用高熔点金属材料。成形材料包括不锈钢、钛合金和工具钢等多种材料。

4）成形过程不受零件复杂程度的限制，特别适合于单件小批量生产和个性化定制，或采用传统工艺无法制造的金属零件。

5）更换成特殊的铺粉装置，还可直接成形金属复合材料零件。

上述优点使 SLM 工艺具有广泛的应用前景。该技术已应用到个性化医用产品、复杂形状的零件、航天航空零件、难加工材料制件。随着该技术的进一步发展，其应用空间必然还会得到进一步扩展。

SLM 工艺具有以下不足之处：

1）成形零件容易产生制造缺陷。SLM 成形工艺取决于工艺参数的配合，一旦设计的工艺参数不匹配，极易产生球化效应、翘曲、裂纹等制造缺陷，限制了高质量金属零部件的成形。

2）成形零件尺寸有限。在成形室内成形的零件尺寸受限于设备的空间。另外，大尺寸成形零件的循环热力影响叠加，更易产生制造缺陷，需要较好的工艺方案。

3）技术复杂，精度要求严格，设备主要依赖于进口。由于 SLM 设备的零部件精度要求较高，且对系统的可靠性和稳定性都有较高要求，目前真正的产品级设备还主要依赖于进口。进口设备的封装性不利于工艺开发，限制了相关工艺探索的发展。

7.2 SLM 材料简介

采用 SLM 工艺成形零件的材料为粉末材料，主要分为铁基、钛基、镍基、铝基、铜基等金属或其合金，目前常用的粉末材料有：不锈钢粉末、高温合金粉末、铝合金粉末、钛合金粉末、高熵合金粉末等。衡量粉末成形质量的主要指标有堆积特性、粒度分布、球形度和含氧量等，如图 7-2 所示，球形度直接关系到成形制件的孔隙率、成形密度、成形力学性能等指标。此外，还有一些具体的指标来反映粉末的特性。SLM 工艺常用粉末材料特性见表 7-1。

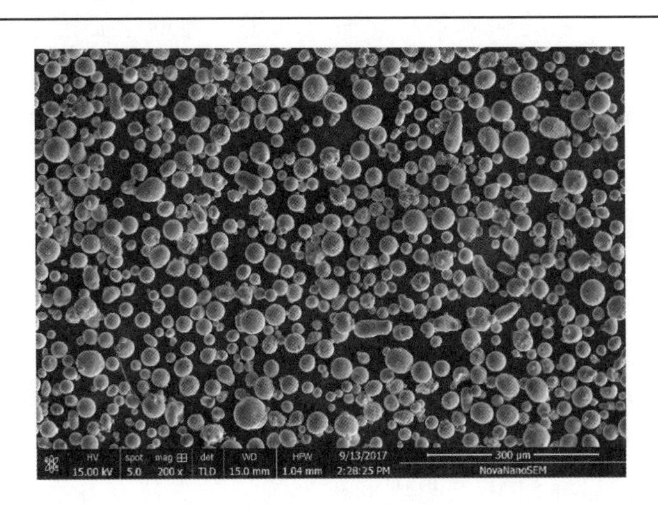

图 7-2 粉末显微效果

表 7-1 SLM 工艺常用粉末材料特性

类型	粒度范围/μm	熔点/℃	流动性
铁基（316L、420、M2）	30~80	1535	24s、50g
钛及钛基（Ti6Al4V、TiAl）	20~60	1675	25s、50g
镍基（Inconel625、Inconel718、Ni60 等）	25~80	1500	20s、50g
铝基（AlSi、AlCu、AlZn）	20~60	800	70s、50g
高温合金	20~60	1390	20s、50g

SLM 工艺对原料粉末的性能要求较高，国内生产大部分的粉末难以满足 SLM 工艺的使用要求，其粉末材料主要依靠进口，价格昂贵，使得 SLM 技术的大范围应用还难以实现。原料粉末已经成为制约 SLM 技术发展的关键技术瓶颈。

对目前越来越多的自制粉末工艺探索而言，一般粉末的制备需要满足以下条件：

1）适用于 SLM 工艺的粉末粒度范围放宽至 20 ~ 60μm，粉末粒度分布尽量窄。粉末颗粒大小基本一致。

2）粉末材料主要化学成分及杂质元素 C、S、N 和 O 应不超过相应牌号标准规定的范围，粉末氧增量不高于母合金的 0.01%。

3）球形度达到 0.92 以上，纵横比大于 2 的片状、条状、椭圆状、哑铃状及葱头状等非球形粉末颗粒的比例和质量百分比不超过 3%。

4）粉末具有流动性，但是有流动性不能作为粉末适用于 SLM 工艺的唯一判据。无流动性的粉末可通过测定休止角判定其是否满足铺粉要求，一般要求休止角< 35°。

5）要求粉末的松装密度大于其致密材料的 55%以上，振实密度大于其致密材料的 62%以上。

6）适用于 SLM 工艺的粉末要求含有卷入性气体的空心粉率不大于 1%。

7）制粉过程中不得引入任何非金属夹杂物、异质金属、污染物及其他有害物质。粉末中的夹杂物数量每 100g 不得多于 2 个，夹杂物尺寸不大于 35μm。

7.3 SLM 设备及附件

SLM 设备包括成形机主机及其附件。SLM 工艺成形机主机又包括成形室、粉仓、粉末回收仓、控制系统、激光器、计算机主机等。SLM 工艺成形机附件包括保护气体系统、筛粉器、密封操作台（俗称手套箱）、防爆吸尘器、工具、防护用具等。

本节以 Concept Laser SLM 工艺成形机为例，介绍其设备主机（图 7-3）及其附件（图 7-4）。

图 7-3　Concept Laser SLM 工艺成形机主机

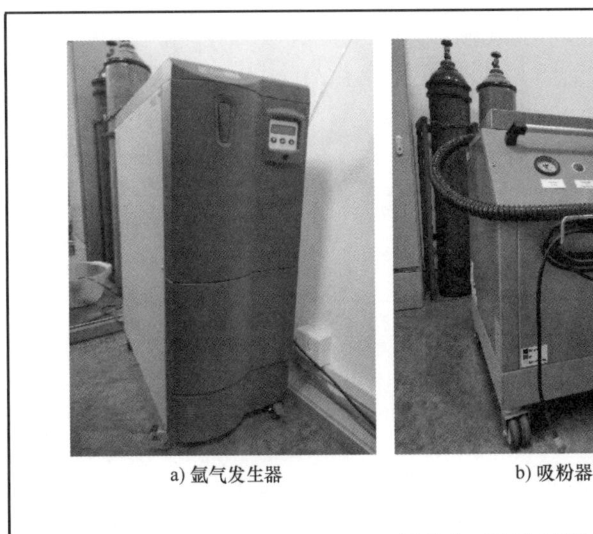

a) 氩气发生器

b) 吸粉器

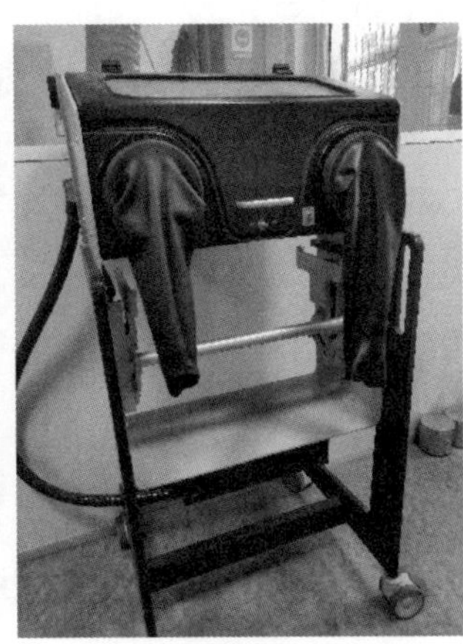

c) 操作手套

图 7-4　SLM 工艺成形机附件

7.4　分层软件

SLM 工艺模型的分层软件采用 Materialise 公司的专业 STL 处理软件 Magics 20.04 版本。安装该软件后打开软件，其初始页面如图 7-5 所示。

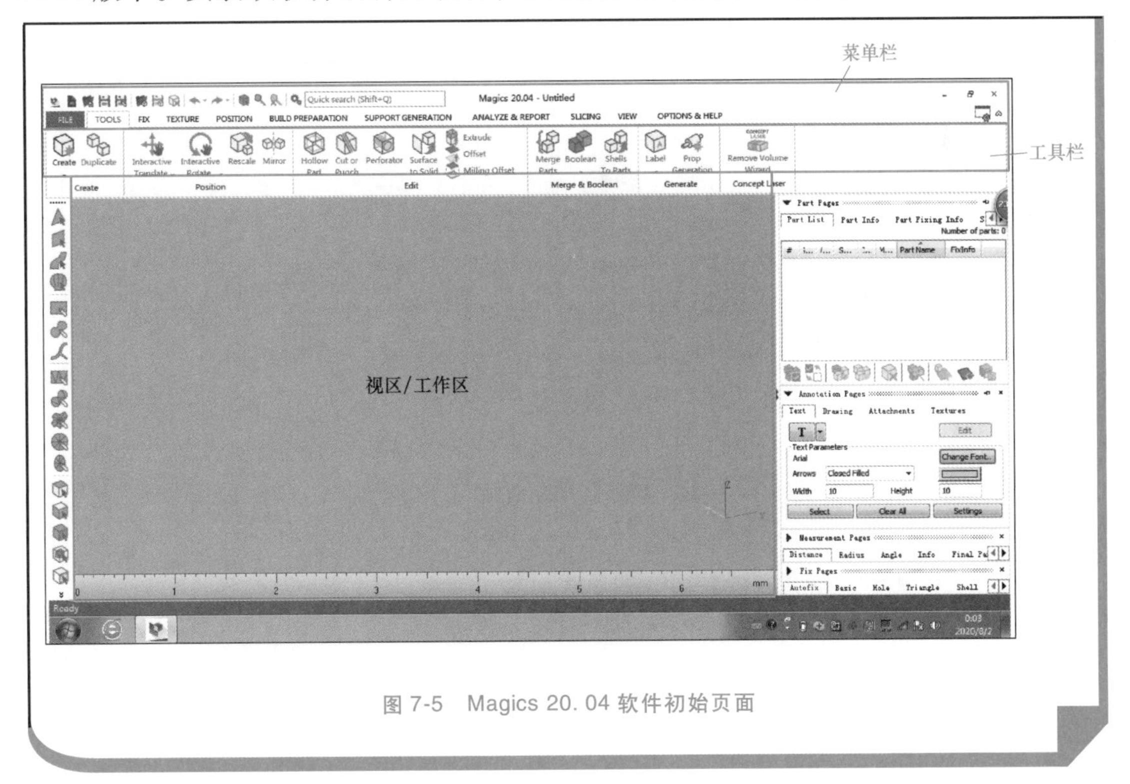

图 7-5　Magics 20.04 软件初始页面

1. TOOLS

工具菜单命令，主要是对当前模型进行创建和变换操作。其工具按钮如图 7-6 所示。

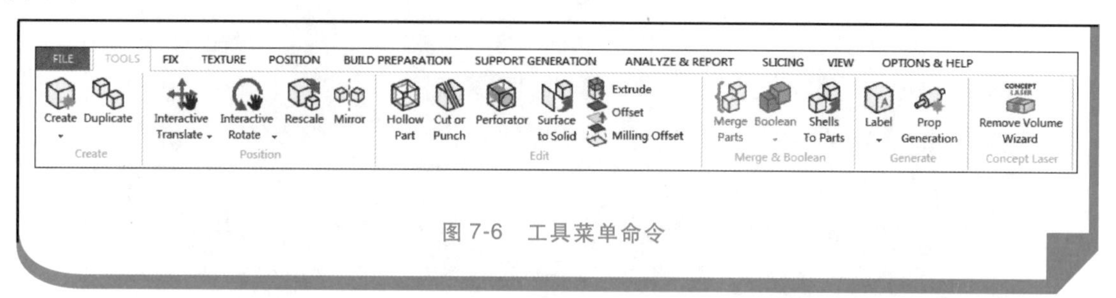

图 7-6　工具菜单命令

1）Create：创建模型按钮，单击该按钮后进入【Create Part】（模型创建）对话框，可以选择常用的模型，如长方体、圆柱体、棱柱、棱锥和滑块等，如图 7-7 所示。

2）Duplicate：复制按钮，可对选中的模型进行沿 X 方向或 Y 方向复制，其对话框如图 7-8 所示。

3）Position：对模型进行放置，包括：平移按钮、旋转按钮、缩放按钮、镜像按钮。

首先在工作区选中模型，然后单击相关按钮，在弹出的对话框中设置相应的坐标值或尺寸值即可。

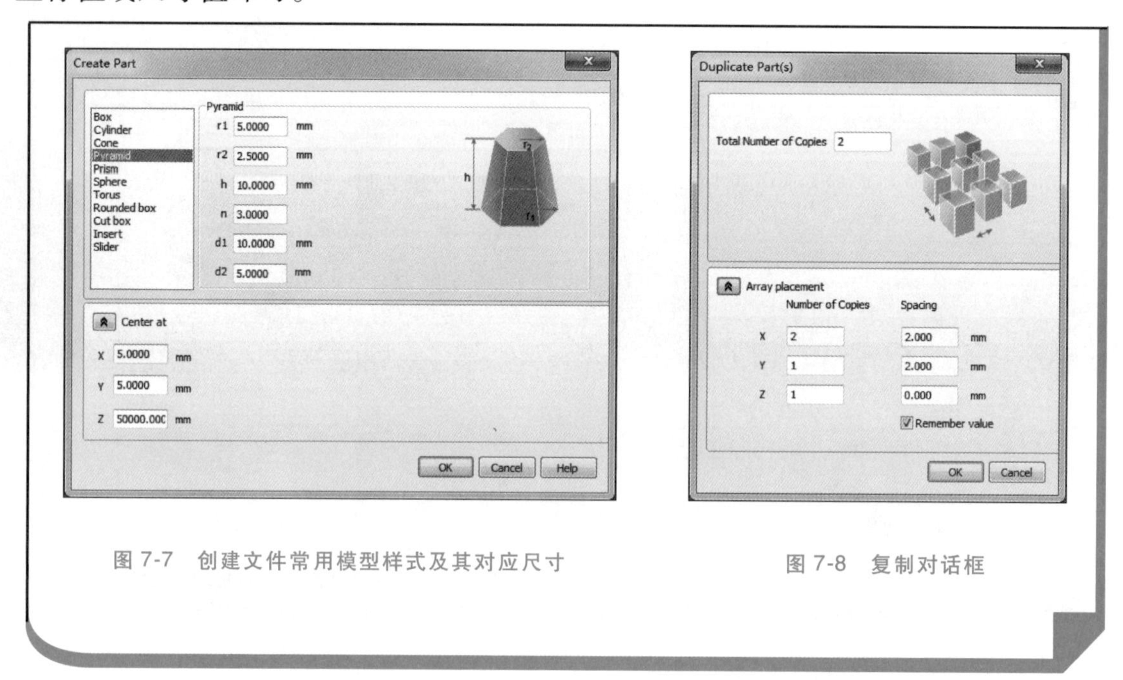

图 7-7　创建文件常用模型样式及其对应尺寸

图 7-8　复制对话框

4）Edit：对模型进行编辑操作，包括：抽壳按钮、分割按钮、穿孔按钮、实体化按钮、拉伸按钮 Extrude、偏移按钮 Offset、铣削偏置按钮

Milling Offset等。在工作区选中模型后，然后单击相关按钮，在弹出的对话框中设置相应图源及尺寸值即可。

5）Merge & Boolen：将模型合并，包括：零件合并按钮、布尔运算按钮、抽壳零件按钮。

预打印模型有两种构建方式，一种是前述的通过【Create】按钮新建文件，第二种是单击【Select Parts】按钮 Select Parts 导入模型，即将已建立的模型导入软件中，需要注意的是，文件格式必须是 STL 文件格式。

2. FIX

修复菜单命令，主要是对模型进行相关的检查与修复操作，其工具按钮如图 7-9 所示。

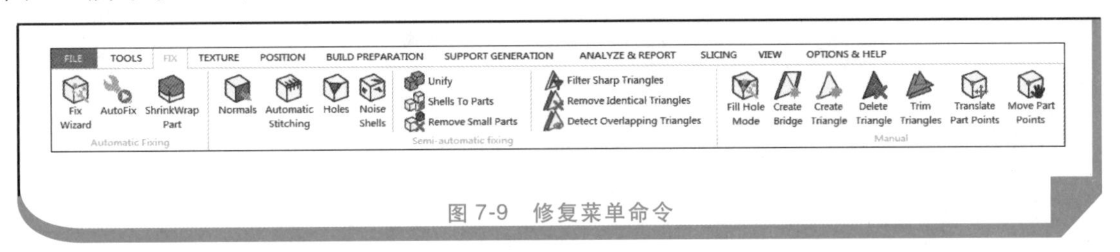

图 7-9　修复菜单命令

3. TEXTURE

纹理菜单命令，主要是为模型表面或选定区域添加纹理或色彩效果。其菜单命令如图 7-10 所示。

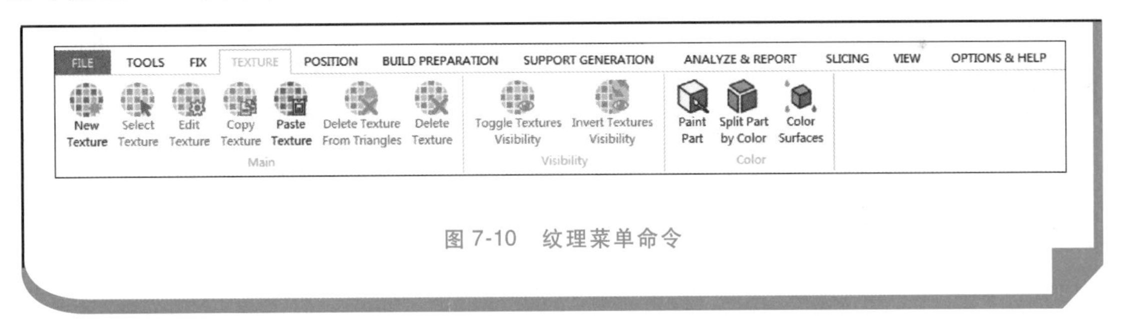

图 7-10　纹理菜单命令

4. POSITION

位置菜单命令，主要是对设计模型进行位置的变化操作。其菜单命令如图 7-11 所示。

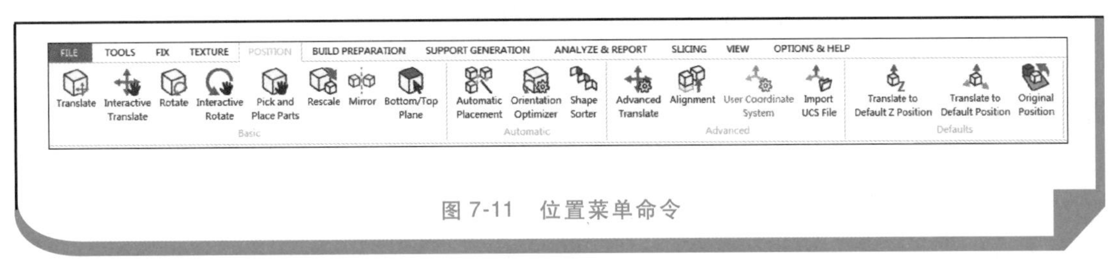

图 7-11　位置菜单命令

1）Translate：平移按钮，单击此按钮后，弹出【平移零件】对话框，如图 7-12 所示，有 Relative（相对）坐标方式和 Absolute（绝对）坐标方式两种模式，用于设置沿 X、Y、Z 方向的平移量。设置完成后单击【Apply】（应用）按钮即可观察移动效果。

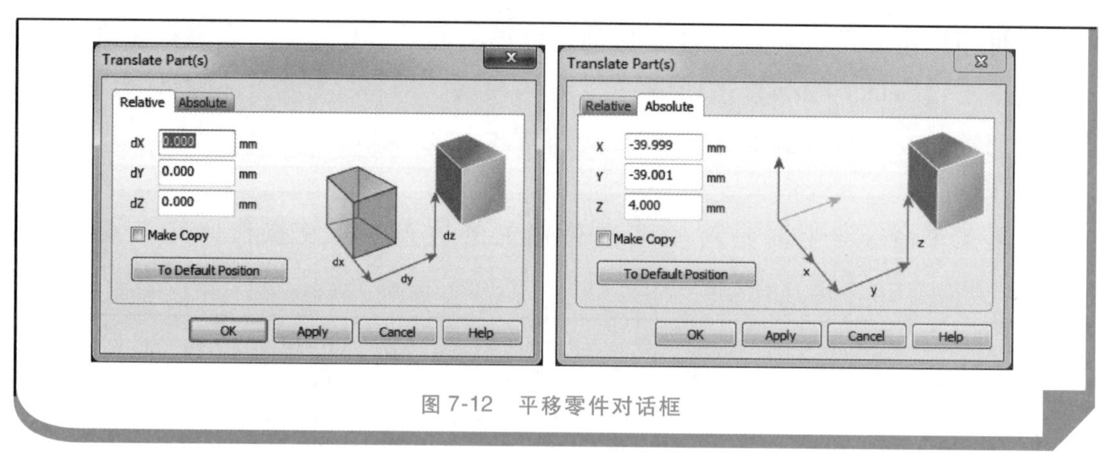

图 7-12　平移零件对话框

2）Rotate：旋转按钮，单击此按钮后，弹出【旋转零件】对话框，如图 7-13 所示，可以通过 Around Point（绕点）旋转或 Around Line（沿线）旋转两种方式旋转零件，设置对应值即可实现对零件的旋转操作。

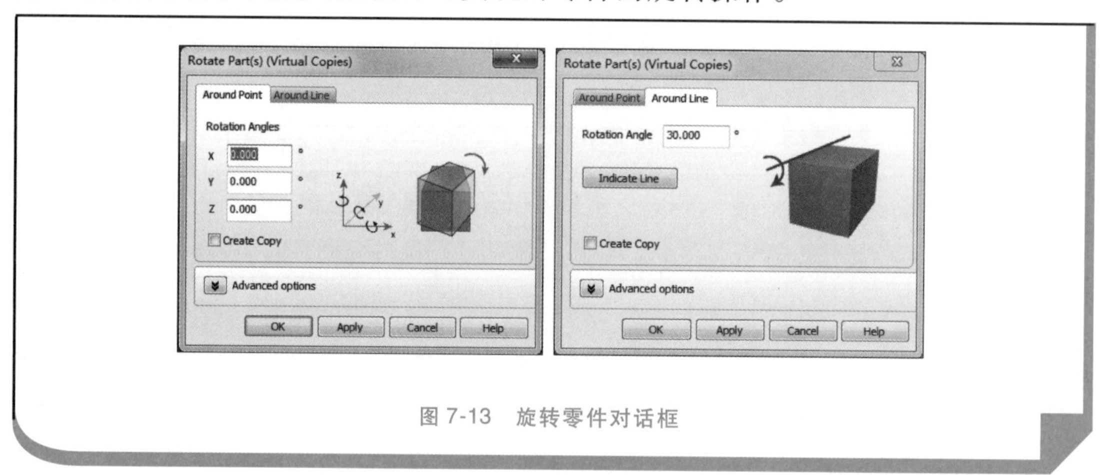

图 7-13　旋转零件对话框

3）Pick and Place Parts：拾取和放置零件按钮，单击此按钮后，光标变为移动靶框状态，直接移动光标可以带动模型移动。

4）Rescale：重新缩放按钮，单击此按钮后，弹出【缩放零件】对话框，如图 7-14 所示。可通过不同的方式缩放零件。

5）Mirror：镜像按钮，单击此按钮后，弹出【镜像零件】对话框，如图 7-15 所示，在该对话框中选择不同的镜像平面会得到不同的造型效果。

6）Bottom | Top Plane：底面或顶面按钮，单击此按钮后，弹出【平面】对

话框，如图 7-16 所示，可以将光标指定的某个平面重新设置为底面或顶面，完成对零件放置方向的设置。

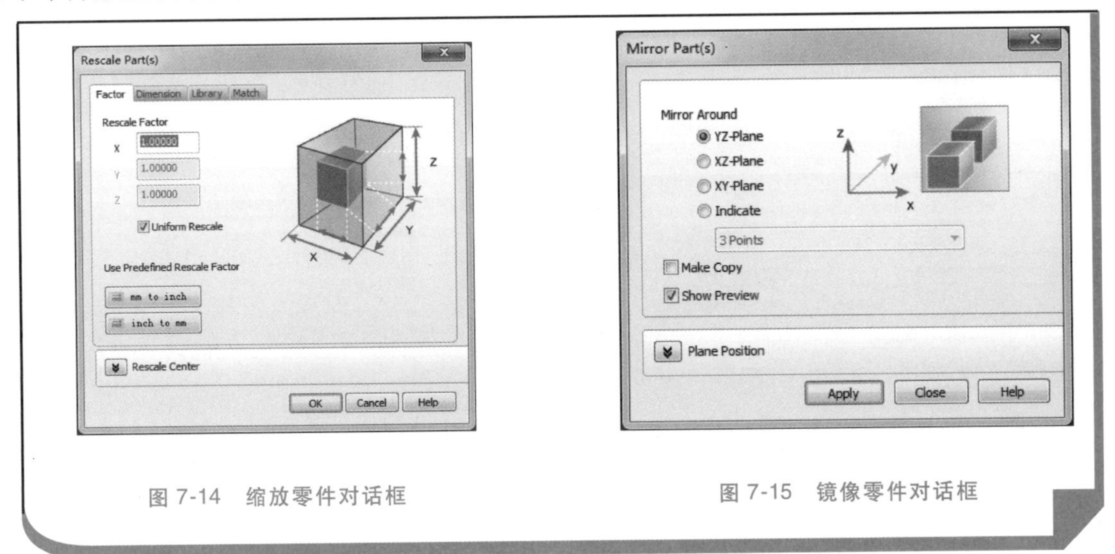

图 7-14　缩放零件对话框

图 7-15　镜像零件对话框

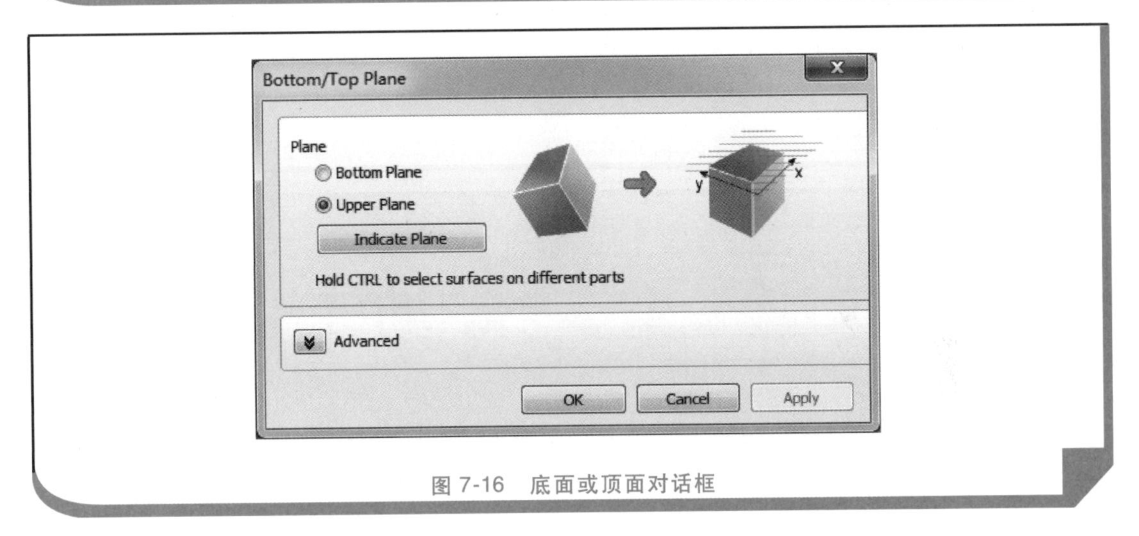

图 7-16　底面或顶面对话框

7）Automatic Placement：自动布局按钮，单击该按钮后打开【自动布局】对话框，如图 7-17 所示，在该对话框中可设置零件布局的间距及其到边缘的距离，以及相关的几何参数及包围框参数等。

8）Orientation Optimizer：方向优化按钮，单击此按钮，弹出【方向优化】对话框，如图 7-18 所示，在该对话框中可对当前零件的位置进行测量并对目标位置进行优化。

9）Shape Sorter：形状归类按钮，主要是对选定的形状按照指定的起始零件进行归类，其对话框如图 7-19 所示。

5. BUILD PREPARATION

创建准备菜单命令，其工具按钮如图 7-20 所示。

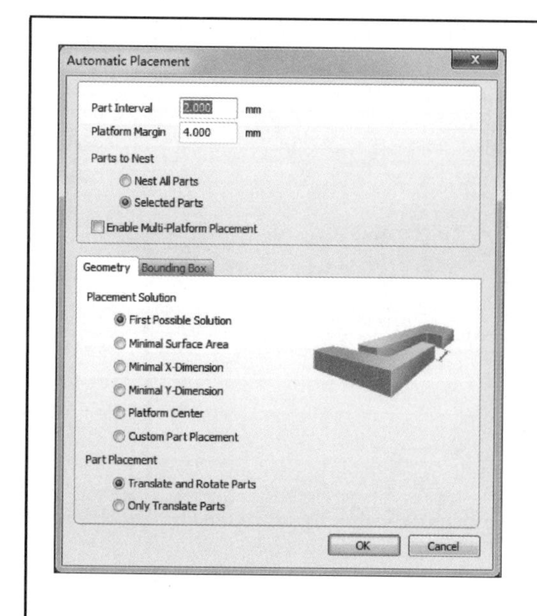

图 7-17　自动布局对话框

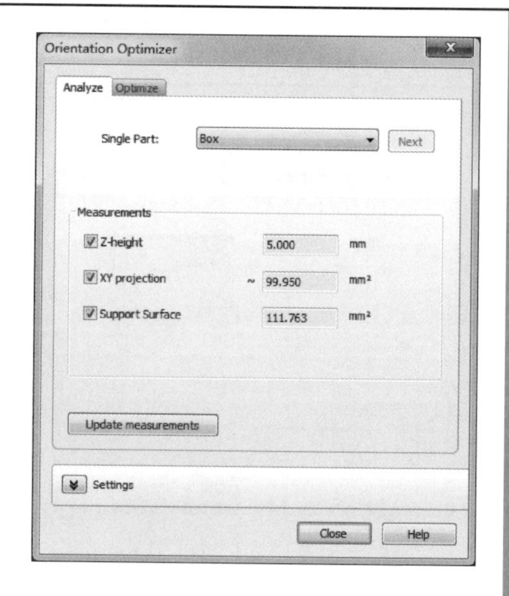

图 7-18　方向优化对话框

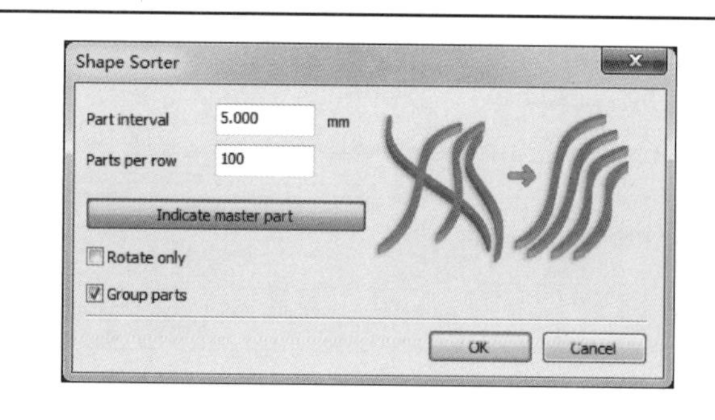

图 7-19　形状归类对话框

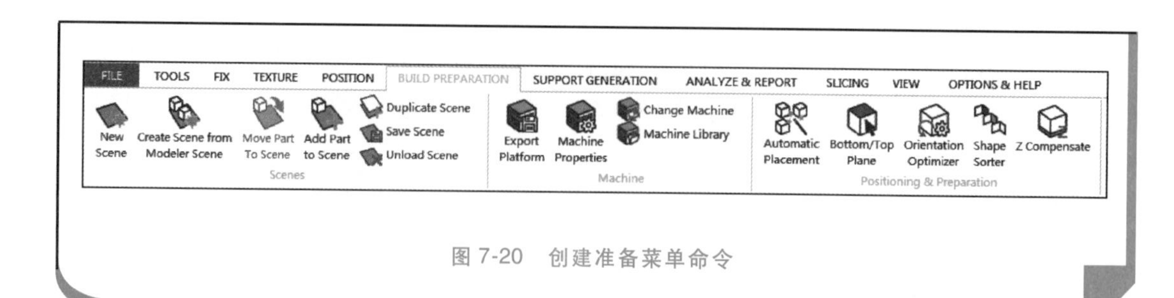

图 7-20　创建准备菜单命令

1）New Scene：创建新场景按钮，用于创建新的增材制造工作场景，单击该按钮后弹出图 7-21 所示对话框进行设置。

图 7-21 工作设备设置对话框

2）Add Part to Scene：添加零件到工作空间按钮，单击该按钮后，打开图 7-22 所示对话框，选择相关模型零件即可。

3）Automatic Placement：自动布局按钮，单击此按钮后，弹出图 7-23 所示对话框，进行零件自动布局设置。

6. SUPPORT GENERATION

支撑设置菜单命令，其工具按钮如图 7-24 所示。

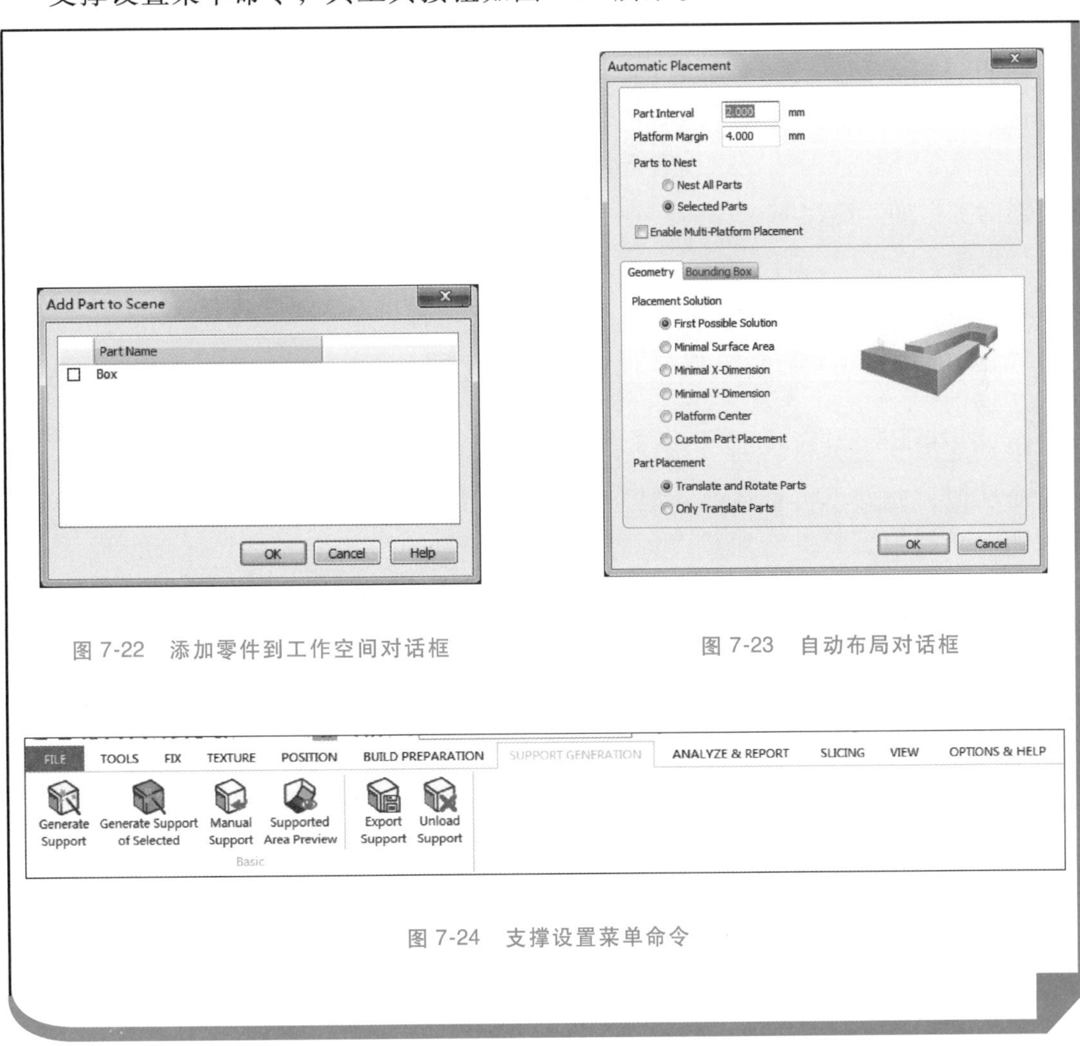

图 7-22 添加零件到工作空间对话框

图 7-23 自动布局对话框

图 7-24 支撑设置菜单命令

1）Generate Support：自动生成支撑按钮，单击该按钮后进入自动生成支撑子工具栏，如图 7-25 所示。

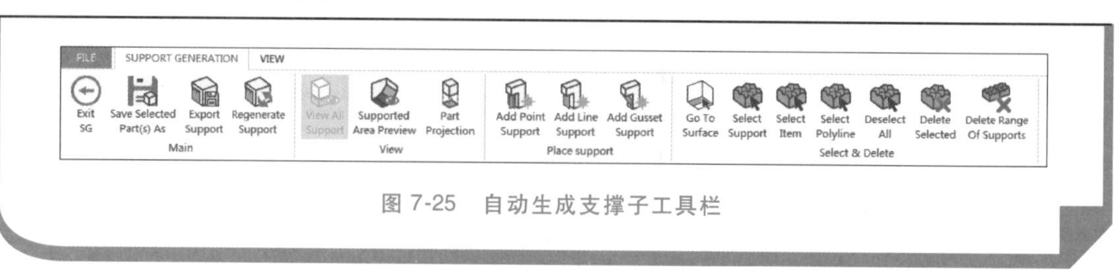

图 7-25　自动生成支撑子工具栏

自动生成支撑子工具栏中包括对支撑的保存、导出、重新设置、查看、增加点线面支撑，以及支撑的选择和删除等命令，分别可以对支撑进行编辑及修改操作。此外，在软件页面的右边状态区，可以进行对应的支撑类型设置，如图 7-26 所示，可以选择常用的支撑类型，也可以编辑支撑的细节形状。

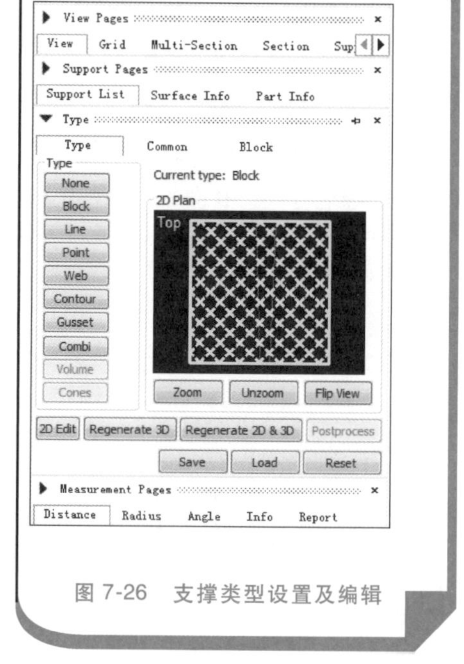

图 7-26　支撑类型设置及编辑

编辑支撑完成后，单击【Exit SG】按钮退出当前支撑设置环境，即从支撑设置环境退出到支撑设置的主页面。退出时，还需对本次支撑的设置进行保存。

2）Manu Support：手动生成支撑按钮，单击此按钮后，进入手动生成支撑子工具栏，如图 7-27 所示。

手动支撑子工具栏各命令按钮与图 7-24 所示命令相似，此处不再赘述。需要注意的是，手动生成支撑绘制的文件被保存后，在右侧对话框中需要进行加载设置等。

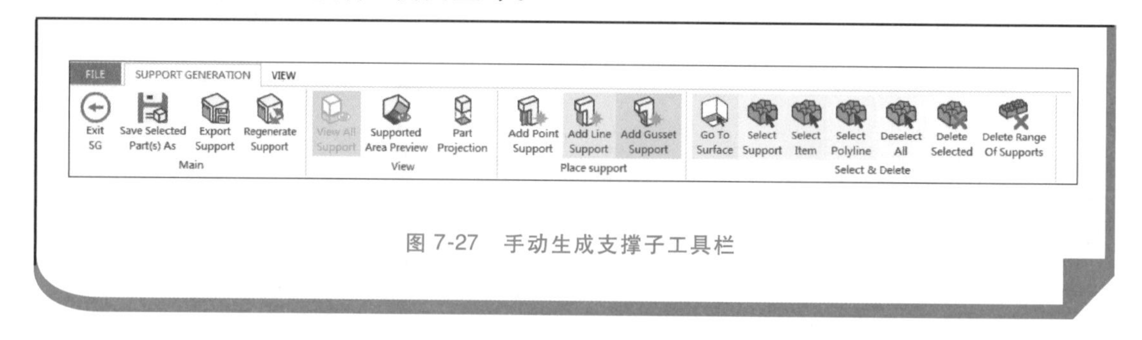

图 7-27　手动生成支撑子工具栏

7. ANALYZE&REPORT

分析及生成报告菜单命令，可进行基本的零件测量、测距、输出测试报告等操作，如图 7-28 所示。

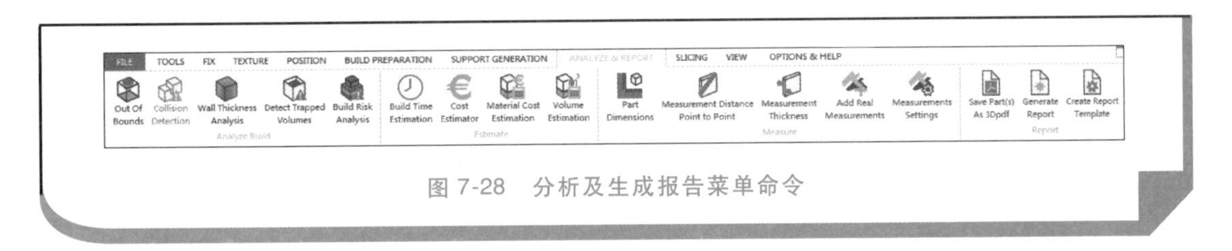

图 7-28　分析及生成报告菜单命令

8. SLICING

分层菜单命令，主要是对设置好的零件模型和支撑结构进行具体的分层操作，如图 7-29 所示。

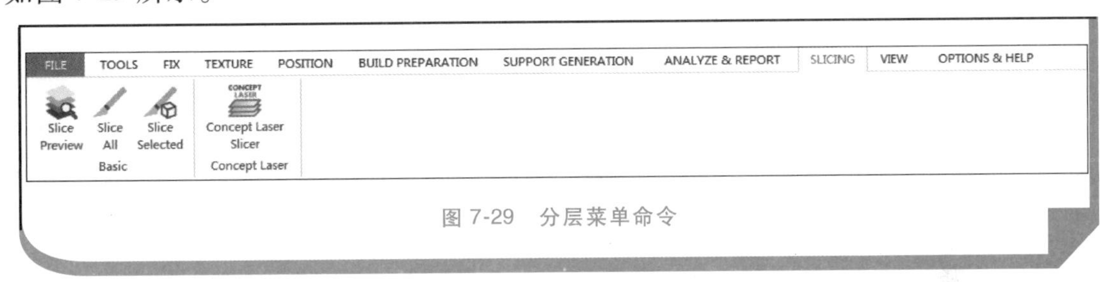

图 7-29　分层菜单命令

1） Slice Preview：分层预览按钮，单击该按钮后打开【分层预览】对话框，如图 7-30 所示，在该对话框中可对分层后的各层层高位置进行预览分析。

2） Slice All：分层所有按钮，单击该按钮后弹出【分层层属性】对话框，如图 7-31 所示，在该对话框中可对分层参数、分层类型，以及分层文件存放路径进行设置。

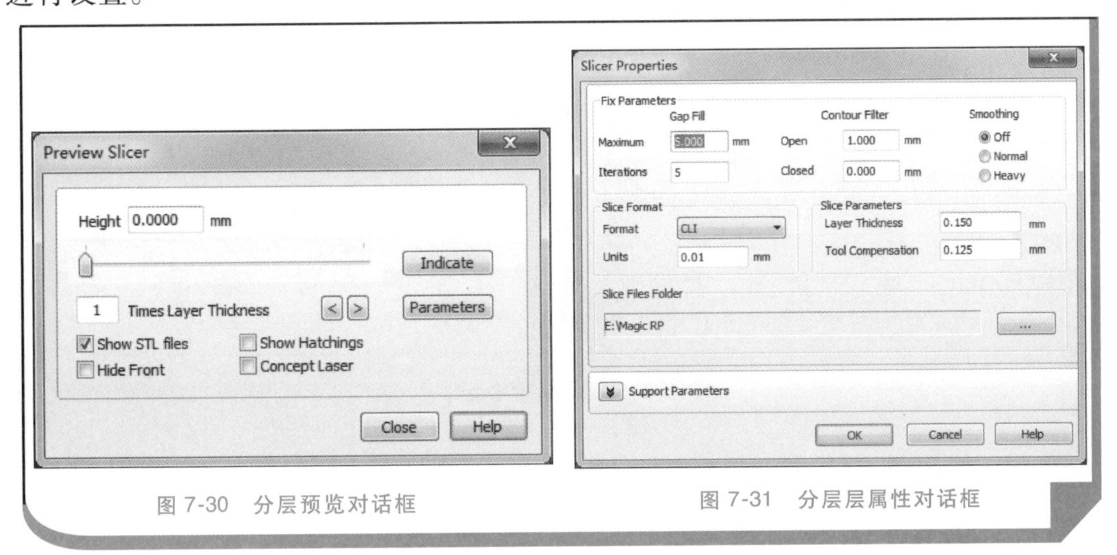

图 7-30　分层预览对话框　　　图 7-31　分层层属性对话框

3） Slice Selected：选择分层按钮，此功能的应用是在多个零件同时布局时选择部分零件进行分层。选择要分层的零件后，单击此按钮，仍然弹出图 7-31 所示对话框。

4）Concept Laser Slicer ：对接设备的分层器按钮，单击此按钮后，可打开图 7-32 所示对话框，根据对接设备进行零件模型的分层参数设置，包括存储路径、工艺参数包选择、分层设置数据、分层路径设置等。

9. VIEW

视图菜单命令，如图 7-33 所示，可对零件模型进行不同视角的观察分析。

10. OPTIONS

选项菜单命令，主要用于对软件工作环境进行设置，以及获取帮助文件等，如图 7-34 所示。

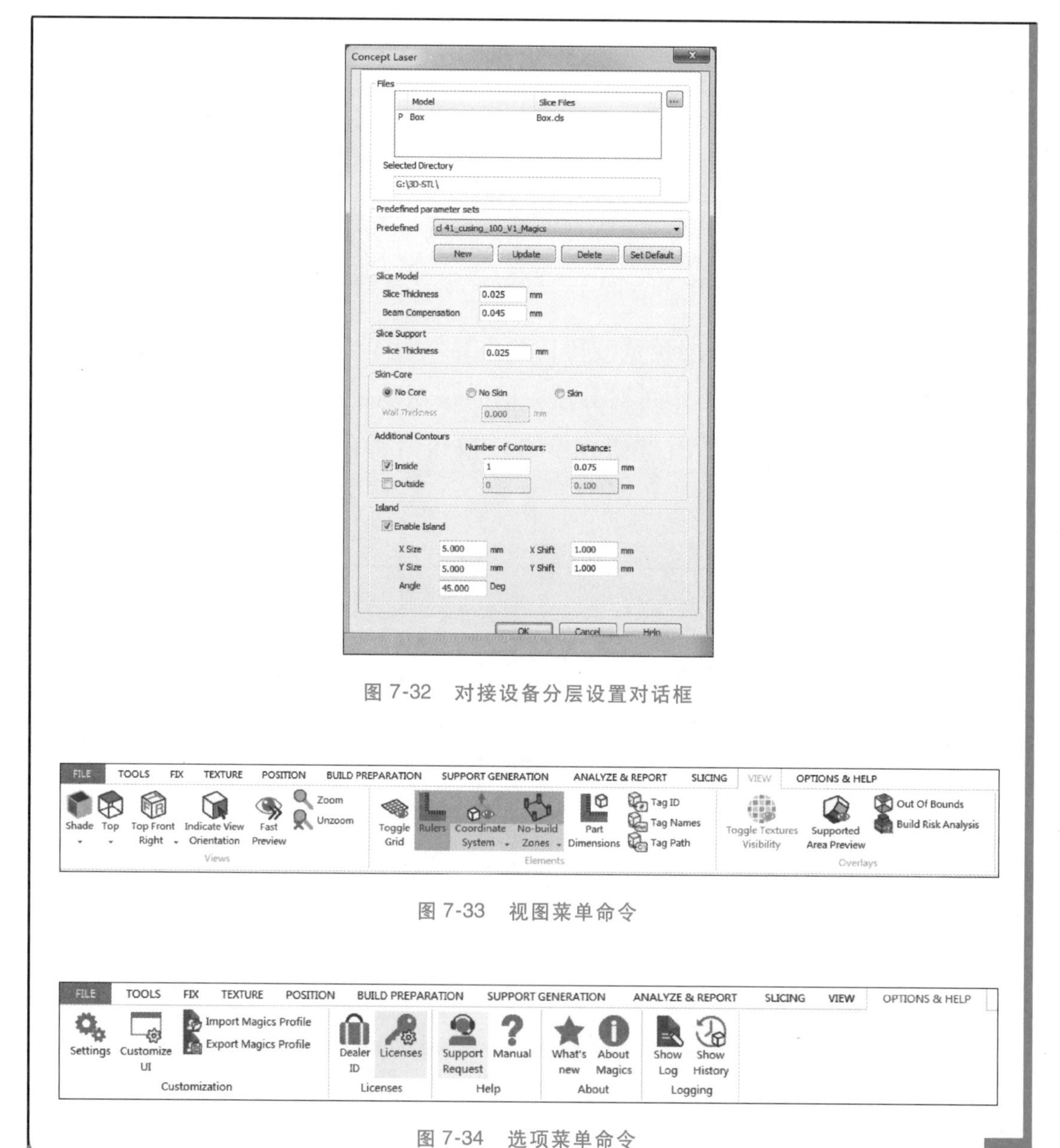

图 7-32　对接设备分层设置对话框

图 7-33　视图菜单命令

图 7-34　选项菜单命令

7.5 SLM 工艺工程实例

完成图 7-35 所示三维模型的金属增材制造 SLM 工艺成形。

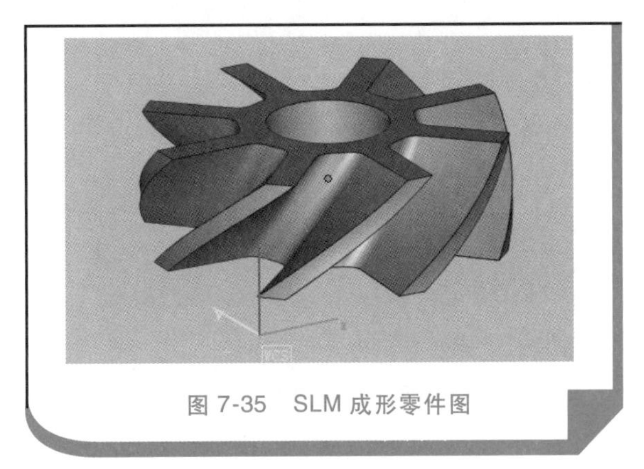
图 7-35　SLM 成形零件图

主要操作步骤如下：

1. 创建三维模型

在 Creo3.0 软件中利用【曲面】功能创建模型，完成后保存为*.STL 格式文件。

2. 设置模型工艺性及分层

1）打开 Magics 20.04 软件后，首先进入 BUILD PRAPARATION 菜单进行工作空间设置。单击【New Scene】按钮，在图 7-36 所示对话框中选择对应的设备。

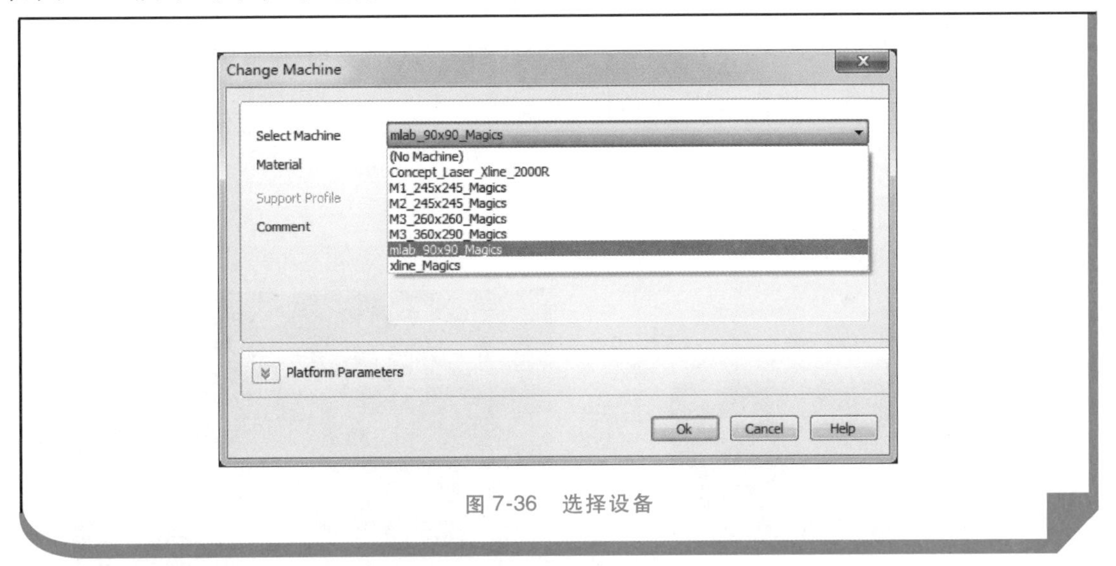

图 7-36　选择设备

2）单击【导入模型】按钮，从打开的对话框中选择模型所在的目录路径，零件模型类型为*.STL 格式文件，导入模型效果如图 7-37 所示。

3）布置零件到工作空间。单击【Automatic Placement】按钮，在打开的对话框中设置模型间距、到边缘的距离和放置方案等。完成模型在工作空间的布局，效果如图 7-38 所示。

4）如果需要重新摆放模型，进入【POSITION】菜单，通过平移、旋转、缩放等按钮对零件的位置进行调整，当前零件位于工作空间正中，距离基板 2mm。如果需要复制多个模型同时分层，可进入【TOOLS】菜单，单击【复制】按钮进行复制。

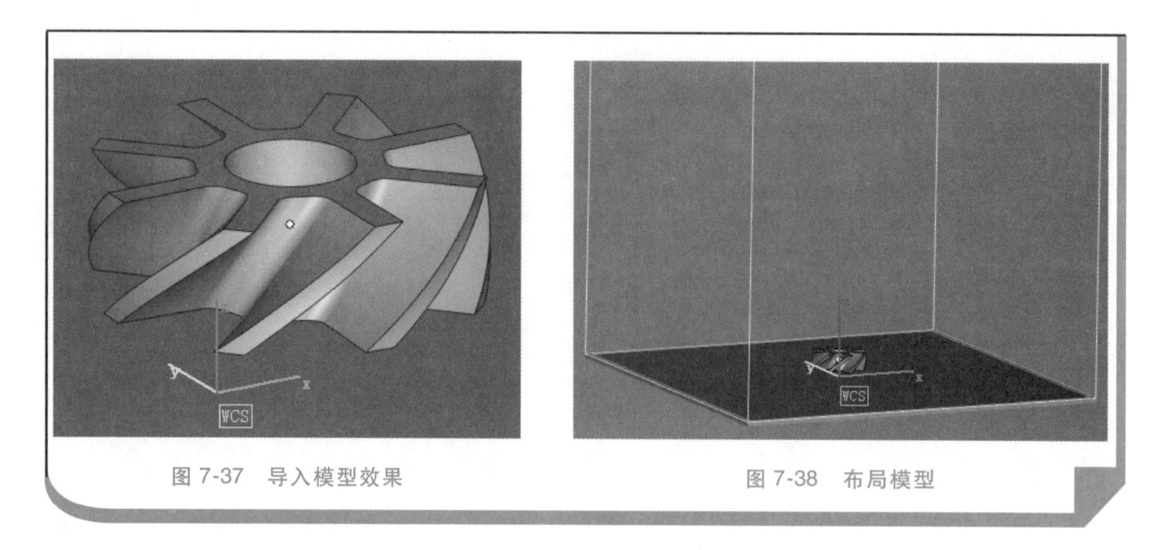

图 7-37　导入模型效果

图 7-38　布局模型

5）为模型添加支撑。进入【SUPPORT GENERATION】菜单，单击【Generate Support】按钮，进入支撑子菜单，在图 7-39 所示对话框设置【Type】（类型），完成的模型支撑效果如图 7-40 所示。如果需要对支撑进行编辑，选择相应的选项进行设置即可。若确认所设支撑，单击【Exit SG】按钮退出当前支撑设置环境，并在弹出的对话框中选择保存过程文件。

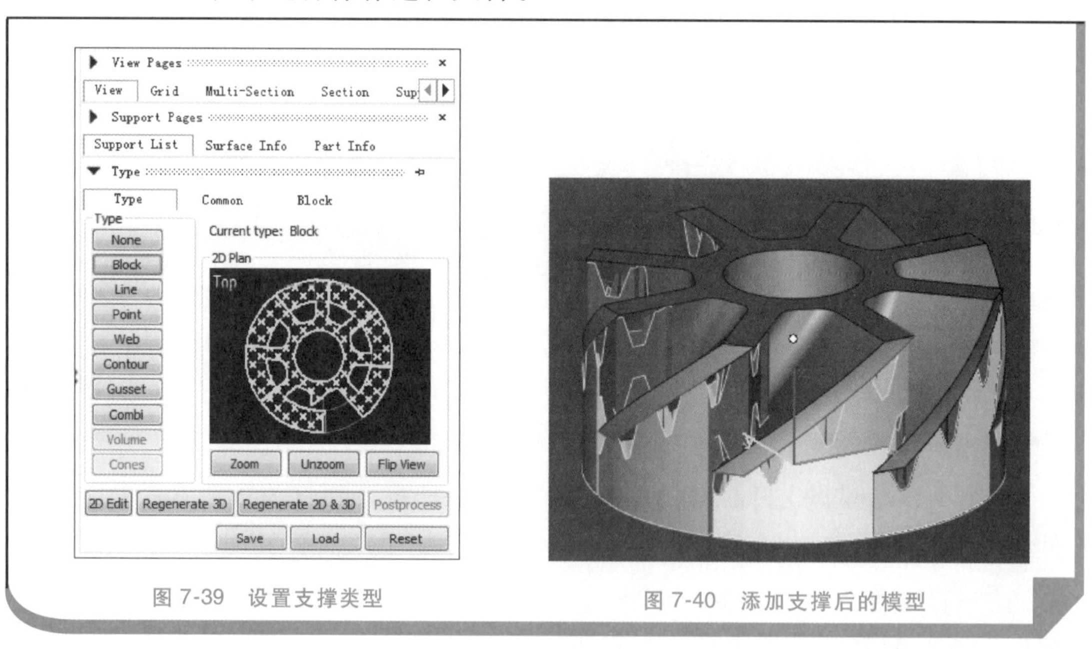

图 7-39　设置支撑类型

图 7-40　添加支撑后的模型

6）对模型进行分层。进入【SLICING】菜单，可以单击【Slice All】按钮，在打开的对话框中进行分层格式和分层参数等设置。如按照对应设备参数包进行分层，可以选择本软件加载的 Concept Laser 分层单元，即单击【Concept Laser Slicer】按钮，在弹出的对话框中进行参数设置，如图 7-41 所示。确认设置后，软件按照前期设置的保存路径直接生成零件分层文件（P_***.cls）与支撑分层文件（S_***.cls）。此文件可以通过外部存储设备或远程 COM 接口传递到 SLM 工艺设备上进行制造。

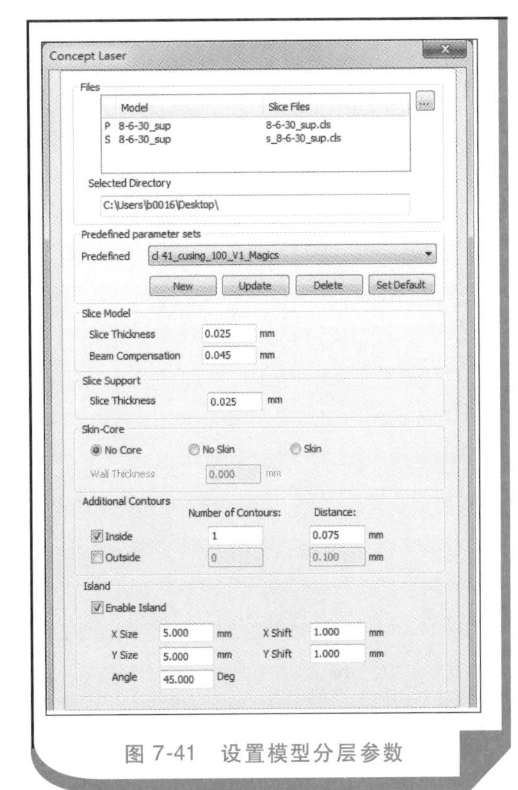

图 7-41　设置模型分层参数

3. 启动 SLM 工艺设备（Concept Laser），进行制造工艺参数设置

1）开启设备电源，打开软件，其初始页面如图 7-42 所示。Concept Laser 控制系统也是一款窗口式操作软件，主要工作菜单有【Build job】【Edit】【Parameter】三个。

2）新建工程。选择【Build Job】→【New Build Job】命令，打开图 7-43 所示对话框。在【新建工程】对话框中可以对文件进行命名，并且可以选择新工程对应的工艺参数基础数据包，如不锈钢材料可选择【cl 20_100_lower】选项。

3）导入模型。选择【Edit】→【Load Part】命令，加载制造模型，弹出【Open】对话框，如图 7-44 所示，从中选择分层后的文件，即零件分层文件（P_***.cls）与支撑分层文件（S_***.cls）。

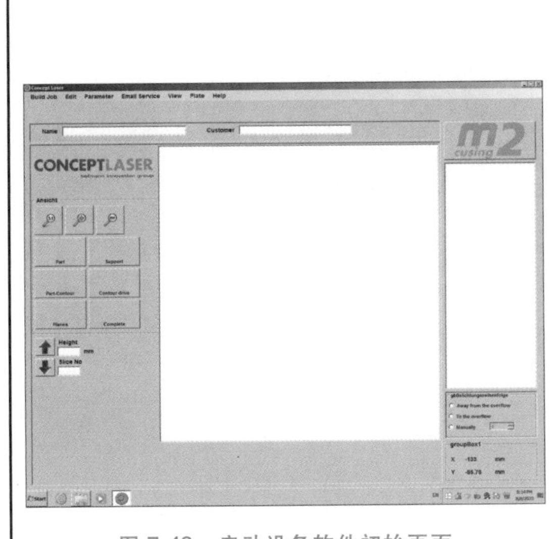

图 7-42　启动设备软件初始页面

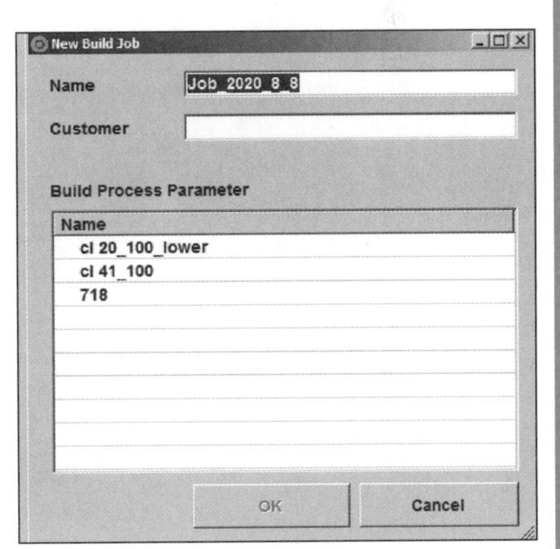

图 7-43　新建工程对话框

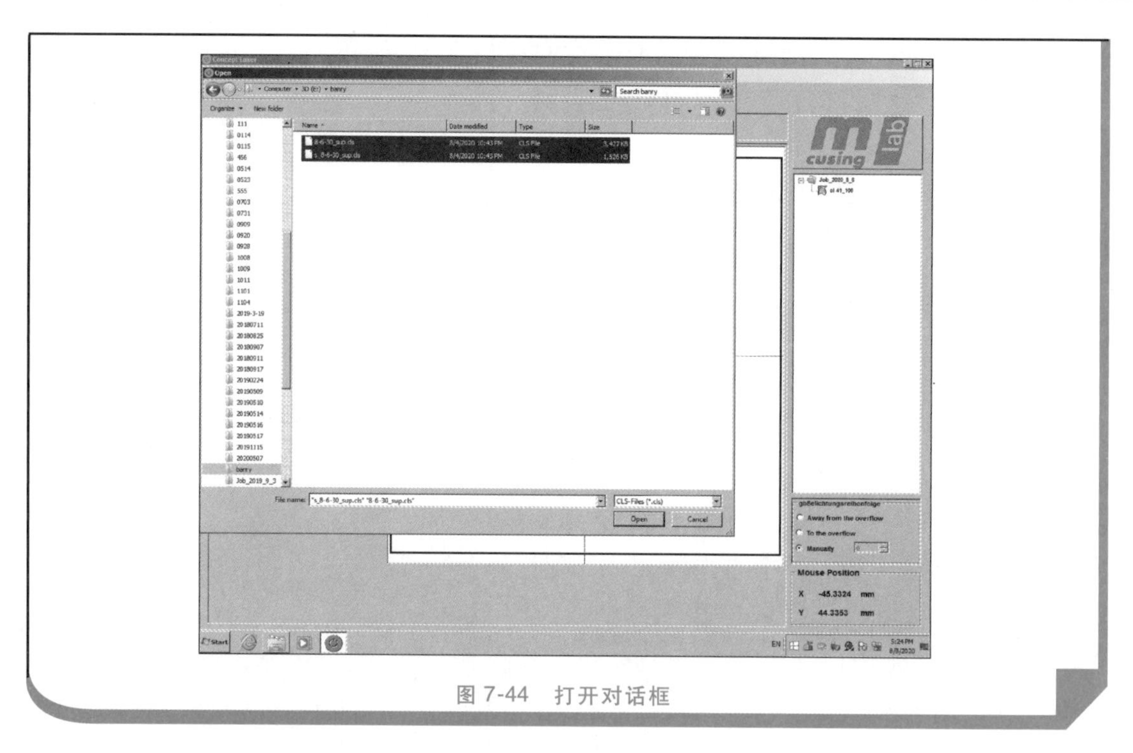

图 7-44 打开对话框

导入文件后，选择工艺参数类型，如图 7-45 所示，在新建工程参数包下用户之前保存的参数都可选择，后续操作步骤也支持在此参数类型基础上的编辑和修改，以适应本制造模型的成形。

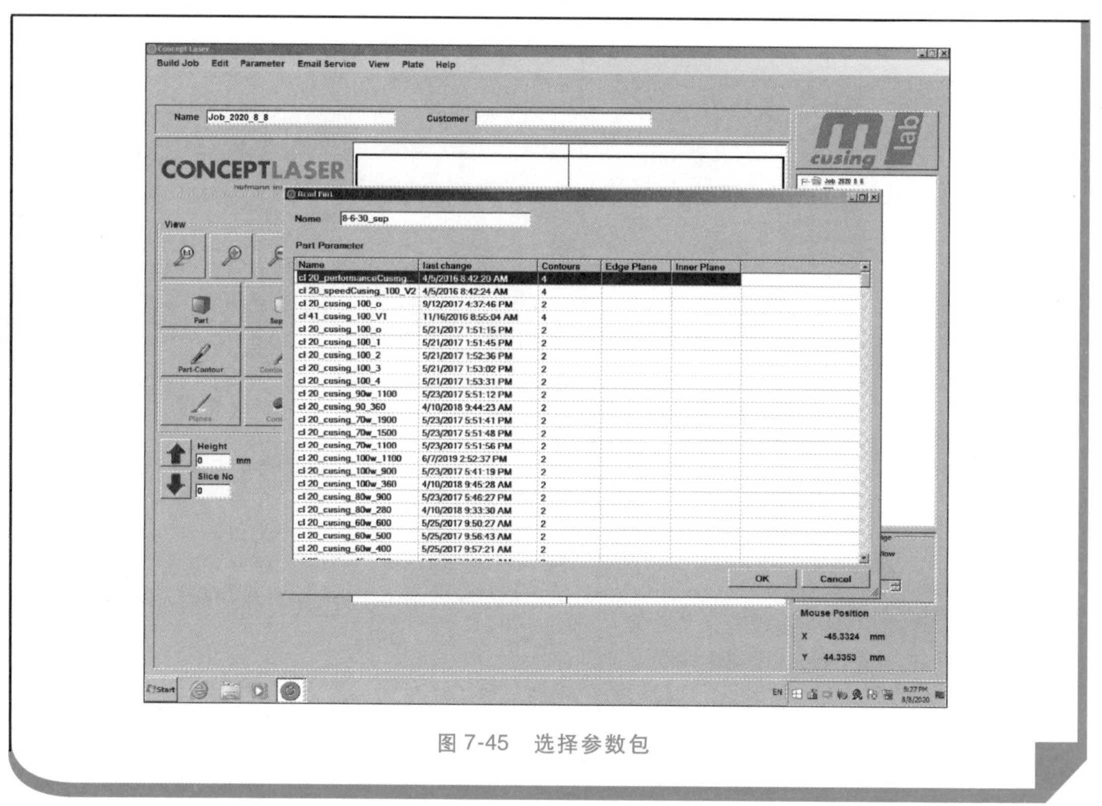

图 7-45 选择参数包

选择好参数包后，完成模型导入，如图 7-46 所示，通过【View】选项区域中的各按钮可以对工作区的视图进行缩放、只显示零件、只显示支撑、以高度查看和以层数查看等操作。图 7-47 所示为模型放大效果。

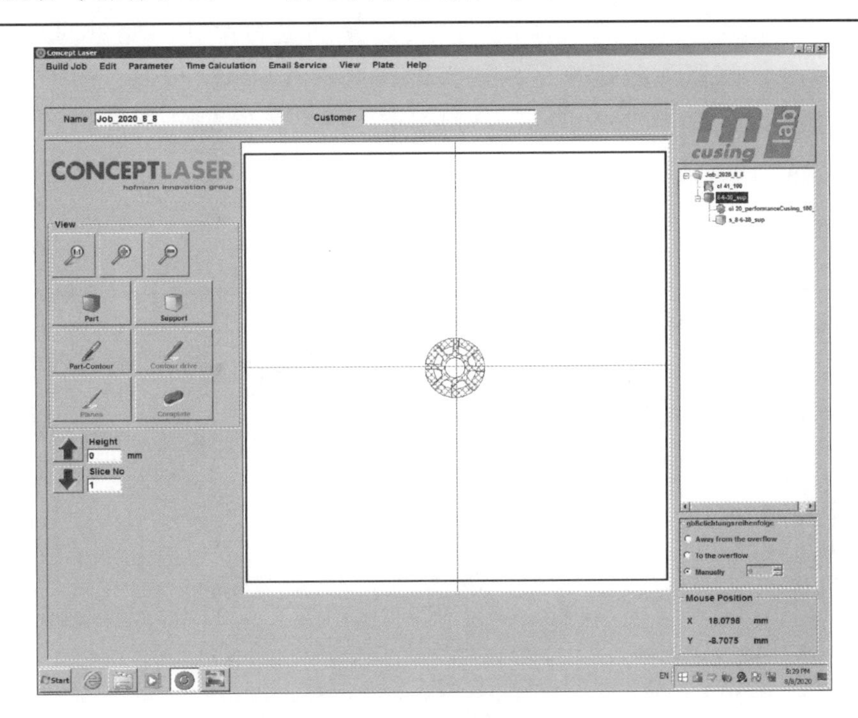

图 7-46　导入模型

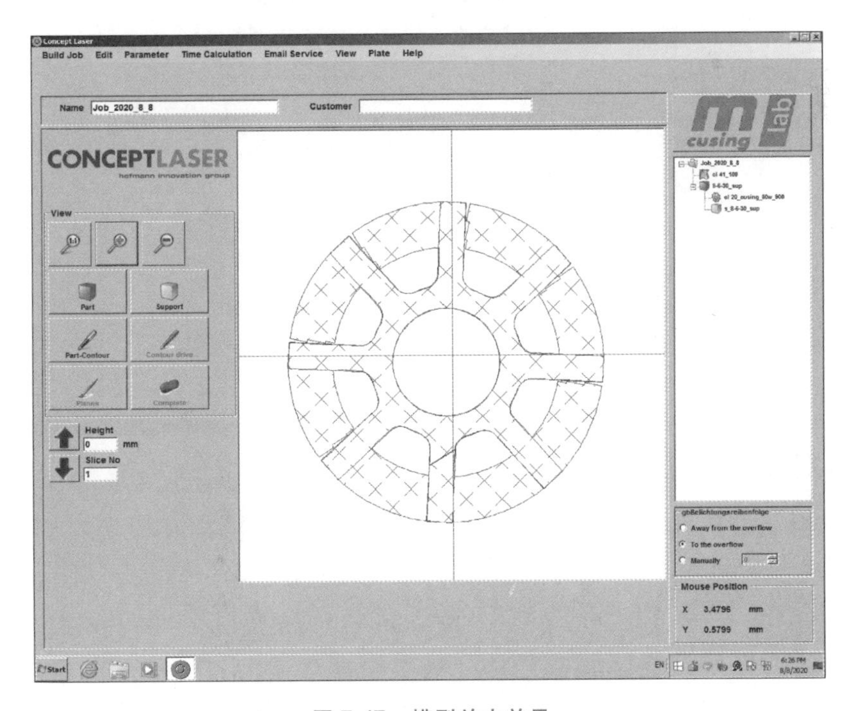

图 7-47　模型放大效果

4）修改工艺参数。在导入模型已有的参数包基础上可以对其进行修改，如图 7-48 所示。选择【Parameter】→【Part Parameter】命令，打开该模型参数包里的已有参数类型，从中可以继续选择某一类型，单击【Assign】按钮确认选择该工艺参数；单击【Export】按钮或【Import】按钮分别进行导出或导入工艺参数的操作；单击【New】按钮为新建一组参数类型；单击【Edit】按钮，可对当前选中的参数类型进行修改，如图 7-49 所示，可以对主要工艺参数分别进行调整，包括对零件工艺参数的修改或对支撑工艺参数的修改等。修改的工艺参数主要有曝光扫描路径、激光参数和间距。这些工艺参数根据材料与零件类型匹配的参数值进行具体的修改。

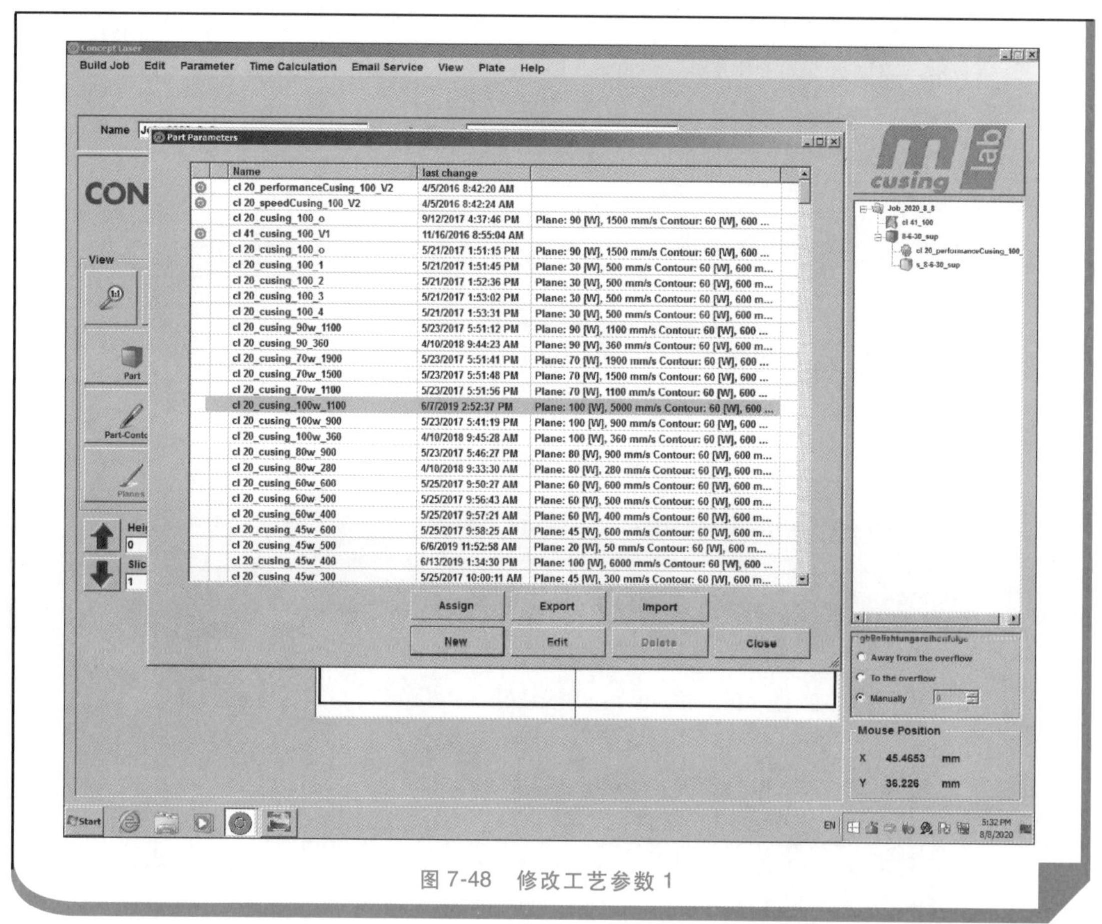

图 7-48　修改工艺参数 1

5）调整模型。设置好工艺参数后，可以对模型进行进一步的调整，包括复制、移动和删除操作。此时可以通过【Edit】菜单，也可以在模型右侧的模型树中单击鼠标右键，弹出图 7-50 所示快捷菜单，选择【copy】命令，将模型复制为多个；选择【rename】命令，可给模型重新命名；选择【Move Part】命令，弹出图 7-51 所示对话框，设置移动参考量可对模型进行移动。

6）设备设置及监控。单击当前软件页面右上角的【M Casting】按钮，进入设备设置及监控页面，如图 7-52 所示，该页面新增了【Machine】菜单，中间为设备

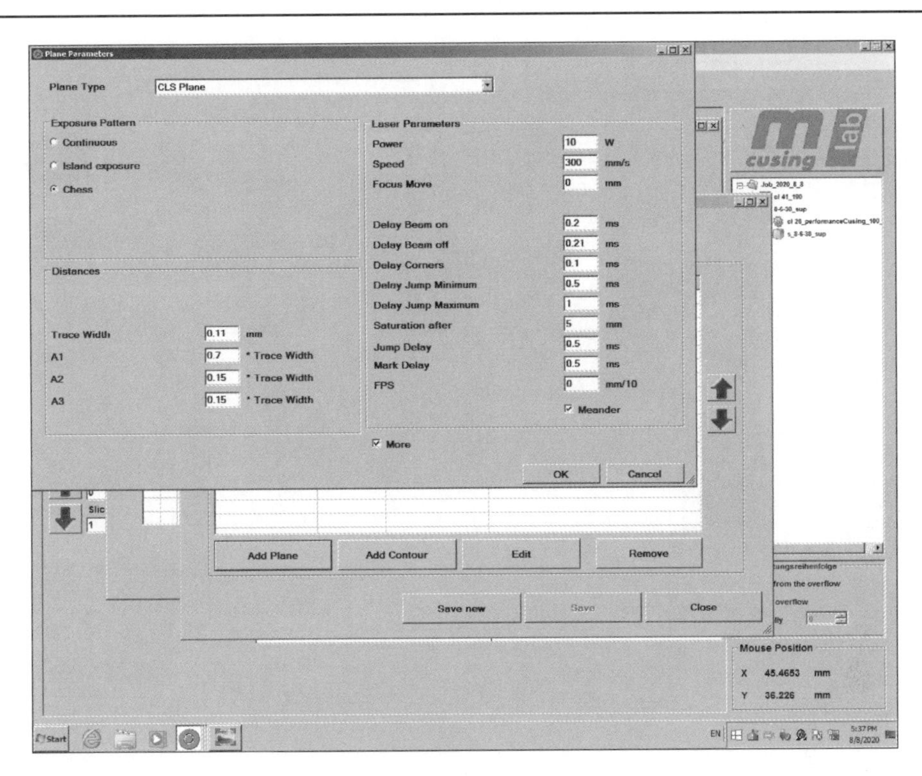

图 7-49　修改工艺参数 2

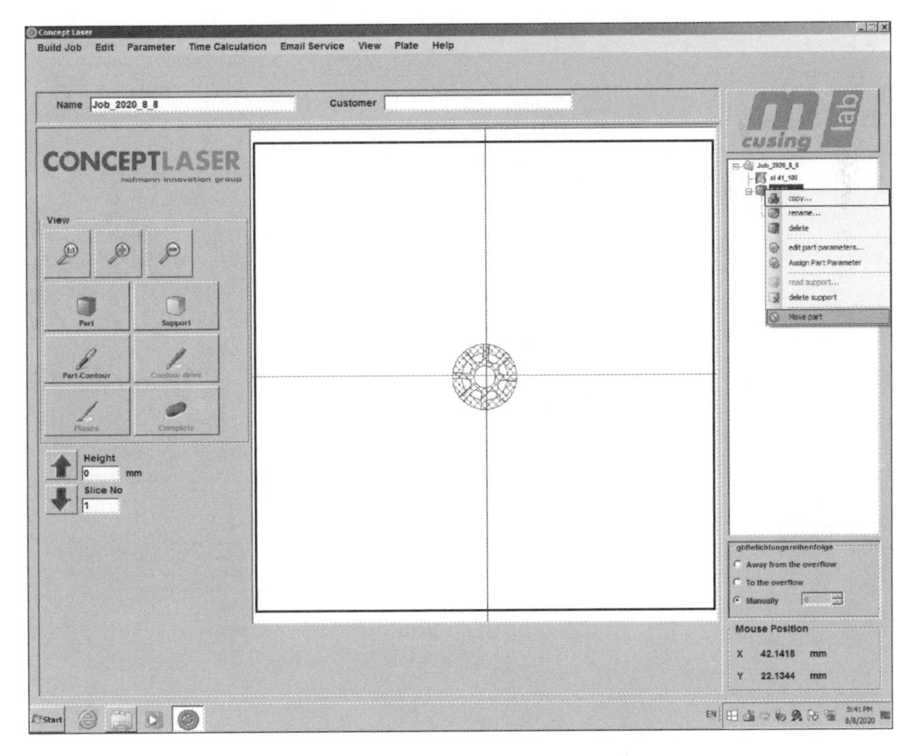

图 7-50　通过右键快捷菜单调整模型

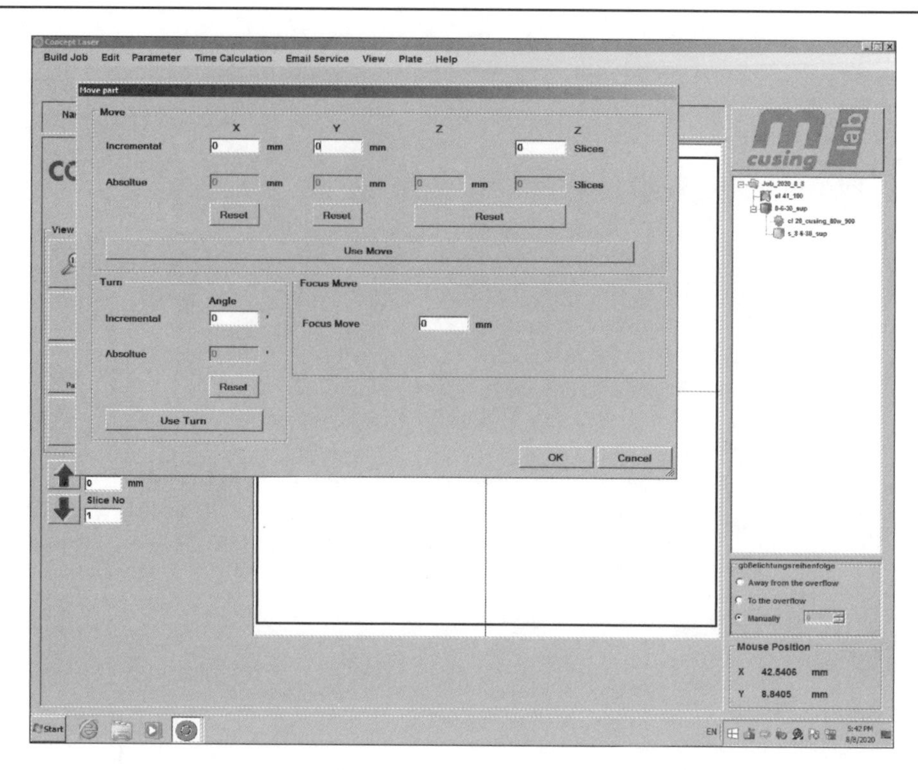

图 7-51　移动模型对话框

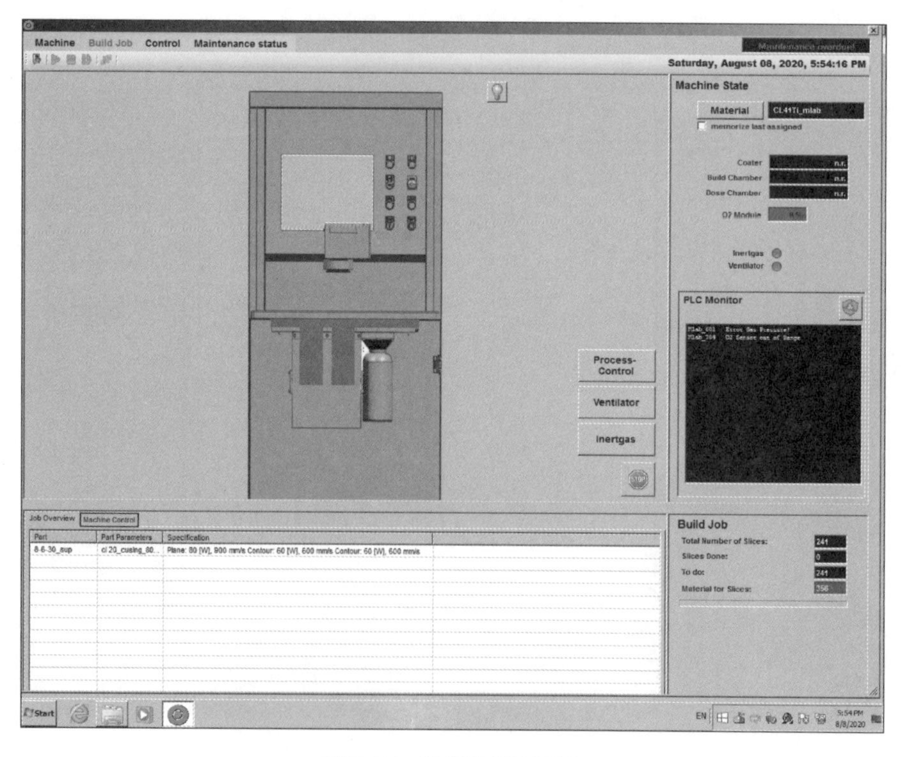

图 7-52　设备设置页面 1

监控区，右侧为设备状态指示区，下边为设备状态区。图 7-52 所示页面为工作概览状态。单击【Machine Control】选项卡后，进入设备控制区，如图 7-53 所示，可在未来工作中调整抽气量、供粉量和刮板速度等。

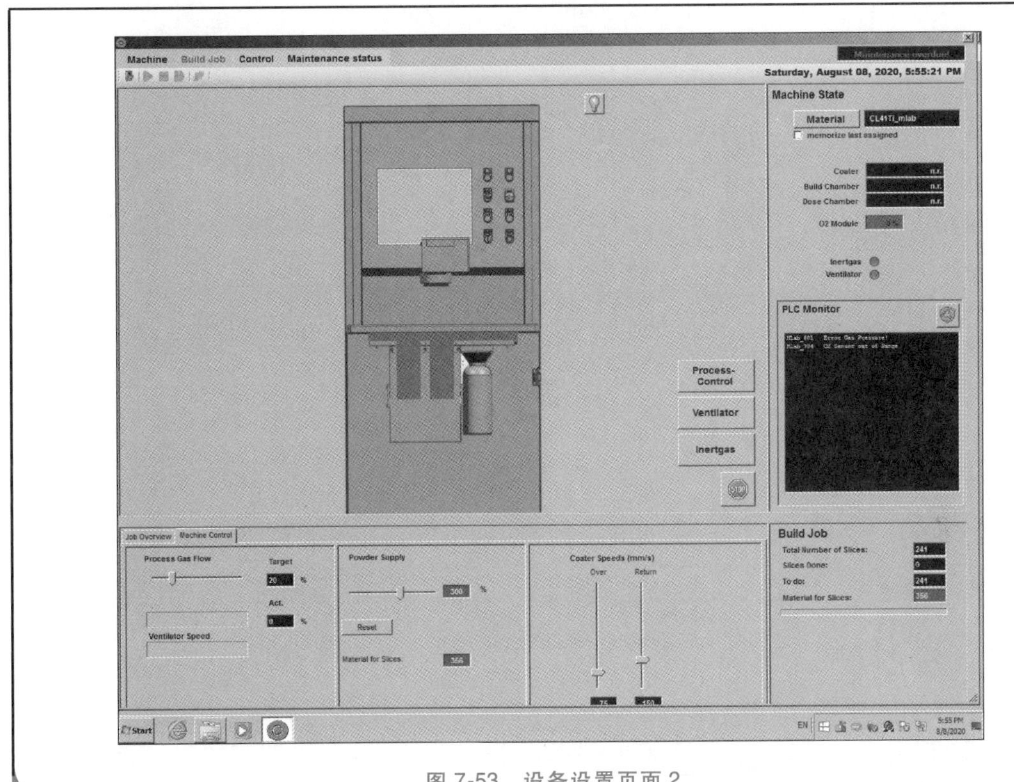

图 7-53　设备设置页面 2

7）设备初始化。设备初始化包括对设备的工作仓（包括粉仓、基板、刮板）进行初始化。图 7-54 所示页面为工作仓初始化前的状态，双击页面中的粉仓位置可以进行粉仓设置，双击基板可以进行基板的调整，双击刮板区可以进行刮板工作参数设置。各参数设置完成后，各设备的显示颜色被激活显示，如图 7-55 所示页面为工作仓初始化后的状态。

8）取出工作台、加粉，安装基板和调整基板。需要注意的是，一定要使基板水平安装，使基板与工作仓平面平齐。加粉操作中，在加注活性粉末材料时，需要在加入高纯氩气的密封环境下进行。

9）开启进气系统、开启排气系统、调整工作台。工作仓调整好后，在工作仓显示区的右下角，单击【Intergas】按钮，如图 7-56 所示，启动设备进气系统。根据成形材料选择气体，一般情况下，不锈钢零件选择高纯氮气；活泼性质类金属零件选择高纯氩气。当其他气体注入，氧气含量降低到打印金属工艺要求的含量以下时，可以打开排气系统，如图 7-57 所示，单击【Ventlator】按钮后，启动排气系统，在设备曝光运行中，此排气系统一直要处于工作状态。需要说明的是，成

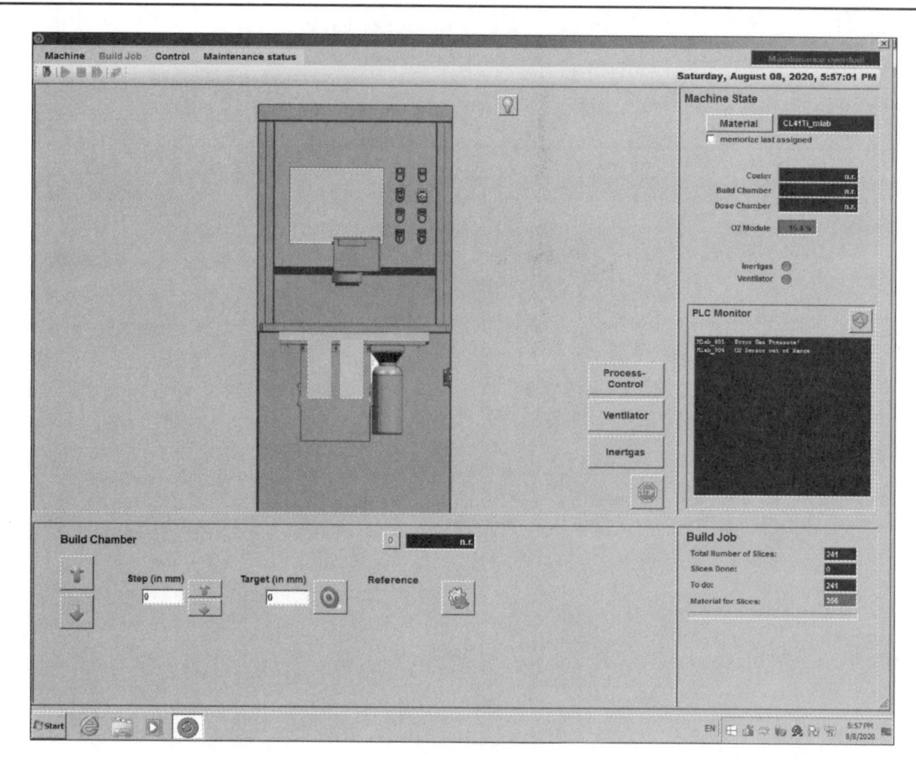

图 7-54　设备工作仓初始化前

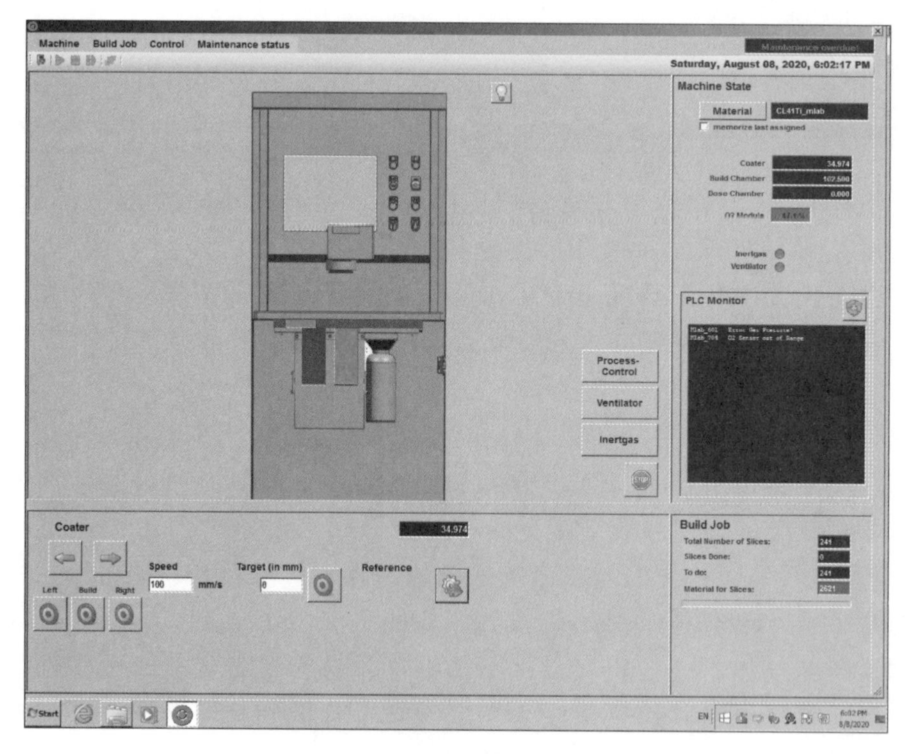

图 7-55　设备工作仓初始化后

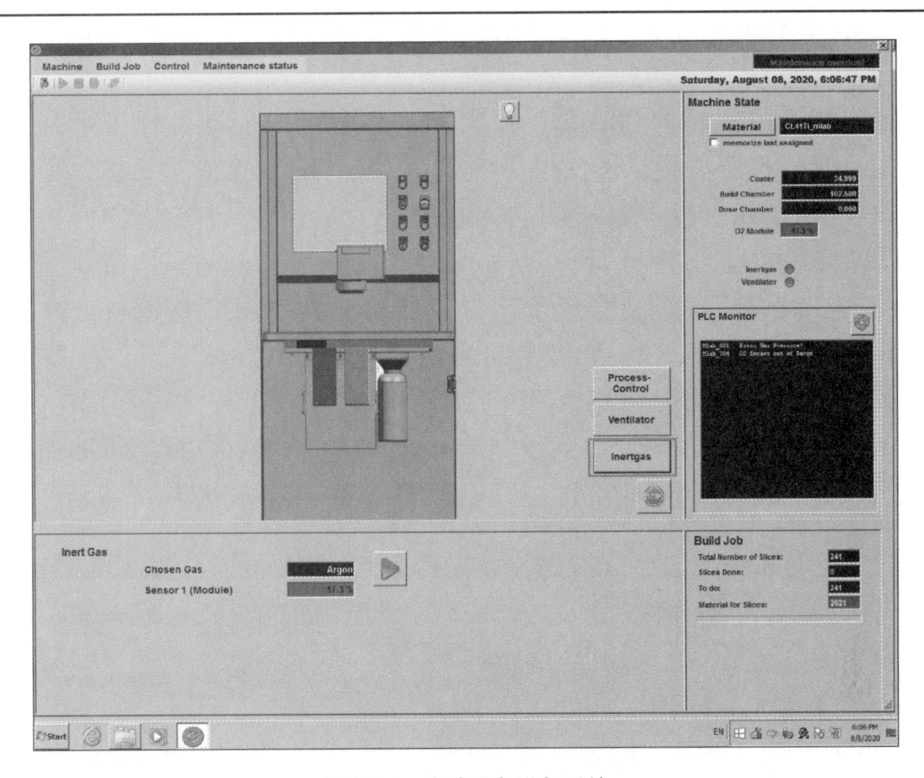

图 7-56 启动设备进气系统

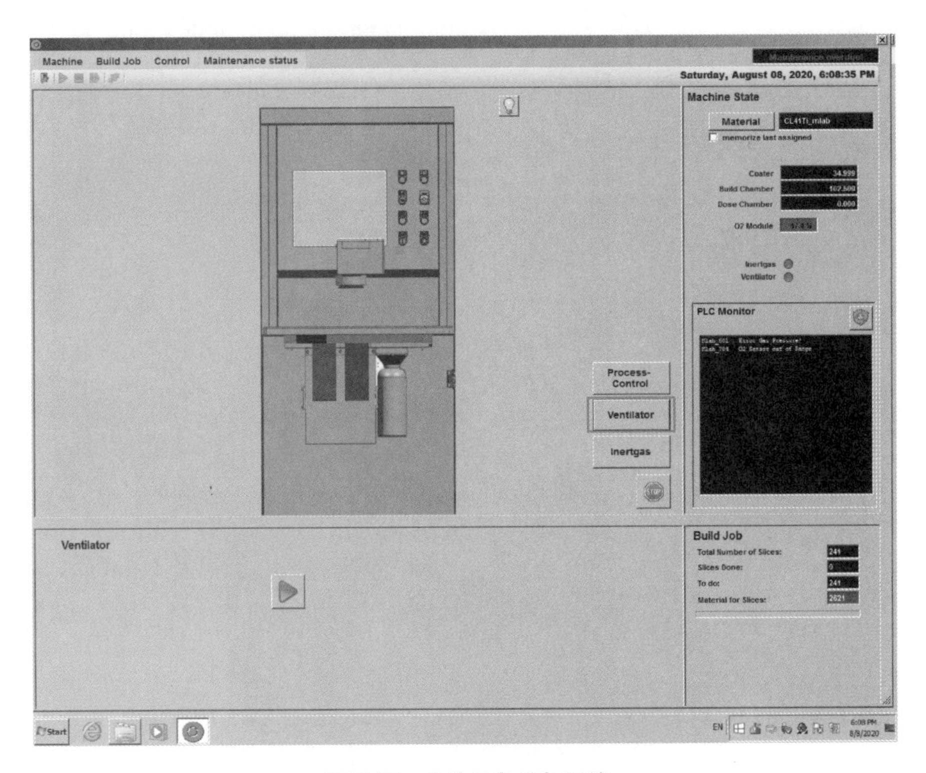

图 7-57 启动设备排气系统

型时气体含氧量和成形金属有关，可以选择【Machine】→【Material】命令进行设置。

当成形仓内环境设置好后，对曝光前的工作台可以启动刮板进行刮粉。单击【Process-Control】按钮，打开图7-58所示【Set up Machine】对话框，可对粉仓高度、基板高度、刮板方向、刮板速度等参数进行点动修改。

10）开始曝光打印。选择【Build Job】→【Laser Single Slice】命令进行单层曝光，一般对打印的第一层进行连续5次以上的曝光，以保证基板与工件之间的结合强度。随后开始打印工作，选择【Build Job】→【Start】命令后，设备开始打印工作，工作台与刮板共同配合开始零件的成形制造。

11）完成零件打印。零件成形完毕后，取出基板和零件，根据需要完成相应的热处理工艺。通过线切割或其他方式从基板上分离零件，如图7-59所示，并对设备进行清理和维护。

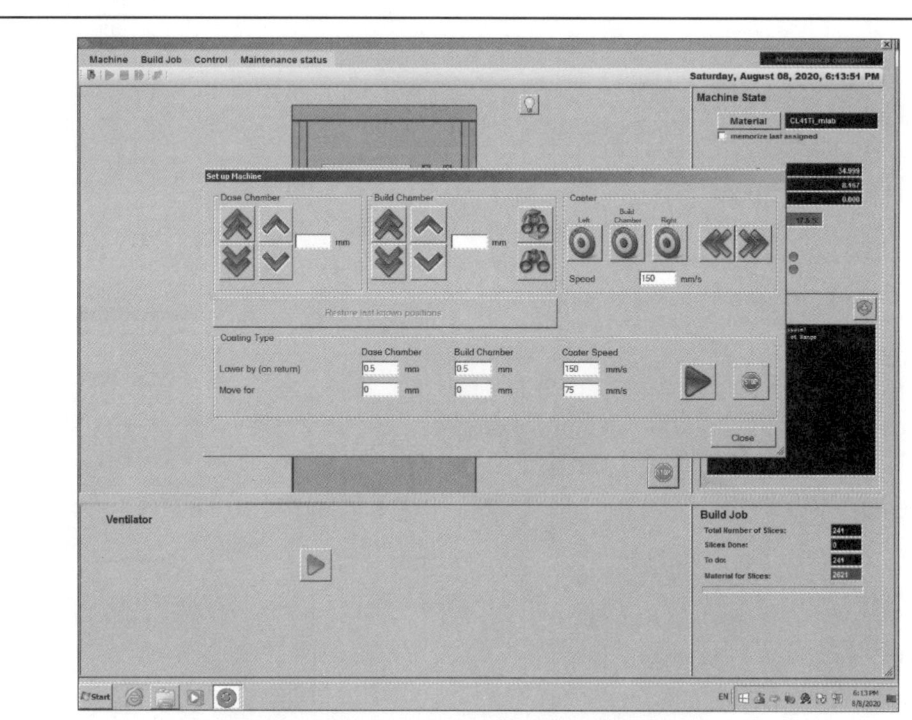

图7-58 调整工作仓

图7-59 成形零件

项目8

定向能量沉积成形（DED）工艺实训

教学目的： 了解定向能量沉积成形技术在法兰、发动机缸体修复中的应用。
教学重点与难点： DED 原理、轨迹设计方法和成形操作。
教学方法： 采用多媒体课件与实训实验相结合的方式，以启发式教育为主。
教学主要内容： DED 原理介绍、轨迹设计方法和成形设备操作。
教学要求： 掌握 DED 原理、轨迹设计方法和设备成形操作。
学生练习： DED 成形零件实训。

8.1 DED 工艺概述

8.1.1 工艺原理

定向能量沉积（Directed Energy Deposition，DED）成形工艺是指利用高能热源，如激光、电子束、等离子束或电弧等，将材料同步熔化的增材制造工艺。高能热源在沉积区域产生熔池并高速移动，同步熔化送入的粉末或丝材，逐层堆积，实现金属零件的直接制造与修复。按照能量源或材料形式的不同，可将 DED 工艺分为激光直接熔化沉积成形（LDM）工艺、电子束直接熔化成形（EBDM）工艺、电弧增材制造（WAAM）工艺、电子束自由成形（EBF3）工艺。图 8-1 所示为激光直接熔化沉积成形（LDM）工艺原理，粉末输送装置将粉末通过压力送出，激光束照射在粉末上直接将粉末熔融沉积，由扫描轨迹控制喷嘴逐层

图 8-1 激光直接熔化沉积成形（LDM）工艺原理

成形零件。本项目主要以目前市场应用较广的激光直接熔化沉积成形（LDM）工艺为例，讲解该技术的优势、应用以及主流设备软件和操作流程。

8.1.2 LDM 工艺的优势

LDM 工艺具有无模具、短周期、低成本、高性能及快速响应能力，将为飞机和其发动机中关键零件的研制及生产开辟一条快速、经济、高效、高质量的途径，在航空航天等国防装备研制中具有广阔的应用前景。与传统制造技术相比，LDM 工艺具有以下优势：

1）制造柔性化程度高，能够实现多品种、小批量零件加工的快速转换。

2）简化生产流程，省去了设计和加工模具的时间和费用，产品研制周期缩短，生产速度加快。

3）无模具生产，可以极大节省材料、降低成本。

4）成形零件材料利用率高，机加工量小，数控加工时间短。

5）高能激光产生的快速熔化和凝固过程使成形材料具有优越的组织和力学性能。

6）产品的复杂程度对成形难度影响较小。

7）可以实现功能梯度材料的直接成形，实现不同材料设计成形。

8.1.3 LDM 工艺的应用

LDM 工艺在飞机、发动机、船舶、石化等大型装备中的主承力构件制造以及叶片和大型轴承修复等领域已经开展了技术应用。

1）飞机钛合金大型结构件激光直接成形。国外企业采用 LDM 工艺直接成形发动机舱推力拉梁、机翼转动折叠接头、翼梁、带筋壁板、龙骨梁壁板等钛合金非主承力构件，如图 8-2 所示。至今为止，采用 LDM 工艺成形的钛合金结构件已经在飞机上装机应用。

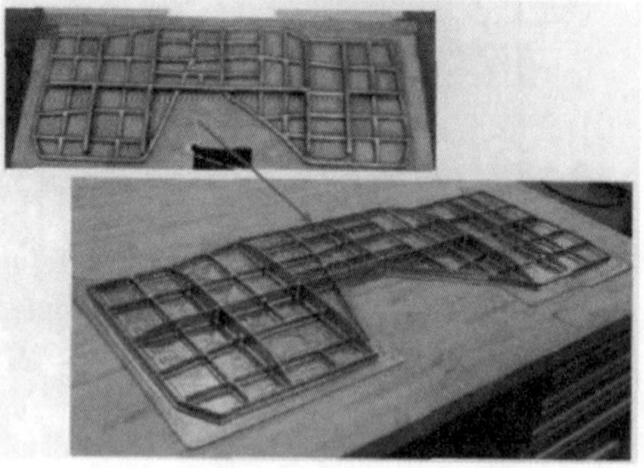

图 8-2　采用 LDM 工艺直接成形的钛合金带筋壁板试验件

国内的高等院校和科研单位开展了采用 LDM 工艺成形飞机钛合金大型结构件的研究，其成果已在大型运输机、舰载机、大型客机、导弹、卫星等装备研制和生产中得到广泛应用，如图 8-3 所示。

2）叶片等关键且重要零部件的修复再制造技术应用。叶片作为航空发动机、燃气轮机的关键零部件，加工难度大，质量要求高，价格昂贵。图 8-4 所示为利用 LDM 工艺对损伤叶片进行局部的修复再制造，可以大大降低叶片的加工制造和维修成本。

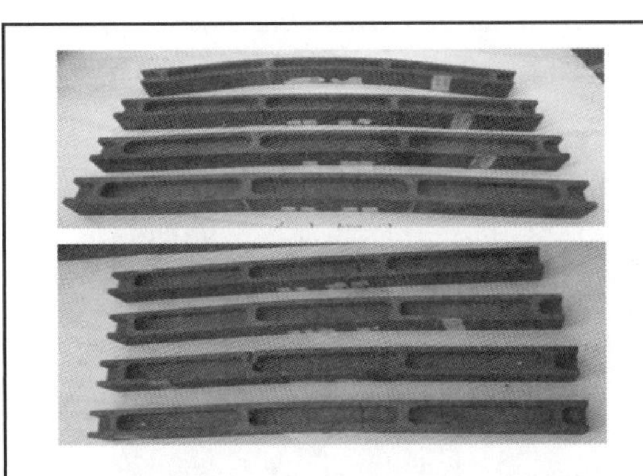

图 8-3　采用 LDM 工艺直接成形的钛合金试验件

图 8-4　基于 LDM 技术的叶片修复

8.1.4　LDM 工艺材料

一般情况下 LDM 成形工艺的材料为粉末材料，目前常见的可成形材料包括：钛合金、高强工具钢、镍基高温合金、不锈钢等。相比激光粉末床熔化成形 LBPF 技术，LDM 成形工艺难度更大，对于构件热应力控制及变形开裂预防更难，粉末粒度范围为 90~150μm，目前应用较多的为少数钛合金。

国外的实验室采用 LDM 工艺进行了大量的金属零件激光立体成形研究，所使用的材料包括镍基超合金（Inconel 718、625、690），不锈钢 304 和 316，模具钢 H13，钛钨合金 Ti-6Al-4V 等，所制造的金属零件不仅形状复杂，而且其力学性能比采用锻造技术制造的零件全面且有显著的提高。

国内的高等院校也开展了大量的 LDM 增材制造材料、工艺、装备研究。目前在航空航天、大型装备的再制造、修复中的应用非常广泛，形成了包括钛及钛合金 TA15、TC11、TC18、TC2、TC4 的典型成形工艺。

8.2　LDM 设备操作及维护

本项目以南京中科煜宸激光技术有限公司（以下简称中科煜宸）生产的 RC-LMD8060 送粉式 LDM 工艺设备为例，讲解 LDM 设备软件操作流程及设备日常维护与保养等内容。

8.2.1　LDM 设备软件操作流程

1. LDMPlanner 主页面

LDMPlanner 软件的主要工作页面如图 8-5 和图 8-6 所示。图 8-5 所示为导入模型的布置窗口，图 8-6 所示为对模型分层设置窗口。

2. 模型切片

使用 CAD 模型软件（CATIA、UG NX、Creo、SolidWorks 等）将欲打印零件的

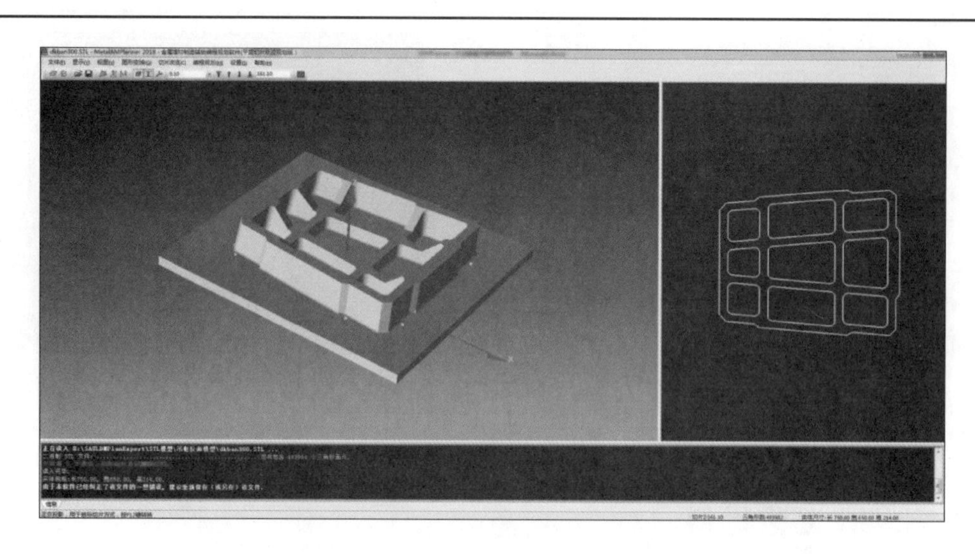

图 8-5　在 LDMPlanner 软件中导入模型

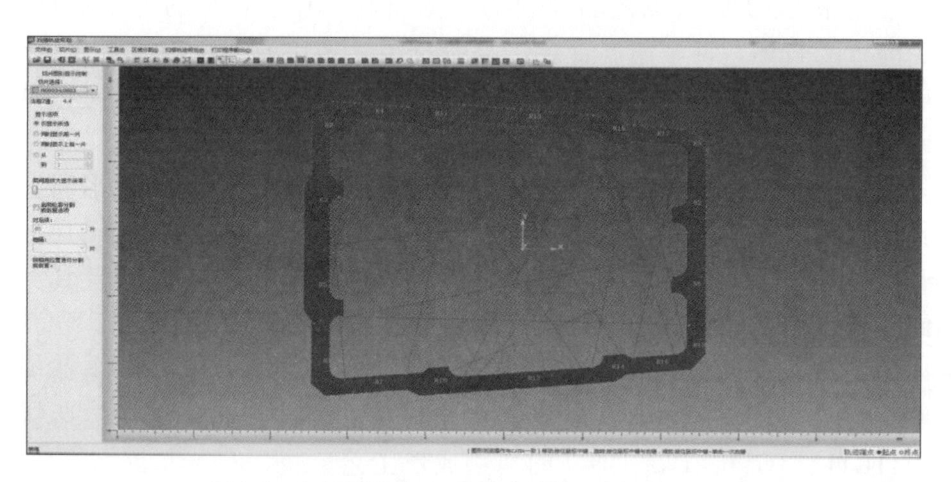

图 8-6　在 LDMPlanner 软件中对模型进行分层设置

三维数字模型输出（另存或导出）为 STL 格式文件。输出时注意设置网格模型的表达精度。将保存好的 STL 格式文件导入 LDMPlanner 软件进行切片操作。

选择【编程规划】→【扫描轨迹规划】命令或单击工具栏上的【扫描轨迹规划】按钮，弹出图 8-7 所示【分层切片参数设置】对话框。

首先结合经验设置【分层厚度】，再设置分层高度区间的上、下限值（可以分段切片），如果需要对切片轮廓进行简化处理，须勾选【简化轮廓线】复选框，并设置【轮廓精度】。如果需要设定切片轮廓的边界余量，须输入合理的参数（正值为向外延伸边界，负值向内消减边界），当参数设置不合理时，将导致切片轮廓异常。单击【继续】按钮开始切片处理，切片完成后将进入【扫描轨迹规划】页面，如图 8-8 所示。

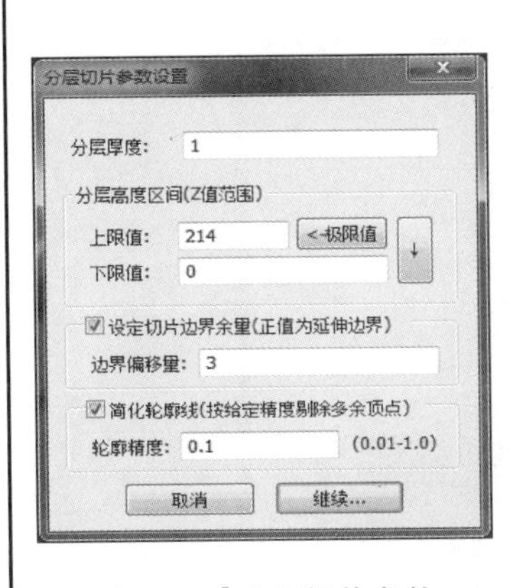

图 8-7　【分层切片参数设置】对话框

图 8-8　进入扫描轨迹规划页面

3. 扫描轨迹规划

（1）按区域调整扫描顺序　首先选择某个切片层，然后选择【扫描轨迹规划】→【单层扫描轨迹规划】→【按区域调整扫描顺序】命令，如图 8-9 所示，或单击工具栏上的相应命令按钮，在弹出的设置对话框中设置【起始调整序号】，如图 8-10 所示，然后单击【确定】按钮。

（2）按区域交互式填充扫描轨迹　首先选择某个切片层，然后选择【扫描轨迹规划】→【单层扫描轨迹规划】→【按区域填充扫描轨迹】命令或单击工具栏上的相应命令按钮，在弹出的对话框中设置填充参数和路径模式，如图 8-11 所示。

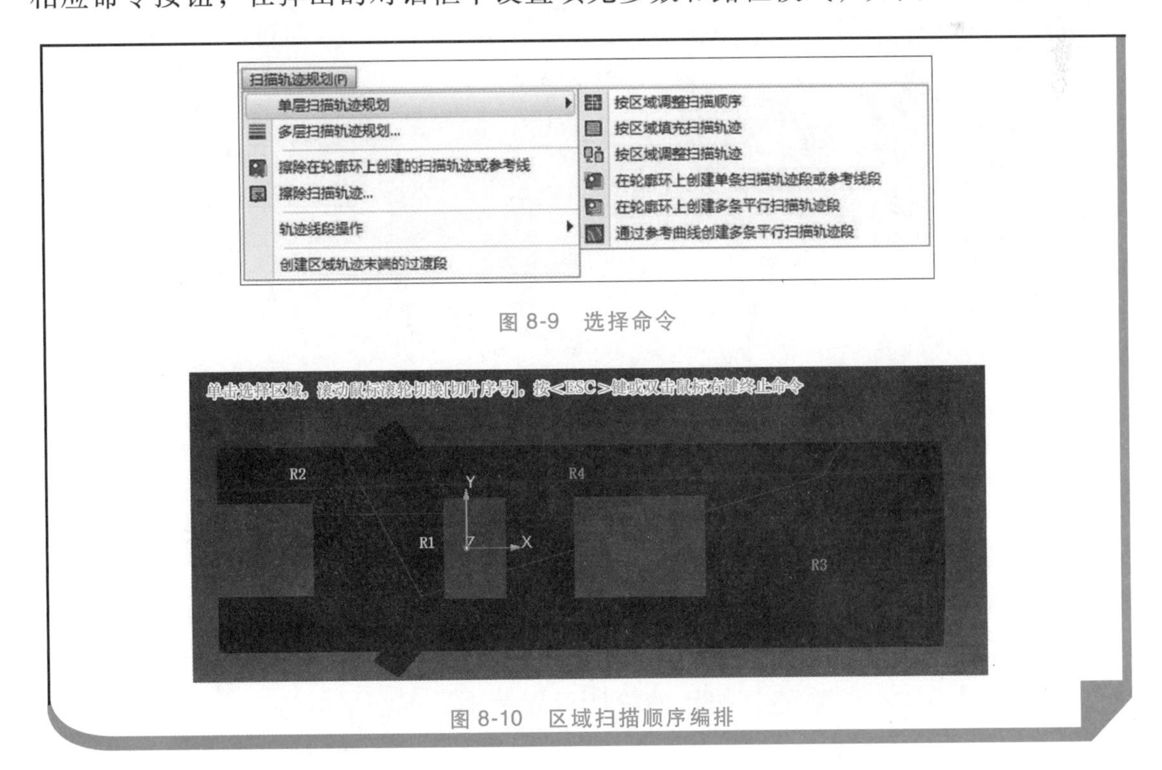

图 8-9　选择命令

图 8-10　区域扫描顺序编排

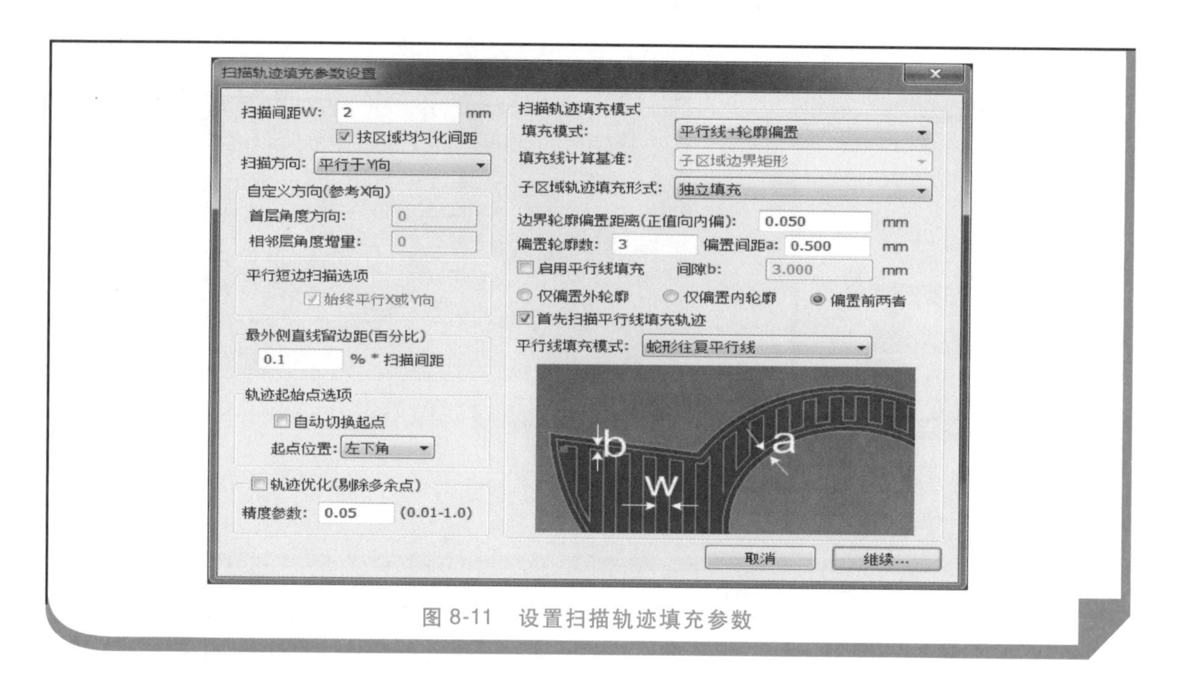

图 8-11 设置扫描轨迹填充参数

(3) 区域扫描起点的调整　首先选择某个切片层，然后选择【扫描轨迹规划】→【单层扫描轨迹规划】→【按区域调整扫描轨迹】命令或单击工具栏上的相应命令按钮，然后根据提示单击目标区域进行扫描起点的切换（在 4 个角点之间切换），如图 8-12 所示。

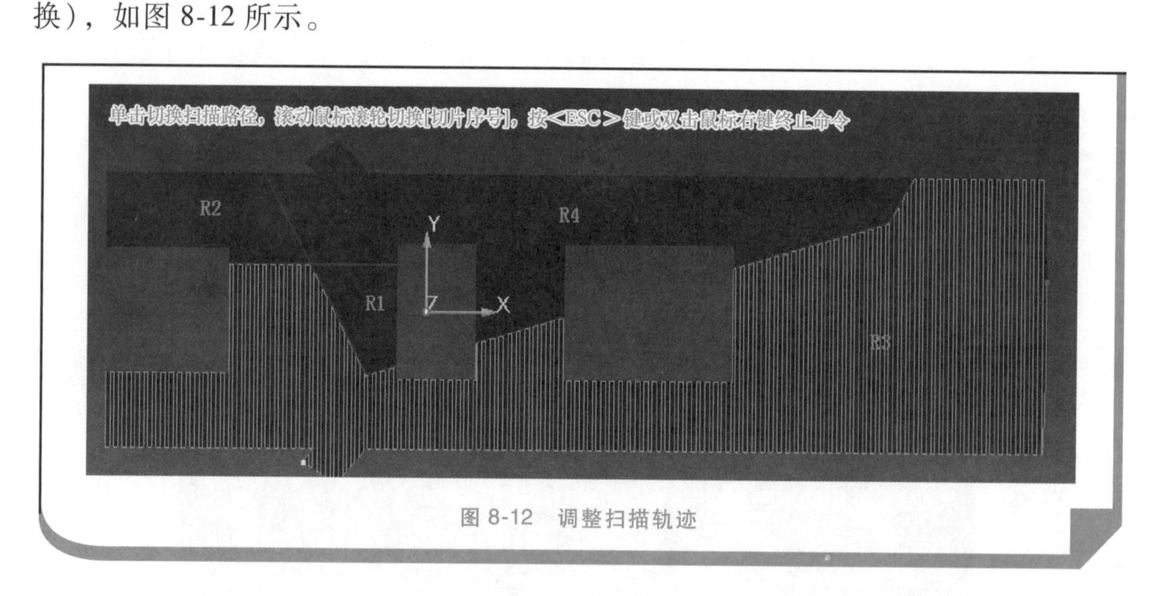

图 8-12 调整扫描轨迹

(4) 批处理扫描路径　首先选择某个切片层，然后选择【扫描轨迹规划】→【多层扫描轨迹规划】命令或单击工具栏上的相应命令按钮，在弹出的对话框中设置填充范围和填充参数，如图 8-13 所示。

单击【填充扫描轨迹】按钮开始填充；单击【终止填充】按钮中断当前填充操作；单击【清除扫描轨迹】按钮清除所设置范围层的扫描轨迹。

4. 导出轨迹规划结果

首先选择某个切片层，选择【文件】菜单下的相关命令或单击工具栏上的相应命令按钮，弹出图 8-14 所示对话框进行编程坐标系设置。

当 X、Y、Z 轴偏移量均等于 0 时，编程坐标系原点位于零件包络盒的底面中心。X、Y 轴偏移量可以通过触控屏选取，Z 轴偏移量需要通过键盘手动输入参数值，如果要将零件的设计坐标系原点作为编程坐标系原点，可单击【直接将模型的设计坐标系原点作为编程原点】按钮。单击【打印程序输出】按钮，弹出图 8-15 所示对话框。

完成对话框中的参数设置后，在弹出的【文件存储】对话框中选择存放路径或修改文件名称，完成后单击【保存】按钮，即可完成扫描轨迹的路径代码文件。

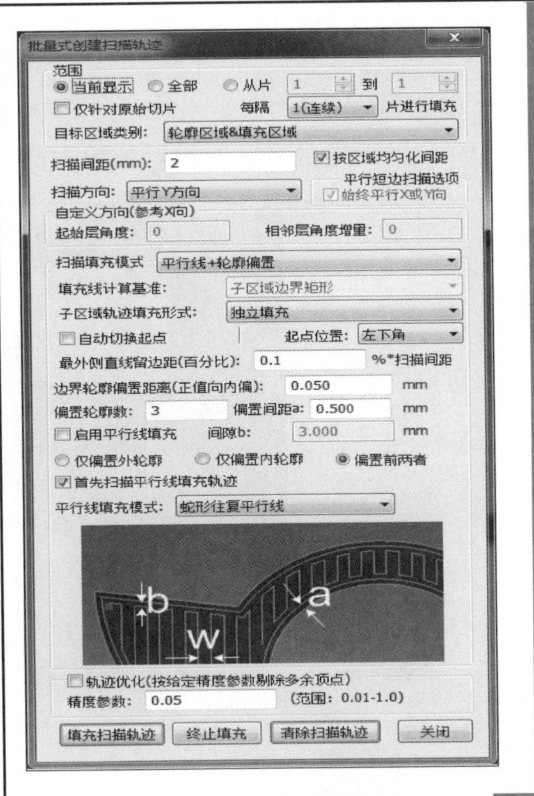

图 8-13　批量式创建扫描轨迹

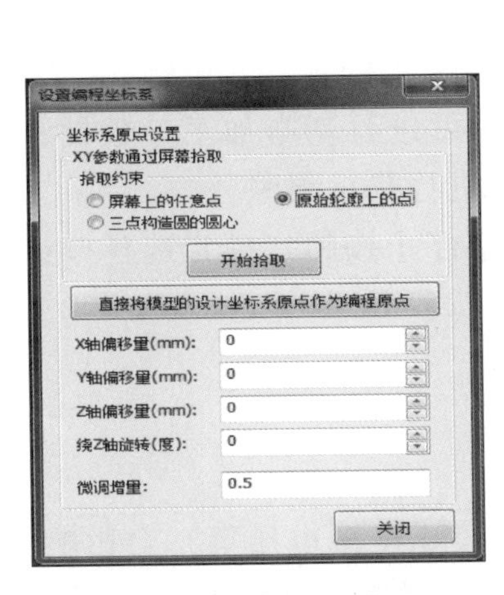

图 8-14　设置编程坐标系

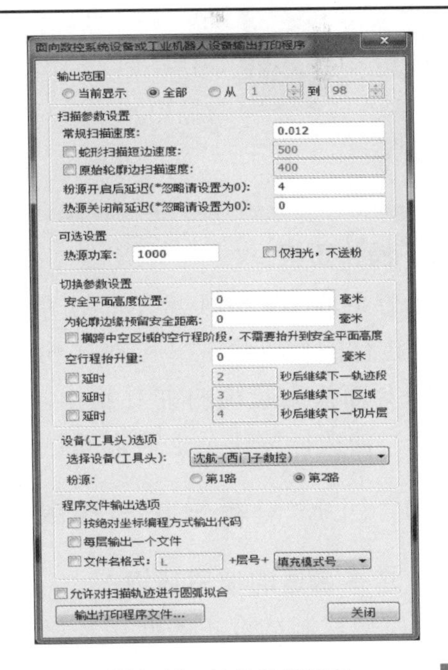

图 8-15　输出打印程序

8.2.2 LDM 设备控制系统介绍

1. 控制面板

LDM 设备工作台对应的控制系统为西门子主控机，其控制面板如图 8-16 所示。

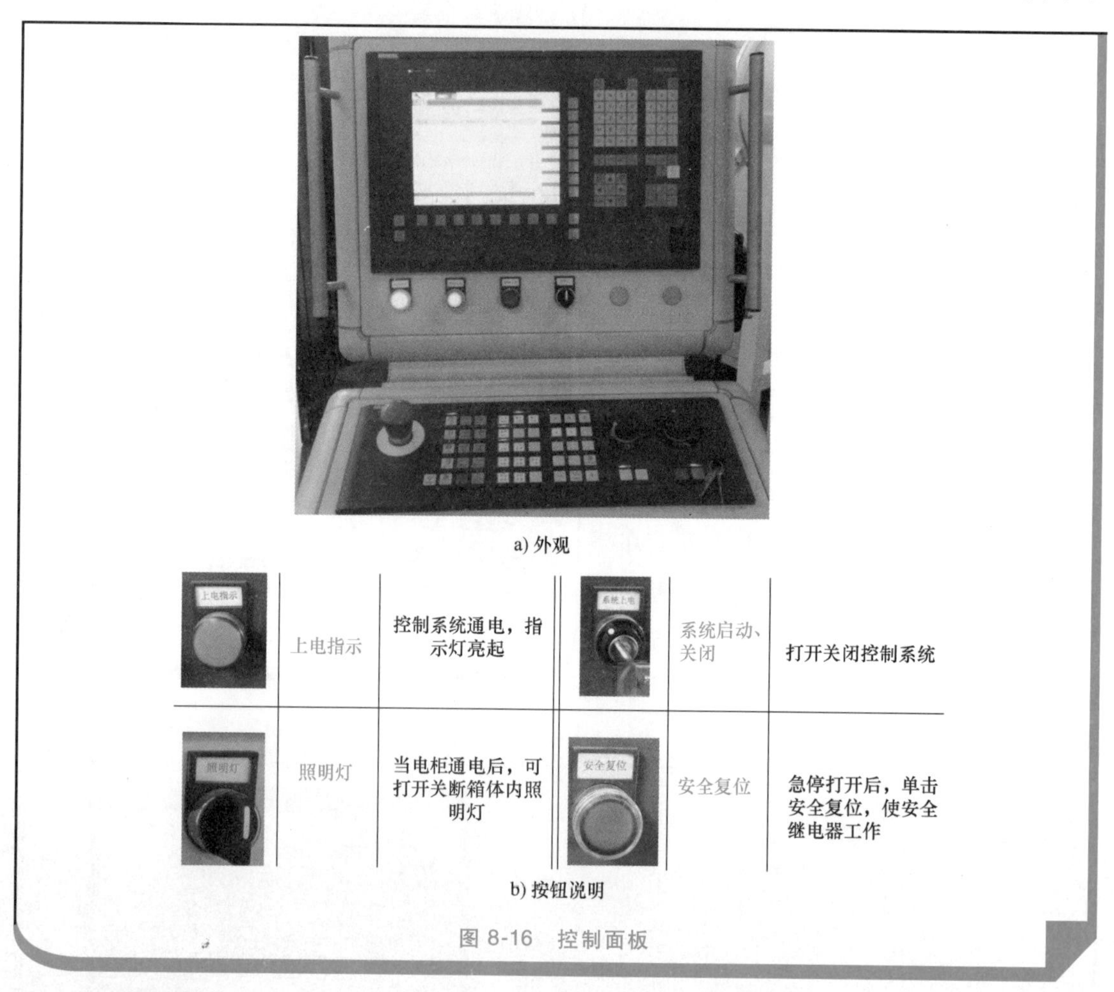

a) 外观
上电指示
控制系统通电，指示灯亮起
系统启动、关闭
打开关闭控制系统
照明灯
当电柜通电后，可打开关断箱体内照明灯
安全复位
急停打开后，单击安全复位，使安全继电器工作
b) 按钮说明

图 8-16 控制面板

2. 操作页面

如图 8-17~图 8-21 所示，在系统操作页面中可进行基本加工参数设置，可查看当前执行的代码情况，可对送粉器和激光器等进行状态跟踪。

MCP 面板为系统的主要操作区，主要由紧急停止按钮、模式选择按钮、自定义按键、轴选择按钮及倍率调整区组成，如图 8-22 所示。

8.2.3 LDM 设备维护与保养

1. 选择合适的使用环境

金属增材制造设备的使用环境（如温度、湿度、电源电压等）会影响其性能。在安装 LDM 设备时，应严格遵守设备说明书中规定的安装条件和要求。应将 LDM 设备与其他机械加工设备分开摆放，以便维护和保养。

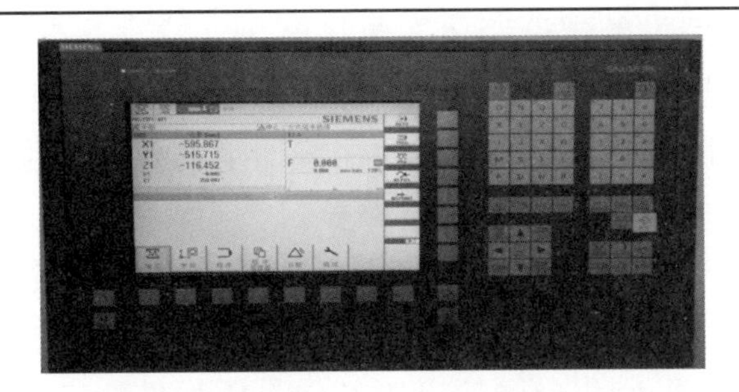

图 8-17　操作页面

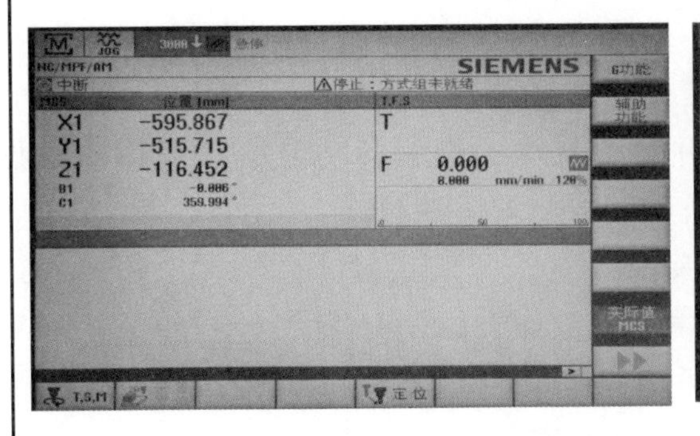

图 8-18　加工页面

图 8-19　加工参数设置页面

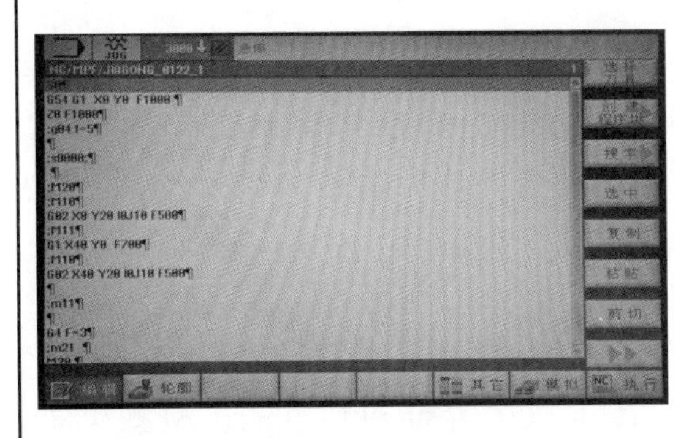

图 8-20　程序页面

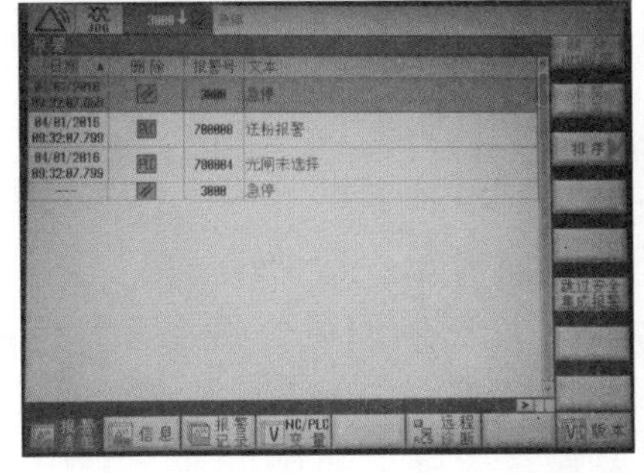

图 8-21　系统诊断页面

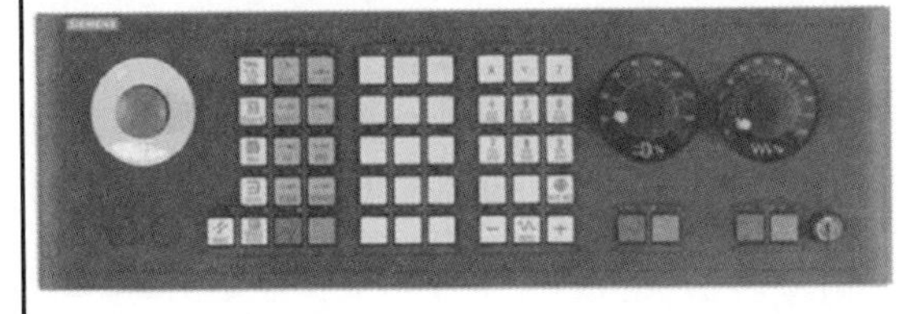

a) MCP483

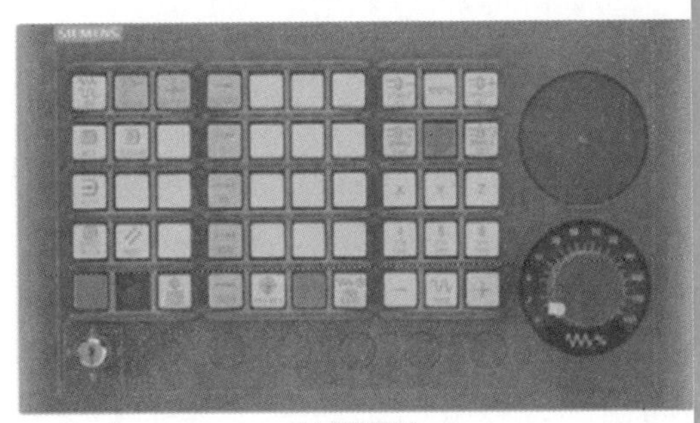

b) MCP310

图 8-22　两种型号的 MCP 面板

2. 为金属增材制造设备配备专业人员

这些人员应该熟悉所用 LDM 设备的机械结构、控制系统、强电设备、净化系统、软件系统等，并能够按设备和系统使用说明书的要求正确使用 3D 打印机。

3. 长期不用增材制造设备的维护与保养

在设备闲置不用时，应经常给设备系统通电，使其适当空运行。特别在气湿度较大的梅雨季节，利用电器元件本身发热驱走电气柜内的潮气，以保证电子部件的性能稳定。对于工作台和金属护罩等其他易锈部件，应经常擦除锈油保养。

4. 增材制造设备硬件控制部分的维护与保养

每年让有经验的维修电工检查一次。检测有关的参考电压是否在规定范围内，如电源模块的各路输出电压、参考电压等；检查系统内各电器元件连接是否松动；检查各功能模块使用风扇运转是否正常并清除灰尘；检测各功能模块使用的存储器备用电池的电压是否正常，一般应根据厂家的要求定期更换。

5. 增材制造设备机械部分的维护与保养

操作者在使用结束后，应清扫干净散落于工作台、防护罩等处的粉末，如果长期不打扫，粉末堆积进入防护罩，容易影响导轨精度，危机滚珠丝杠与导轨的寿命。在工作结束前，应将各伺服轴回归原点后停机。

6. 增材制造设备电动机的维护与保养

维修电工应每年检查一次伺服电动机。着重检查其运行噪声、温升，若噪声过大，应查明原因，是轴承等机械问题还是与其相配的放大器的参数设置问题，采取相应措施加以解决。检查电动机端部散热是否正常并清扫灰尘，检查电动机各连接插头是否松动。

7. 增材制造设备传感元件的维护与保养

金属 3D 打印机传感器主要包括温湿度传感器、压力传感器、水氧含量传感器以及设备主轴上的接近开关和限位开关。维修电工每半年应检查一次检测元件连接是否松动，是否被油液或粉尘污染。

8. X、Y 轴光杠的维护与保养

X 轴、Y 轴的光杠上会漂浮很多灰尘和打印时的废料粉末，如果不及时清理，会导致模型错位。维护的频率根据使用设备的时长来定，如果经常使用的话，每个月需要擦拭一次光杠，如果不经常使用的话每两个月擦拭一次即可。

9. 工作台与送丝轮的维护与保养

设备的工作台根据使用频率，每一至两星期就要取下清洗一次。经过长时间的使用，会在打印头的送丝轮处堆积很多残渣废料，需要定期将其清理干净来保证设备可以正常打印。

附录　实训工作页

工作页 1

任务名称	基本建模技术		
班　级		姓　名	
地　点		日　期	
第__小组成员			

一、收集信息

【引导问题】

常用的基本建模方法有____。

【查阅资料】

1. 三维建模软件的认识
2. 三维建模软件中基本建模方法及功能使用

二、计划组织

小组组别	
设备工具	
组织安排	
准备工作	

三、任务实施

作业内容	质量要求	完成情况
		□完成　□未完成
		□完成　□未完成
		□完成　□未完成
		□完成　□未完成

四、评价反思

在教师指导下，反思自己的工作方式和工作质量。

评价表			
项目	评价指标	自评	互评
专业技能		□合格　□不合格	□合格　□不合格
		□合格　□不合格	□合格　□不合格
		□合格　□不合格	□合格　□不合格
工作态度		□合格　□不合格	□合格　□不合格
		□合格　□不合格	□合格　□不合格
		□合格　□不合格	□合格　□不合格
个人反思		完成任务的安全、质量、试件是否达到了最佳，请提出个人的改进建议	
教师评价	教师签字 年　月　日		

工作页 2

任务名称	高级建模技术		
班　级		姓　名	
地　点		日　期	
第__小组成员			

一、收集信息

【引导问题】

常用的高级建模方法有________________________________。

【查阅资料】

1. 三维建模软件的高级建模方法
2. 三维软件中高级建模功能使用

二、计划组织

小组组别	
设备工具	
组织安排	
准备工作	

三、任务实施

作业内容	质量要求	完成情况
		□完成　□未完成
		□完成　□未完成
		□完成　□未完成
		□完成　□未完成

四、评价反思

在教师指导下，反思自己的工作方式和工作质量。

评价表

项目	评价指标	自评	互评
专业技能		□合格　□不合格	□合格　□不合格
		□合格　□不合格	□合格　□不合格
		□合格　□不合格	□合格　□不合格
工作态度		□合格　□不合格	□合格　□不合格
		□合格　□不合格	□合格　□不合格
		□合格　□不合格	□合格　□不合格
个人反思		完成任务的安全、质量、试件是否达到了最佳，请提出个人的改进建议	
教师评价	教师签字 年　月　日		

工作页 3

任务名称	增材制造过程仿真分析		
班　级		姓　名	
地　点		日　期	
第__小组成员			

一、收集信息

【引导问题】

增材制造工艺仿真过程是______________________________。

【查阅资料】

1. 增材制造工艺仿真操作流程
2. 增材制造工艺仿真结果分析

二、计划组织

小组组别	
设备工具	
组织安排	
准备工作	

三、任务实施

作业内容	质量要求	完成情况
		□完成　□未完成
		□完成　□未完成
		□完成　□未完成
		□完成　□未完成

四、评价反思

在教师指导下，反思自己的工作方式和工作质量。

评价表

项目	评价指标	自评	互评
专业技能		□合格　□不合格	□合格　□不合格
		□合格　□不合格	□合格　□不合格
		□合格　□不合格	□合格　□不合格
工作态度		□合格　□不合格	□合格　□不合格
		□合格　□不合格	□合格　□不合格
		□合格　□不合格	□合格　□不合格
个人反思		完成任务的安全、质量、试件是否达到了最佳，请提出个人的改进建议	
教师评价	教师签字 年　月　日		

工作页 4

任务名称	熔融挤压成形工艺实训		
班　级		姓　名	
地　点		日　期	
第__小组成员			

一、收集信息

【引导问题】

简述熔融挤压成形工作原理：________________________________。

【查阅资料】

1. 熔融挤压成形原理及设备
2. 熔融挤压成形工艺操作过程

二、计划组织

小组组别	
设备工具	
组织安排	
准备工作	

三、任务实施

作业内容	质量要求	完成情况
		□完成　□未完成
		□完成　□未完成
		□完成　□未完成
		□完成　□未完成

四、评价反思

在教师指导下，反思自己的工作方式和工作质量。

评价表			
项目	评价指标	自评	互评
专业技能		□合格　□不合格	□合格　□不合格
		□合格　□不合格	□合格　□不合格
		□合格　□不合格	□合格　□不合格
工作态度		□合格　□不合格	□合格　□不合格
		□合格　□不合格	□合格　□不合格
		□合格　□不合格	□合格　□不合格
个人反思		完成任务的安全、质量、试件是否达到了最佳，请提出个人的改进建议	
教师评价	教师签字 年　月　日		

工作页 5

任务名称	光固化成形工艺实训		
班　级		姓　名	
地　点		日　期	
第__小组成员			

一、收集信息

【引导问题】

简述光固化成形工作原理：________________________________。

【查阅资料】

1. 光固化成形原理及设备
2. 光固化成形工艺操作过程

二、计划组织

小组组别	
设备工具	
组织安排	
准备工作	

三、任务实施

作业内容	质量要求	完成情况
		□完成　□未完成
		□完成　□未完成
		□完成　□未完成
		□完成　□未完成

四、评价反思

在教师指导下，反思自己的工作方式和工作质量。

评价表			
项目	评价指标	自评	互评
专业技能		□合格　□不合格	□合格　□不合格
		□合格　□不合格	□合格　□不合格
		□合格　□不合格	□合格　□不合格
工作态度		□合格　□不合格	□合格　□不合格
		□合格　□不合格	□合格　□不合格
		□合格　□不合格	□合格　□不合格
个人反思		完成任务的安全、质量、试件是否达到了最佳，请提出个人的改进建议	
教师评价	教师签字 年　月　日		

工作页 6

任务名称	复合材料成形工艺实训		
班　级		姓　名	
地　点		日　期	
第__小组成员			

一、收集信息

【引导问题】

简述复合材料成形工作原理：______________________。

【查阅资料】

1. 复合材料成形原理及设备
2. 复合材料成形工艺操作过程

二、计划组织

小组组别	
设备工具	
组织安排	
准备工作	

三、任务实施

作业内容	质量要求	完成情况
		□完成　□未完成
		□完成　□未完成
		□完成　□未完成
		□完成　□未完成

四、评价反思

在教师指导下，反思自己的工作方式和工作质量。

评价表

项目	评价指标	自评	互评
专业技能		□合格　□不合格	□合格　□不合格
		□合格　□不合格	□合格　□不合格
		□合格　□不合格	□合格　□不合格
工作态度		□合格　□不合格	□合格　□不合格
		□合格　□不合格	□合格　□不合格
		□合格　□不合格	□合格　□不合格
个人反思		完成任务的安全、质量、试件是否达到了最佳，请提出个人的改进建议	
教师评价	教师签字 年　月　日		

工作页 7

任务名称	选区激光熔化成形工艺实训		
班 级		姓 名	
地 点		日 期	
第__小组成员			

一、收集信息

【引导问题】

简述选区激光熔化成形工作原理：________________________________。

【查阅资料】

1. 选区激光熔化成形原理及设备
2. 选区激光熔化成形工艺操作过程

二、计划组织

小组组别	
设备工具	
组织安排	
准备工作	

三、任务实施

作业内容	质量要求	完成情况
		□完成 □未完成
		□完成 □未完成
		□完成 □未完成
		□完成 □未完成

四、评价反思

在教师指导下，反思自己的工作方式和工作质量。

评价表

项目	评价指标	自评	互评
专业技能		□合格 □不合格	□合格 □不合格
		□合格 □不合格	□合格 □不合格
		□合格 □不合格	□合格 □不合格
工作态度		□合格 □不合格	□合格 □不合格
		□合格 □不合格	□合格 □不合格
		□合格 □不合格	□合格 □不合格
个人反思		完成任务的安全、质量、试件是否达到了最佳，请提出个人的改进建议	
教师评价	教师签字 年 月 日		

工作页 8

任务名称	定向能量沉积成形工艺实训		
班　级		姓　名	
地　点		日　期	
第__小组成员			

一、收集信息

【引导问题】

简述定向能量沉积成形工作原理：________________________________。

【查阅资料】

1. 定向能量沉积成形原理及设备
2. 定向能量沉积成形工艺操作过程

二、计划组织

小组组别	
设备工具	
组织安排	
准备工作	

三、任务实施

作业内容	质量要求	完成情况
		□完成　□未完成
		□完成　□未完成
		□完成　□未完成
		□完成　□未完成

四、评价反思

在教师指导下，反思自己的工作方式和工作质量。

评价表			
项目	评价指标	自评	互评
专业技能		□合格　□不合格	□合格　□不合格
		□合格　□不合格	□合格　□不合格
		□合格　□不合格	□合格　□不合格
工作态度		□合格　□不合格	□合格　□不合格
		□合格　□不合格	□合格　□不合格
		□合格　□不合格	□合格　□不合格
个人反思		完成任务的安全、质量、试件是否达到了最佳，请提出个人的改进建议	
教师评价	教师签字 年　月　日		

参 考 文 献

[1] 魏青松. 增材制造技术原理及应用 [M]. 北京：科学出版社，2017.

[2] 黄卫东，李延民，冯莉萍，等. 金属材料激光立体成形技术 [J]. 材料工程，2002 (3)：40-43.

[3] 姜海燕，林卫凯，吴世彪，等. 激光选区熔化技术的应用现状及发展趋势 [J]. 机械工程与自动化，2019 (5)：223-226.

[4] 王运赣，王宣. 三维打印技术 [M]. 武汉：华中科技大学出版社，2013.

[5] 张学军，唐思熠，肇恒跃，等. 3D 打印技术研究现状和关键技术 [J]. 材料工程，2016，44 (2)：122-128.

[6] 刘媛媛，张付华，陈伟华，等. 面向 3D 打印复合工艺的生物 CAD/CAM 系统及试验研究 [J]. 机械工程学报，2014，50 (15)：147-154.